能量泛函正则化模型理论分析及应用

李旭超　著

U0249389

科学出版社
北　京

内 容 简 介

本书讲述能量泛函正则化模型理论分析及应用。主要内容包括能量泛函正则化模型国内外发展现状，图像稀疏化基本理论，半二次型能量泛函正则化模型基本原理及应用，能量泛函正则化模型整体处理、分裂原理、对偶模型分裂原理、原始-对偶模型分裂原理及在图像恢复中的应用。

本书可作为应用数学、计算机科学、电子科学与通信、自动化、生物信息工程等专业的高年级本科生、研究生及相关领域的教师、科研人员、医学工作者和工程技术人员等的参考书。

图书在版编目(CIP)数据

能量泛函正则化模型理论分析及应用/李旭超著. —北京：科学出版社，2018.8

ISBN 978-7-03-058503-5

Ⅰ.①能… Ⅱ.①李… Ⅲ.①泛函数-正则化-应用-图像处理-研究 Ⅳ.①TN911.73

中国版本图书馆 CIP 数据核字(2018) 第 182780 号

责任编辑：张海娜 赵微微／责任校对：何艳萍
责任印制：吴兆东／封面设计：蓝正设计

科学出版社出版
北京东黄城根北街 16 号
邮政编码：100717
http://www.sciencep.com
北京中石油彩色印刷有限责任公司 印刷
科学出版社发行 各地新华书店经销
*
2018 年 8 月第 一 版 开本：720×1000 1/16
2023 年 1 月第三次印刷 印张：12 3/4
字数：257 000

定价：98.00 元

(如有印装质量问题，我社负责调换)

前　言

能量泛函正则化模型实用性较强，发展迅猛。在参考大量中外文献的基础上，结合作者多年的研究，最终撰写成书。

全书共 7 章。第 1 章介绍能量泛函正则化模型研究进展；第 2 章介绍图像稀疏化基本理论；第 3 章介绍半二次型能量泛函正则化模型基本原理及应用；第 4 章介绍能量泛函正则化模型整体处理及在图像恢复中的应用；第 5 章介绍原始能量泛函正则化模型分裂原理及在图像恢复中的应用；第 6 章介绍正则化对偶模型分裂原理及在图像恢复中的应用；第 7 章介绍原始–对偶模型分裂原理及在图像恢复中的应用。

在撰写本书的过程中，作者参考了国内外许多同行的研究成果，引用其观点、数据与结论，在此表示衷心的感谢。赤峰学院附属医院边素轩女士提出了很多宝贵的修改意见并对书稿进行了初步排版；赤峰学院数学与统计学院李书海院长、郑国军书记，计算机与信息工程学院刘燕院长、何荣杰书记在本书出版过程中提供了大力支持，在此对他们表示衷心的感谢。2013~2014 年作者去美国进行为期一年多的访问学习，其间密苏里大学 Wenjie He 教授系统地讲解了紧框架原理及应用，使作者受益匪浅，在此表示深深的感谢。

内蒙古自治区科技厅自然科学基金项目“大规模凸非光滑型正则化模型研究及在图像恢复中的应用”（2016MS0602）、内蒙古自治区教育厅高等学校科学研究项目“紧框架域大规模半二次型正则化问题研究及在图像恢复中的应用”（NJZY16254）为本书的顺利出版提供了资助，在此表示衷心的感谢。

由于作者水平有限，书中难免存在不妥之处，敬请读者批评指正。

李旭超

2018 年 4 月于赤峰学院

前言

目　　录

第 1 章　能量泛函正则化模型研究进展

1.1　能量泛函正则化模型的起源

对于给定的数学模型，人们试图获得描述问题的理想解，然而由于经典数学模型的局限性，有时很难获得封闭解，即使获得解析解，由于模型本身固有的局限性或者模型所属空间的局限性，建立的数学模型无法准确描述对象的特征，而且所研究的问题往往是不适定的，进一步增加问题研究的难度。

20 世纪 70 年代以来，尤其是近十年，在自动控制、信号分析、生物器官状态分析、军事逆向工程和宇宙探索等自然科学和工程技术领域，提出了很多形式的反问题。国内外很多学者对反问题进行了广泛研究 [1,2]，取得了很多有价值的研究成果，但被学术界广泛认可的是能量泛函正则化模型的建立。

能量泛函正则化模型具有以下优点：① 模型简单，容易建立。正则化模型仅由拟合项、正则项和权重组成，拟合项与理想解成像过程相吻合，正则项由期望解的特性决定，而权重与噪声息息相关。② 成熟的线性系统理论为反问题的研究提供强有力的数学工具。正则化模型变分后可用矩阵方程组来表示，因此可以利用奇异值分解、谱分解、矩阵分块和预条件等技术，研究模型求解问题。③ 贝叶斯理论的发展为拟合项和正则项的发展注入新的活力。从贝叶斯公式和能量泛函对等的角度来说，条件概率相当于拟合项，理想解的先验信息相当于正则项，理想解的最大后验概率的常对数似然值等价于能量泛函，而贝叶斯理论中的条件概率模型和先验概率模型有助于能量泛函正则化模型的建立。④ 正则化模型的建立具有多样性。后验概率分布等价于能量泛函，因此可以选用合适的概率分布函数描述拟合项与正则项，使得正则化模型的研究具有多样性。⑤ 算法设计理论成熟。根据正则化模型的特点，利用数值代数、矩阵论和非线性优化等理论，对模型进行整体处理、分裂处理和转化处理，设计高效、快速的优化算法。

1.2　能量泛函正则化模型的形式

在地质勘探、无损探伤、图像修复、最优控制和军事制导等领域，反问题的研究可用第一类的积分方程来描述 [3]，表达式为

$$\int_0^T a(x,y)\,u(y)\,\mathrm{d}y = g(x) \tag{1.1}$$

式中，$a(x,y)$ 为核函数；$u(y)$ 为期望解；$g(x)$ 为采样获得的数据；$(0,T)$ 为积分区间。问题描述为：已知 $g(x)$ 和 $(0,T)$，在给定 $a(x,y)$ 的条件下，计算 $u(y)$。对式（1.1）进行离散化，获得离散表达式为

$$\boldsymbol{A}\boldsymbol{u}+\varepsilon=\boldsymbol{g} \tag{1.2}$$

式中，$\boldsymbol{A}$ 为 $m\times n$ 维矩阵；$\boldsymbol{u}$ 和 $\boldsymbol{g}$ 为列向量；ε 为噪声。若 $m<n$，采样 $\boldsymbol{g}$ 是 $\boldsymbol{u}$ 的不完备表述，使得期望解的信息丢失；若 $m>n$，采样 $\boldsymbol{g}$ 是 $\boldsymbol{u}$ 的过完备表述，造成式（1.2）多解，而期望解 $\boldsymbol{u}$ 是唯一的，解的选取很难确定；若 $m=n$，虽然不产生信息丢失和多解现象，但由于 $\boldsymbol{A}$ 的条件数较大，且受随机噪声 ε 的影响，获得的解幅值较大，严重偏离期望解。

采用有限差分法离散化技术对式（1.1）进行离散，获得矩阵 $\boldsymbol{A}$，由于其特征值幅值变化较大，具有奇异特性，导致式（1.2）的解是不适定的，为解决此问题，建立由拟合项、正则项和权重组成的能量泛函正则化模型，表达式为

$$\boldsymbol{E}(\boldsymbol{u},\alpha)=\inf_{\boldsymbol{u},\alpha}\{\boldsymbol{\Phi}(\boldsymbol{A}\boldsymbol{u},\boldsymbol{g}),\alpha,\boldsymbol{R}(\boldsymbol{D}\boldsymbol{u})\} \tag{1.3}$$

式中，$\boldsymbol{\Phi}(\boldsymbol{A}\boldsymbol{u},\boldsymbol{g})$ 为拟合项；$\boldsymbol{R}(\boldsymbol{D}\boldsymbol{u})$ 为正则项；α 为正则项权重；inf 表示下确界。

1.2.1　点扩散函数的形式

由于成像设备的制造比较复杂，以及受成像环境的影响，如电子设备老化、大气扰动和磁场干扰等，一般很难获得成像系统的数学模型。目前，主要有以下几种点扩散函数模拟图像模糊过程。

1. 高斯点扩散函数

假设二元正态分布的均值为 $[\mu_1,\mu_2]^{\mathrm{T}}$，协方差矩阵为 $\begin{bmatrix}\sigma_1^2 & \rho\sigma_1\sigma_2\\ \rho\sigma_1\sigma_2 & \sigma_2^2\end{bmatrix}$，若 $|\rho|<1$，$\sigma_1\sigma_2\neq 0$，则二维高斯点扩散函数的表达式为

$$\begin{aligned}p(x,y)=&\frac{1}{2\pi\sigma_1\sigma_2\sqrt{1-\rho^2}}\exp\left[-\frac{1}{2(1-\rho^2)}\left(\frac{x-\mu_1}{\sigma_1}\right)^2\right.\\&\left.-2\rho\frac{(x-\mu_1)(y-\mu_2)}{\sigma_1\sigma_2}+\left(\frac{y-\mu_2}{\sigma_2}\right)^2\right]\end{aligned} \tag{1.4}$$

式中，μ_1、μ_2 和 ρ 决定点扩散函数的形状，若 $\sigma_1=\sigma_2$，$\mu_1=\mu_2$，则形成对称模糊核，否则，产生非对称模糊核。若 μ_1、μ_2 和 ρ 是时变的，则称为空间时变的模糊核，否则称为定常模糊核。若模糊核是对称的，形成的矩阵是循环对称矩阵，利用快速傅里叶变换进行对角化。取 $\rho=0$，$\sigma_1=2$，$\sigma_2=4$ 和 $\rho=0$，$\sigma_1=\sigma_2=4$，尺

寸为 40×40，非对称点扩散函数和对称点扩散函数如图 1.1（a）、（b）所示，相应的奇异值分解如图 1.1（c）所示。

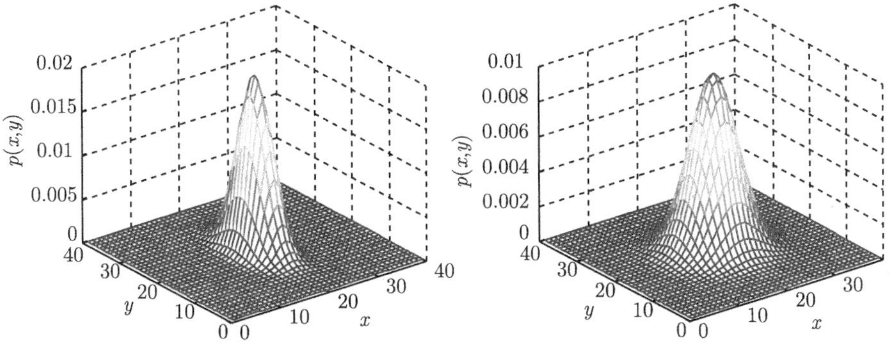

(a) 非对称点扩散函数　　(b) 对称点扩散函数

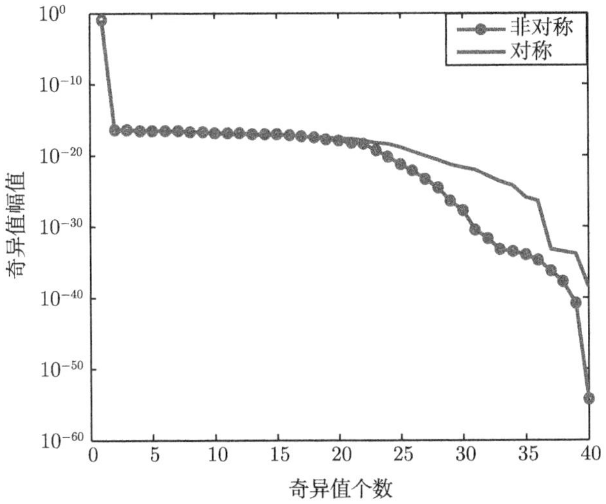

(c) 奇异值分解

图 1.1　高斯点扩散函数及奇异值分解

2. 大气扰动点扩散函数

利用天文望远镜获得观测图像，常常受到大气扰动的影响，点扩散函数的表达式为

$$p(x,y) = \left|F^{-1}\left\{k(x,y)\exp\left[\mathrm{j}\phi(x,y)\right]\right\}\right|^2 \tag{1.5}$$

式中，$k(x,y)$ 为天文望远镜的孔径函数；$\phi(x,y)$ 为大气扰动引起的相位差；F^{-1} 表示傅里叶逆变换。给定孔径函数的相位差函数，产生的点扩散函数和相应的奇异

值分解如图 1.2 所示。

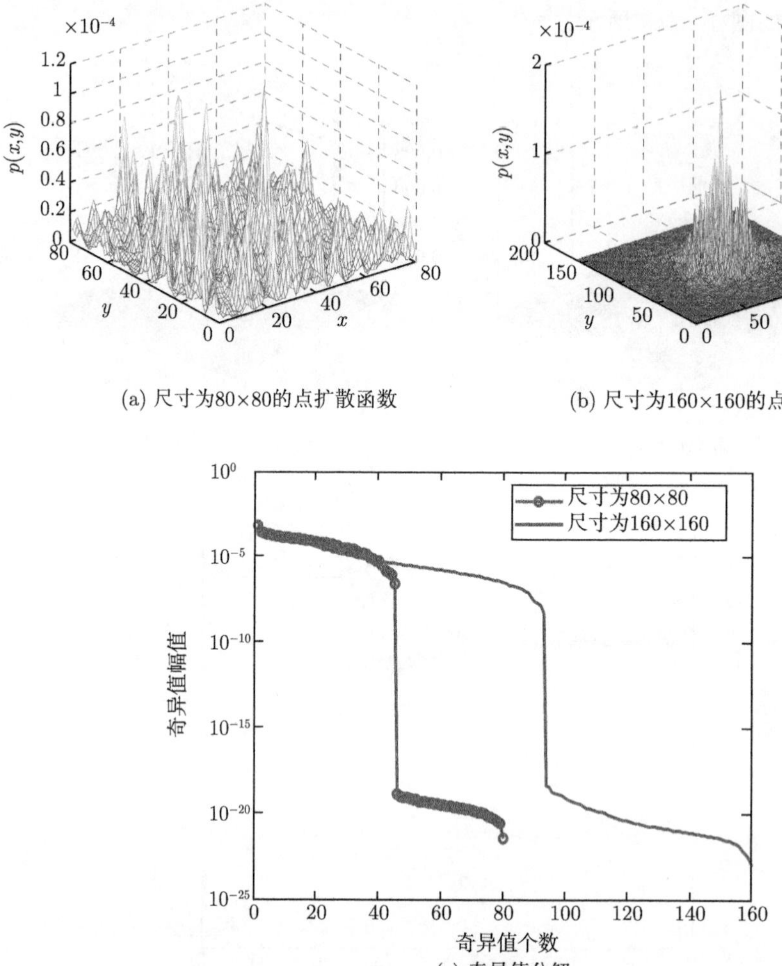

(a) 尺寸为80×80的点扩散函数　　(b) 尺寸为160×160的点扩散函数

(c) 奇异值分解

图 1.2　大气扰动点扩散函数及奇异值分解

3. 运动点扩散函数

在实际成像过程中，理想目标与成像系统具有相对运动，若理想目标是刚体，成像系统与目标的相对运动可用角度 θ 和相对位移 $(\Delta x, \Delta y)$ 表示，将目标旋转与相对位移写成仿射变换的形式，表达式为

$$p(x,y) = \begin{bmatrix} \cos\theta & \sin\theta & \Delta x \\ -\sin\theta & \cos\theta & \Delta y \\ 0 & 0 & 1 \end{bmatrix} \tag{1.6}$$

式中，θ、Δx 和 Δy 是成像系统与理想物体的相对角度、水平与垂直位移。图 1.3 为不同参数形成的运动模糊核和对应矩阵的奇异值分解。

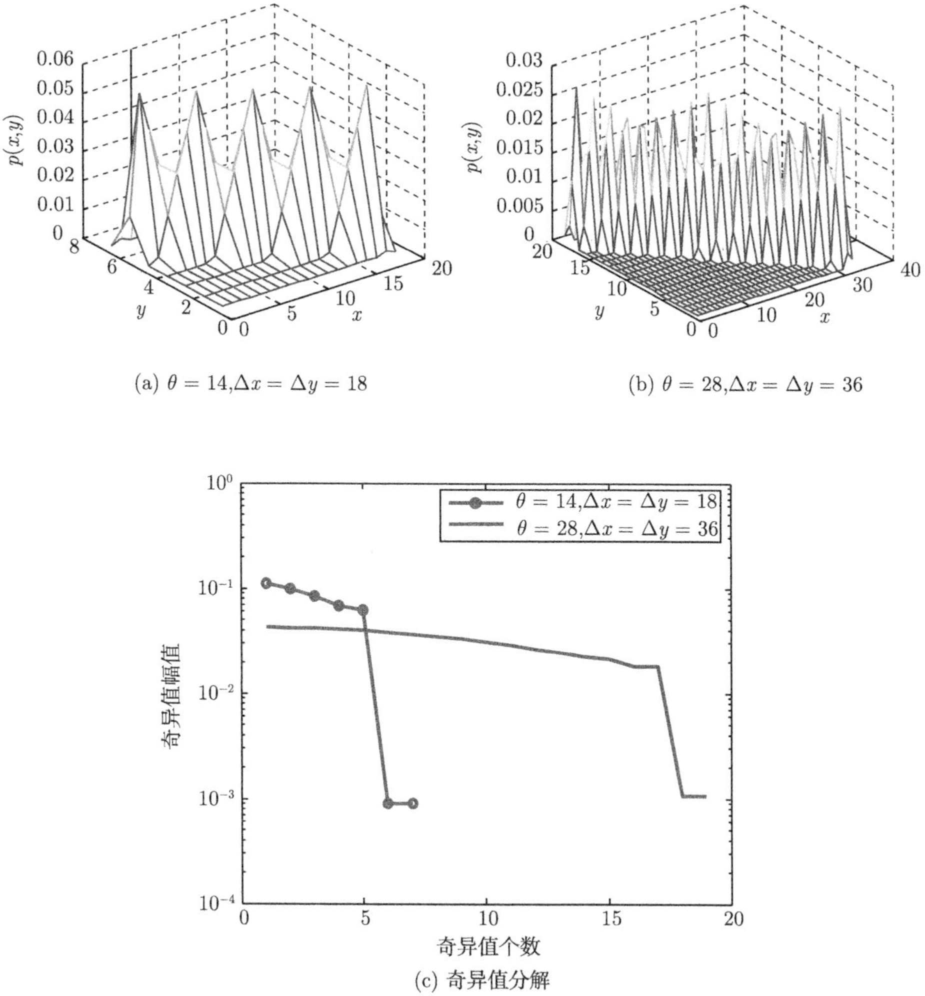

(a) $\theta = 14, \Delta x = \Delta y = 18$

(b) $\theta = 28, \Delta x = \Delta y = 36$

(c) 奇异值分解

图 1.3　运动点扩散函数及奇异值分解

4. 聚焦点扩散函数

成像系统本身的缺陷或场景的深度导致其无法聚焦，造成采集获得的图像扭曲。聚焦点扩散函数可用均匀圆面积的反比来刻画，表达式为

$$p(x,y) = \begin{cases} \dfrac{1}{\pi r^2}, & \sqrt{x^2+y^2} \leqslant r \\ 0, & \text{其他} \end{cases} \tag{1.7}$$

式中，r 是圆的半径。图 1.4 为不同参数形成聚焦模糊核和对应矩阵的奇异值分解。

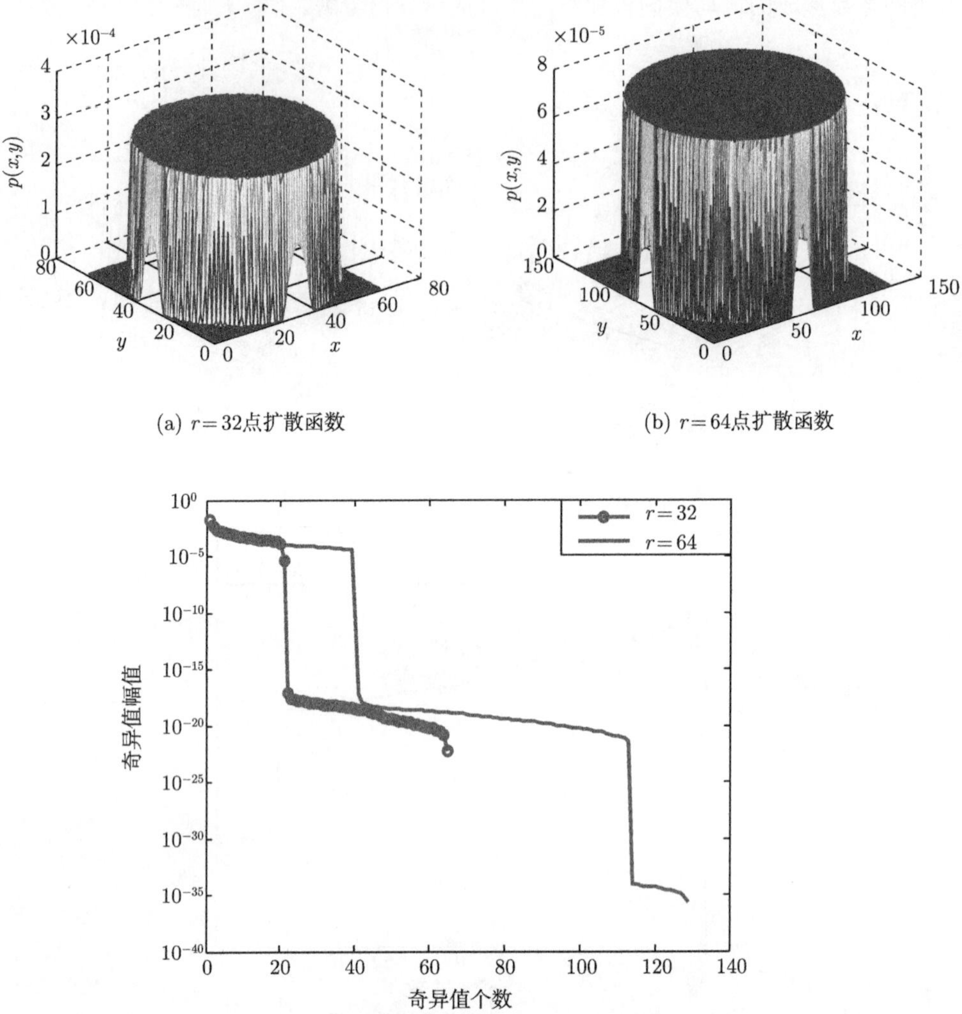

(a) $r=32$点扩散函数

(b) $r=64$点扩散函数

(c) 奇异值分解

图 1.4　聚焦点扩散函数及其奇异值分解

1.2.2　拟合项的形式

拟合项用来描述采样与成像过程，由噪声的统计特性决定，主要有以下几种形式。

（1）若噪声服从加性高斯分布，常用最小二乘描述拟合项，表达式为

$$\boldsymbol{\Phi}(\boldsymbol{Au},\boldsymbol{g})=\frac{1}{2}\left\|\boldsymbol{Au}-\boldsymbol{g}\right\|_{L_2}^2 \tag{1.8}$$

式(1.8)是光滑的凸函数，具有二阶导数，若算子 $\boldsymbol{A}$ 是非线性的，对其进行泰勒展开，设计基于梯度和海森矩阵的一阶和二阶迭代算法，但如果梯度幅值较小或海森矩阵不具有特殊结构，造成算法收敛缓慢。

(2) 若噪声服从椒盐分布，常用 L_1 范数描述拟合项，表达式为

$$\boldsymbol{\Phi}(\boldsymbol{Au},\boldsymbol{g})=\|\boldsymbol{Au}-\boldsymbol{g}\|_{L_1} \tag{1.9}$$

式(1.9)是非光滑的凸函数，能准确体现椒盐噪声的统计分布，但非光滑特性对算法设计造成十分不利的影响，一般需要引入辅助变量，采用对偶变换，将原始模型求解转化为对偶模型求解[4]。

(3) 相干原理成像的雷达系统，噪声一般服从乘性 gamma 分布，采用 I-散度函数描述拟合项，表达式为

$$\boldsymbol{\Phi}(\boldsymbol{Au},\boldsymbol{g})=\left\|\ln(\boldsymbol{Au})+\frac{\boldsymbol{g}}{\boldsymbol{Au}}\right\|_{L_1} \tag{1.10}$$

式(1.10)是关于 $\boldsymbol{u}$ 的非凸函数，最优解依赖初始值，容易陷入局部极值，而且由于非凸性，算法一般收敛很慢。为克服此缺点，采用对数变换，将式(1.10)转化为凸函数，表达式为

$$\boldsymbol{\Phi}(\boldsymbol{Au},\boldsymbol{g})=\left\|\boldsymbol{z}+\boldsymbol{g}\mathrm{e}^{-\boldsymbol{z}}\right\|_{L_1} \tag{1.11}$$

式中，$\boldsymbol{z}=\ln(\boldsymbol{Au})$。由于模型是非线性的，一般采用 Douglas-Rachford 变量分裂技术[5]，将其转化为分裂的 Bregman 算法和其他非线性优化算法[6]。

(4) 光子和核磁共振成像，噪声与像素的幅值相关，服从泊松分布，常用 Kullback-Leibler 函数描述拟合项，表达式为

$$\boldsymbol{\Phi}(\boldsymbol{u})=\|\boldsymbol{Au}-\boldsymbol{g}\ln(\boldsymbol{Au})\|_{L_1} \tag{1.12}$$

式(1.12)是光滑的凸函数，但由于具有非线性项，对算法设计造成不利影响。

1.2.3 正则项的形式

拟合项是从统计意义上建立的，不能体现解的结构特征，而且由于模型是不适定的，仅仅应用拟合项无法获得有效解，为此，引入正则项。正则项不但使能量泛函具有唯一的稳定解，而且能体现解的结构特征，一般是非线性的，主要有以下几种形式。

(1) Tikhonov 形式的正则项，用理想解的 L_2 范数作为正则项，表达式为

$$\boldsymbol{R}(\boldsymbol{Du})=\|\boldsymbol{u}\|_{L_2}^2 \tag{1.13}$$

式(1.13)最早由 Tikhonov 院士提出，其光滑特性使得算法设计相对容易，但模型具有各向同性，容易抹杀图像的边缘。

（2）一阶有界变差函数的半范数作为正则项，表达式为

$$\boldsymbol{R}(\boldsymbol{Du}) = |\boldsymbol{Du}|_{L_1} \tag{1.14}$$

式（1.14）最早由 Rudin 等 [7] 提出，称为 ROF(Rudin-Osher-Fatemi) 模型，该模型具有各向异性，有利于保护图像的边缘，但式（1.14）是非光滑的，使得算法设计比较复杂，常利用光滑逼近函数、次微分和对偶模型对其进行转化，然后设计求解算法。

式（1.14）等价 Radon 测度，由 Lebesgue-Nikodym 定理 [8] 可知，式（1.14）可以分解为绝对连续部分 $\nabla \boldsymbol{u}\mathrm{d}\boldsymbol{x}$ 和奇异部分 $\boldsymbol{D}^s\boldsymbol{u}$，表达式为

$$\boldsymbol{Du} = \nabla \boldsymbol{u}\mathrm{d}\boldsymbol{x} + \boldsymbol{D}^s\boldsymbol{u} \tag{1.15}$$

式（1.15）更能体现图像的间断跳跃特性，但计算比较复杂，而且容易在平稳区域产生阶梯效应。

（3）非局部有界变差函数作为正则项，表达式为

$$\boldsymbol{R}(\boldsymbol{Du}) = \sqrt{\int_{\Omega} \boldsymbol{\omega}(\boldsymbol{x},\boldsymbol{y})\left[\boldsymbol{u}(\boldsymbol{x}) - \boldsymbol{u}(\boldsymbol{y})\right]^2 \mathrm{d}\boldsymbol{y}} \tag{1.16}$$

式中，$\boldsymbol{\omega}(\boldsymbol{x},\boldsymbol{y})$ 是权重，一般选用可分离的高斯函数，表征相邻像素和邻域像素的结构相似性和光学相似性。该模型最早由 Buades 等 [9] 提出，能有效地保护图像的纹理信息，在图像纹理合成、修补和压缩传感中得到广泛应用。

（4）二阶有界变差函数的半范数作为正则项，表达式为

$$\boldsymbol{R}(\boldsymbol{Du}) = \left|\boldsymbol{D}^2\boldsymbol{u}\right|_{L_1} \tag{1.17}$$

文献 [10] 给出分布导数意义下的二阶有界变差函数定义，通过变分获得四阶偏微分方程，该模型有利于克服在平稳区域产生的阶梯效应，但容易导致图像过于光滑。

（5）加权 L_{p} 范数作为正则项，表达式为

$$\boldsymbol{R}(\boldsymbol{Du}) = \left(\sum_i \omega_i |v_i|^p\right)^{1/p} \tag{1.18}$$

式中，$1 \leqslant p < 2$；$\boldsymbol{v} = \boldsymbol{Wu}$，$\boldsymbol{W}$ 为小波变换或紧框架变换，对图像进行稀疏表示。若变换域系数的幅值较大，赋予较小的权重 ω_i，进行较弱的惩罚，反之，进行较强的惩罚。该正则项是非光滑的凸函数，不容易进行算法设计。若 $p = 1$，与式（1.8）组合形成能量泛函，其解等价于软阈值算子。

（6）分段函数作为正则项，表达式为

$$\boldsymbol{R}(\boldsymbol{Du})=\begin{cases}\dfrac{1}{q(x)}|\boldsymbol{Du}|^{q(x)}, & |\boldsymbol{Du}|\leqslant\beta\\ |\boldsymbol{Du}|-\dfrac{\beta q(x)-\beta^{q(x)}}{q(x)}, & |\boldsymbol{Du}|>\beta\end{cases}\tag{1.19}$$

式中，阈值 $\beta>0$；$q(x)=1+\dfrac{1}{1+k|\nabla G_\sigma*g|}$；$G_\sigma$ 是方差为 σ^2 的高斯函数。用分段函数作为正则项，对一阶差分幅值小于阈值的像素进行较强的惩罚，有利于消除噪声；相反，进行较弱的惩罚，有利于保护图像的边缘，但 β 和 σ^2 很难确定。为摆脱此困境，在正则项的分段函数中引入共轭指数 [11]，表达式为

$$\boldsymbol{R}(\boldsymbol{Du})=\begin{cases}\dfrac{1}{p(x)}|\boldsymbol{Du}|^{p(x)}, & |\boldsymbol{Du}|\leqslant 1\\ |\boldsymbol{Du}|-\dfrac{1}{q(x)}, & |\boldsymbol{Du}|>1\end{cases}\tag{1.20}$$

式中，$1<p(x)<2$；$\dfrac{1}{p(x)}+\dfrac{1}{q(x)}=1$。

（7）分数阶有界变差函数作为正则项，表达式为

$$\boldsymbol{R}(\boldsymbol{u})=\sum_{1\leqslant i,j\leqslant n}|\nabla^\alpha u_{ij}|\tag{1.21}$$

式中，α 为分数阶导数的阶次；n 为整数。分数阶有界变差函数是用分数阶导数来定的，尽管分数阶导数的使用已经有很长的历史，但到目前没有统一的定义形式，主要有 Riemann-Liouville、Caputo 和 Grunwald-Letnikov 三种形式 [12]。在使用时，式（1.21）常以上确界的形式出现，表达式为

$$\boldsymbol{R}(\boldsymbol{u})=\sup_{\boldsymbol{q}}\langle\boldsymbol{q},\nabla^\alpha\boldsymbol{u}\rangle_{\boldsymbol{Y}}\tag{1.22}$$

式中，$\boldsymbol{q}=\left(q^1,q^2\right)\in\boldsymbol{Y}$；$|q_{ij}|=\sqrt{\left(q_{ij}^1\right)^2+\left(q_{ij}^2\right)^2}\leqslant 1$；sup 表示上确界。

1.2.4 权重的确定方法

正则参数 α 是拟合项与正则项的权重，若数值过小，噪声滤波不充分，容易产生高频振荡现象；若数值过大，不但噪声被滤除，而且解的大部分分量也被滤除，导致获得的图像过于平滑。目前，确定方法主要有无偏风险预测估计、广义交叉验证法 [13]、L-曲线法及自适应确定法 [14] 等。

1. 无偏风险预测估计

若式（1.8）与式（1.13）组合形成能量泛函，变分获得的表达式为

$$\boldsymbol{u}_\alpha=\left(\boldsymbol{A}^{\mathrm{T}}\boldsymbol{A}+\alpha\boldsymbol{I}\right)^{-1}\boldsymbol{A}^{\mathrm{T}}\boldsymbol{g}\tag{1.23}$$

令 $\boldsymbol{R}_\alpha=\left(\boldsymbol{A}^{\mathrm{T}}\boldsymbol{A}+\alpha\boldsymbol{I}\right)^{-1}\boldsymbol{A}^{\mathrm{T}}$，正则参数 α 无偏风险预测估计表达式为

$$\alpha=\inf_\alpha\left\{\frac{1}{n}\left\|\left(\boldsymbol{A}\boldsymbol{R}_\alpha-\boldsymbol{I}\right)\boldsymbol{A}\boldsymbol{u}+\left(\boldsymbol{A}\boldsymbol{R}_\alpha-\boldsymbol{I}\right)\varepsilon\right\|^2+\frac{2\sigma^2}{n}\mathrm{tr}\left(\boldsymbol{A}\boldsymbol{R}_\alpha\right)-\sigma^2\right\} \tag{1.24}$$

式中，σ^2 是噪声的方差；$\mathrm{tr}(\cdot)$ 是矩阵的秩。由式（1.24）估计 α，缺点主要有：① 式（1.24）不是正则参数的凸函数，因此，可能有几个局部极值点，导致无法获得全局最优解。② 矩阵 $\boldsymbol{A}\boldsymbol{R}_\alpha$ 的规模较大，若不具有特殊结构，很难进行对角化，计算矩阵 $\boldsymbol{A}\boldsymbol{R}_\alpha$ 的迹比较困难。③ 需已知噪声的方差，然而在实际应用中，噪声的方差是未知的。

2. *广义交叉验证法*

若噪声的方差未知，通常采用广义交叉验证法来估计正则参数，表达式为

$$\alpha=\inf_\alpha\left\{\frac{n\left\|\left(\boldsymbol{A}\boldsymbol{R}_\alpha-\boldsymbol{I}\right)\boldsymbol{g}\right\|^2}{\left[\mathrm{tr}\left(\boldsymbol{A}\boldsymbol{R}_\alpha-\boldsymbol{I}\right)\right]^2}\right\} \tag{1.25}$$

但在光滑样条函数应用中 [15]，式（1.25）获得的正则项参数偏小，导致噪声没有完全滤除。针对此问题，文献 [16] 提出一种加权广义交叉验证准则，表达式为

$$\alpha=\inf_\alpha\left\{\frac{n\left\|\left(\boldsymbol{A}\boldsymbol{R}_\alpha^+-\boldsymbol{I}\right)\boldsymbol{g}\right\|^2}{\left[\mathrm{tr}\left(\omega\boldsymbol{A}\boldsymbol{R}_\alpha^+-\boldsymbol{I}\right)\right]^2}\right\} \tag{1.26}$$

式中，$\boldsymbol{R}_\alpha^+$ 为矩阵的伪逆；ω 为权系数。式（1.26）中的正则参数是 ω 的函数，通过曲线来确定最优的正则项参数。但是，如果矩阵 $\boldsymbol{A}\boldsymbol{R}_\alpha^+$ 的规模较大，且不具有特殊结构，计算式（1.26）中的迹比较困难，而且 $\boldsymbol{R}_\alpha^+$ 要有显示表达式。若对 ω、$\boldsymbol{R}_\alpha^+$ 设置特殊值，那么式（1.25）是式（1.26）的特殊情况。

3. *改进的广义交叉验证法*

若式（1.12）与式（1.18）组合形成能量泛函，由于正则项为紧框架的稀疏表示，无法获得能量泛函的解析解，导致式（1.26）失效，文献 [17] 给出一种确定正则参数表达式：

$$\alpha=\inf_\alpha\left\{\left\|2\sqrt{\boldsymbol{g}+\frac{3}{8}}-2\sqrt{\boldsymbol{A}\boldsymbol{W}^{\mathrm{T}}\boldsymbol{v}_{\alpha_\tau}+\frac{3}{8}}\right\|^2\Big/\left(n-n_0\right)^2\right\} \tag{1.27}$$

式中，n_0 为利用 Stein 无偏风险估计理论计算的自由度数目；$\boldsymbol{v}_{\alpha_\tau}$ 为能量泛函的迭代解。若 $\boldsymbol{v}_{\alpha_\tau}$ 是无偏估计，那么获得的正则项参数是最优的，因此设计理想解的最优估计器至关重要。

4. 利用正则项确定正则参数

若已知噪声的方差，由式（1.8）与式（1.14）组合形成能量泛函，正则项参数确定表达式为

$$\alpha_{\tau+1} = \frac{\boldsymbol{\Phi}\left(\boldsymbol{A}\boldsymbol{u}_{\alpha_\tau}, \boldsymbol{g}\right)}{N\sigma}\alpha_\tau \tag{1.28}$$

式中，$\boldsymbol{u}_{\alpha_\tau}$ 是由 Chambolle 对偶算法确定的迭代解。式（1.28）成立的条件是 $\boldsymbol{\Phi}\left(\boldsymbol{A}\boldsymbol{u}_{\alpha_\tau}, \boldsymbol{g}\right) = \sigma^2$。若拟合项服从泊松分布，由式（1.12）与式（1.14）组合形成的能量泛函就无法用式（1.28）确定正则项权重，但是，通过 Anscombe 变换 [18]，将泊松噪声转化为加性拟高斯白噪声，正则参数迭代表达式为

$$\alpha_{\tau+1} = \sqrt{\frac{\boldsymbol{\Phi}\left(\boldsymbol{A}\boldsymbol{u}_{\alpha_\tau}, \boldsymbol{g}\right)}{N\sigma}}\alpha_\tau \tag{1.29}$$

式中，$\boldsymbol{u}_{\alpha_\tau}$ 含义同式（1.28）。

5. L-曲线法

用 $x(\alpha) = \ln\boldsymbol{\Phi}(\boldsymbol{A}\boldsymbol{u}, \boldsymbol{g})$ 表示横坐标，$y(\alpha) = \ln\boldsymbol{R}(\boldsymbol{D}\boldsymbol{u})$ 表示纵坐标，最小化曲率函数，获得正则参数表达式:

$$\alpha = \inf_{\alpha}\left\{\frac{y'(\alpha)\,x''(\alpha) - y''(\alpha)\,x'(\alpha)}{\left[\left(y'(\alpha)\right)^2 + \left(x'(\alpha)\right)^2\right]^{3/2}}\right\} \tag{1.30}$$

式（1.30）容易建立，但从统计意义上来说，L-曲线法确定的正则参数是非收敛的，获得的正则参数往往偏小，容易产生振荡现象。

6. 自适应确定法

在算法迭代过程中，拟合项与正则项的能量随着迭代算法的变化而变化，因此正则项参数也必须自适应地改变，表达式为

$$\boldsymbol{E}(\alpha_\tau) = (\lambda - 1)\,\boldsymbol{\Phi}\left(\boldsymbol{A}\boldsymbol{u}_{\alpha_\tau}, \boldsymbol{g}\right) - \alpha_\tau \boldsymbol{R}\left(\boldsymbol{D}\boldsymbol{u}_{\alpha_\tau}\right) \tag{1.31}$$

式中，λ 是常数；α_τ 表示正则项参数 α 随迭代次数 τ 的变化。为保证在迭代过程中式（1.31）为零，由不动点迭代原理，权重自动更新准则为

$$\alpha_{\tau+1} = \frac{(\lambda - 1)\,\boldsymbol{\Phi}\left(\boldsymbol{A}\boldsymbol{u}_{\alpha_\tau}, \boldsymbol{g}\right)}{\boldsymbol{R}\left(\boldsymbol{D}\boldsymbol{u}_{\alpha_\tau}\right)} \tag{1.32}$$

式（1.32）的最大优点是只要建立正则化模型，就可以利用此式计算正则项参数。最大的缺点是如何确定辅助参数 λ，没有现成的理论做指导，目前，主要利用试凑法进行确定。

1.2.5　正则化模型解的特性

建立图像恢复正则化模型后，能量泛函的解必须存在且唯一。如果解不存在，那么建立的模型没有任何意义；如果模型的解不唯一，那么计算获得的解不确定，导致算法的鲁棒性较差。若能量泛函的解存在，那么必须满足下列 3 个条件。

（1）根据能量泛函的解空间 Θ，构造能量泛函的极小化序列 $\boldsymbol{u}_\tau \in \Theta$，使得

$$\lim_{k\to\infty} \boldsymbol{E}(\boldsymbol{u}_\tau) = \inf_{\boldsymbol{u}^*\in\Theta} \boldsymbol{E}(\boldsymbol{u}^*) \tag{1.33}$$

（2）满足强制性条件：

$$\lim_{|\boldsymbol{u}|\to\infty} \boldsymbol{E}(\boldsymbol{u}) = +\infty \tag{1.34}$$

若式（1.34）成立，那么能量泛函的解在空间 Θ 中一致有界，即 $\|\boldsymbol{u}_\tau\|_\Theta \leqslant C$，$C$ 为正常数。如果 Θ 是自反的 Banach 空间，$\boldsymbol{u}^* \in \Theta$，那么在序列 $\{\boldsymbol{u}_\tau\}$ 中，存在收敛的子列 $\{\boldsymbol{u}_{\tau_j}\}$，使得 $\boldsymbol{u}_{\tau_j}$ 收敛于 $\boldsymbol{u}^*$。

（3）为表明 $\boldsymbol{u}^*$ 是能量泛函的最优解，能量泛函必须满足下半连续特性，表达式为

$$\lim_{\boldsymbol{u}_{\tau_j}\to\boldsymbol{u}^*} \boldsymbol{E}\left(\boldsymbol{u}_{\tau_j}\right) \geqslant \boldsymbol{E}(\boldsymbol{u}^*) \tag{1.35}$$

若能量泛函二阶可微分，获得的海森矩阵为正定的，或能量泛函满足严格凸函数的条件，那么能量泛函的解是唯一的 [19]。

1.3　能量泛函正则化模型国内外研究现状

本章对图像恢复中的能量泛函正则化模型进行综述。首先，根据能量泛函正则化模型的形式，从拟合项、正则项、点扩散函数、权重和解的特性五个方面，分析如何建立正则化模型；然后，依据解空间，将正则化模型分为空域、变换域和混合域三种形式，从整体处理、分裂处理和转化处理等方面，评述每种形式算法设计的优缺点，并分析一些新的研究成果；最后，展望模型的发展趋势和有待解决的问题，以期起到抛砖引玉的作用。正则化模型算法设计主要有三个发展方向：利用原始模型、对偶模型和原始–对偶模型进行算法设计，下面结合空域、变换域和混合域三个方面阐述研究进展。

1.3.1　空域正则化模型研究进展

1. 基于原始模型设计求解算法

基于原始模型设计求解算法，主要有四个发展方向。

利用拟合项可微特性设计求解算法。主要思想是对拟合项进行二阶泰勒展开，用容易计算的单位矩阵或 Lipschitz 常数取代海森矩阵。文献 [20] 对拟合项进行泰勒展开，用单位矩阵取代泰勒展开式中的海森矩阵，将原始模型最小化问题转化为标准迫近（proximal）映射算子的形式，提出稀疏软阈值重构（sparse reconstruction by separable approximation，SpaRSA）算法，缺点是转化模型的权系数很难确定。文献 [21] 在 SpaRSA 算法的基础上，提出一种权系数自适应更新的 SpaRSA 算法，取得比 SpaRSA 算法更快的收敛速度。文献 [22] 对拟合项进行泰勒展开，用拟合项的 Lipschitz 常数取代泰勒展开式中的海森矩阵，将模型分解为校正与软阈值收缩算子两个子问题，提出快速迭代软阈值算法（fast iterative shrinkage/thresholding algorithm，FISTA），优点是算法的收敛速度是二次的，而且获得的解精度优于文献 [23] 算法，缺点是拟合项的 Lipschitz 常数是未知的，且依赖 $\boldsymbol{A}^{\mathrm{T}}\boldsymbol{A}$ 的最大特征值，矩阵 $\boldsymbol{A}$ 由于规模较大，一般不具有特殊结构，特征值很难计算。

利用光滑函数逼近非可微的正则项，使能量泛函可微分，进行算法设计，如基于梯度的最陡下降算法和不动点迭代算法 [24]。该类算法是一阶的，缺点是算法的半收敛（semi-convergence）特性，且收敛速度较慢。为加快算法收敛，利用能量泛函的梯度和海森矩阵，设计二阶求解算法，如牛顿迭代算法、拟牛顿投影算法 [25] 等，这种算法需要两重迭代，内迭代计算搜索方向，外迭代更新步长。但是，由于海森矩阵的规模较大，一般不具有特殊结构，计算逆矩阵比较耗时。将非可微正则项的有界性转化为约束条件，设计求解算法。为解决由于矩阵的结构造成算法收敛慢的问题，文献 [26] 对矩阵进行对角化，文献 [27] 利用矩阵具有正弦变换的结构设计快速求解算法。文献 [28] 将原始模型转化为正则项作为约束条件的二次规划问题，提出步长更新基于 BB（Barzilai-Borwein）准则的梯度投影稀疏重构（gradient projection for sparse reconstruction，GPSR）算法，并证明 GPSR-BB 算法是线性收敛的。文献 [29] 把非可微的正则项转化为约束条件，将无约束能量泛函最小化问题转化为具有约束条件的最小化问题，提出投影最陡下降（projected steepest descent，PSD）算法。文献 [30] 利用文献 [29] 的思想，将非可微正则项转化为约束条件，利用拟合项的可微性，提出基于梯度投影与 BB 步长更新准则的交替迭代（gradient projection with step-length selection，GPSS）算法，将 GPSS 算法与 SpaRSA 算法、FISTA、GPSR 算法、PSD 算法对比，结果表明，对于条件数较大的矩阵，为获得稳定解，GPSS 算法和 SpaRSA 算法用较大步长更新迭代解，其余算法用较小步长更新迭代解。文献 [31] 将非可微正则项转化为最优化问题的约束条件，把目标函数分解为“拟合项和二次惩罚函数”与“正则项和二次惩罚函数”两个容易处理的子问题，提出分裂增广拉格朗日收缩算法（split augmented Lagrangian shrinkage algorithm，SALSA）。GPSS 算法、SpaRSA 算法、FISTA、GPSR 算法、PSD 算法利用拟合项的一阶导数信息，而 SALSA 利用拟合项的二阶导数信息，三阶导数加快 SALSA 的收敛速度。

用迫近算子表示非可微正则项。文献 [23] 将非可微正则项表示成软阈值收缩算子形式，提出两步迭代软阈值（two-step iterative shrinkage/thresholding，TwIST）算法，文献 [32] 证明迭代软阈值算法（iterative shrinkage/thresholding algorithm，ISTA）线性收性。利用经典微分算子表示拟合项，利用次微分（subgradient）算子表示正则项，文献 [33] 将原始最优化问题分解为拟合项和正则项最优化问题，形成交替迭代算法。文献 [34] 将原始模型转化为增广拉格朗日方程，把目标函数分解为最小方差和迫近算子两个子问题，用分裂 Bregman 迭代算法进行求解。文献 [35] 指出，最小方差问题仍然是不适定的，为克服此缺点，提出投影迫近点算法，仿真结果表明，无论是在计算效率还是在逼近精度上，此算法优于分裂 Bregman 算法。

将非可微的正则项表示成迫近算子子问题，可微的拟合项表示成牛顿迭代算法子问题，两个子问题交替迭代形成迫近牛顿算法。该算法融合二阶导数信息，具有较强的收敛性，难点是海森矩阵的构造和搜索方向的确定。为逼近拟合项的海森矩阵，文献 [36] 构造稀疏对角化矩阵，将拟合项表示成牛顿迭代算法，对正则项应用迫近分裂算子，交替迭代形成一种稀疏迫近牛顿分裂算法，但对算法收敛的相关条件不是很清楚。为解决此问题，文献 [37] 从理论上分析迫近拟牛顿迭代算法超线性收敛，并将搜索方向分解为迫近牛顿分裂算法的子问题。为使迫近牛顿迭代算法具有通用性，文献 [38] 提出随机迫近牛顿迭代算法，此算法适用于由多项光滑函数组成的拟合项，用无偏估计确定牛顿迭代算法的梯度和海森矩阵。

2. 利用对偶模型设计求解算法

基于对偶模型设计求解算法，主要有三个发展方向。

为克服原始模型正则项的非可微性，对正则项进行 Fenchel 变换，将原始模型转化为对偶模型。文献 [39] 用离散对偶形式表示非可微的正则项，将原始能量泛函最小化问题转化为具有约束条件的离散对偶模型，提出半隐梯度下降算法，并给出算法收敛的相关条件，此算法开创了对偶模型应用的里程碑。文献 [40] 采用 TV-Stokes 方程描述拟合项，用非可微有界变差函数的半范数作为正则项，将图像恢复分解为切向光滑和法向重构两个子问题，利用类似文献 [39] 的思想，将两个子问题分别转化为对偶模型，应用半隐梯度下降算法对图像进行降噪，图像恢复边缘比较理想。

用非可微正则项的有界性，将原始模型转化为对偶模型。文献 [41] 用上确界定义的等价范数取代有界变差函数的半范数，把原始能量泛函转化为对偶能量泛函，提出显式投影梯度最陡下降算法，理论分析表明，算法全局收敛。文献 [42] 利用有界变差函数的半范数与无穷范数的对偶性，将具有约束条件的原始最小化模型转化为对偶最小化模型，利用对偶模型拟合项的可微性，设计梯度最陡下降算法，利用对偶模型的正则项，设计不动点软阈值迭代算法，二者交替迭代形成前向–后向全变差投影算法，算法能有效恢复图像，但仅具有线性收敛速度。文献 [43] 利用文献 [42] 的思想将原始模型转化为对偶模型，将模型分解为“拟合项和二次惩罚函数”与“正则项和二次惩罚函数”两个子问题，对子问题分别采用梯度最陡下降算法与前向–后向分裂递归算法求解，耦合迭代形成乘子交替方向算法（alternating direction method of multiplier，ADMM），本质上，ADMM 是一种增广拉格朗日乘子算法，当模糊矩阵的条件数较大时，梯度最陡下降算法收敛非常缓慢。

对正则项中的变量进行替换，使得原始能量泛函变为有约束条件的最优化问题，然后用拉格朗日乘子作为对偶变量，将问题转化为无约束条件最优化问题。利用该思想，文献 [44] 提出快速对偶追近梯度算法，从理论上分析算法收敛的相关条件，而且论证该算法的收敛速度优于次梯度投影算法。

3. *基于原始–对偶模型设计求解算法*

基于原始–对偶模型设计求解算法，主要有两个发展方向。

利用对偶变换或内积诱导的范数，将原始模型转化为原始–对偶模型，把原始极小值问题转化为极小值–极大值问题，也称鞍点问题。根据原始与对偶问题拟合项的特性，分别对原始与对偶变量进行处理。文献 [45] 提出基于预解算子的原始与对偶变量交替耦合更新迭代算法，通过设置耦合系数可知，经典的半隐外推算法和 Arrow-Hurwicz 算法是其特殊情况。采用 Nesterov 加速思想 [46]，原始变量和对偶变量分别具有二次和线性收敛速度，而且可并行实现，但收敛速度对原始变量与对偶变量的步长选择比较敏感。文献 [47] 利用有界变差函数半范数的对偶范数，将原始模型最优化问题转化为原始–对偶模型，为避免最小方差问题产生的内迭代，利用预测的对偶变量，把原始子问题求解转化为不动点迭代算法，将对偶子问题转化为预测–校正算法，形成原始与对偶变量交替迭代算法，为保证算法收敛，给出两个子问题步长选择的相关条件。文献 [48] 将复杂的鞍点问题分解为两个子问题。用梯度下降算法计算原始变量的估计值，然后用追近算子更新原始变量；用梯度上升算法计算对偶变量的估计值，然后用追近算子更新对偶变量，交替迭代形成一阶原始–对偶混合梯度（primal dual hybrid gradient，PDHG）算法，并从理论上分析 PDHG 算法的收敛特性，定性地给出步长自适应选择的相关条件。为定量地确定 PDHG 算法的步长，文献 [49] 分析原始变量与对偶变量步长的更新原理，用图像恢复与降噪实验验证步长公式的有效性。在 PDHG 算法 [45] 的基础上，文献 [50] 对 PDHG 算法进行拓展，正则项由两项非光滑函数组成，创新地提出原始变量与对偶变量交替迭代算法，并用图像降噪实验验证算法的有效性，但对算法收敛性悬而未决。

利用共轭变换和拉格朗日乘子，将原始模型转化为原始–对偶模型。文献 [51]

将非负条件约束的原始模型转化为原始–对偶模型，利用一阶 KKT（Karush-Kuhn-Tucker）条件，获得转化模型的局部线性模型，但线性系统的系数矩阵规模较大，很难构造预条件矩阵，使得算法收敛较慢。为克服此缺点，将线性系统分为原始和对偶两个子问题，分别构造预条件器，提出半光滑（semi-smooth）牛顿迭代算法，该算法具有局部二次收敛特性。文献 [52] 将双边限制的原始能量泛函转化为原始–对偶模型，采用类似文献 [51] 的思想，提出半光滑牛顿迭代算法，将其应用于图像恢复，数值结果表明，图像恢复质量好于基于对偶模型的交替最小化方法和基于原始模型的投影牛顿算法，且算法局部超线性收敛。文献 [53] 利用活跃集确定牛顿迭代算法的搜索方向，从理论上分析半光滑牛顿迭代算法为全局超线性收敛。文献 [54] 提出原始–对偶活跃集（primal dual active set，PDAS）算法，将模型分解为利用原始–对偶变量确定活跃集、用最小方差原理更新原始变量，用具体表达式更新对偶变量三个子问题，算法局部超线性收敛。为增强算法的有效性，利用文献 [54] PDAS 算法的思想，文献 [55] 将活跃集子问题设置为原始变量、对偶变量和正则参数的函数，提出连续 PDAS 算法，此算法利用 PDAS 算法的局部线性收敛和正则参数连续变化特性，使得连续 PDAS 算法全局线性收敛。为加快算法收敛，文献 [56] 提出一种全局收敛特性且收敛速度是二阶的原始–对偶模型牛顿迭代算法。

1.3.2 变换域正则化模型研究进展

变换域正则化模型主要的三个发展方向，分别是利用正则项、拟合项和同时利用拟合项与正则项进行算法设计。

利用拟合项进行算法设计。在框架域，利用文献 [22] 和文献 [46] 算法加速的思想，对原始模型的拟合项进行一阶泰勒展开，获得转化能量泛函，文献 [57] 将模型求解分解为预测、校正（利用保真项的梯度）、软阈值算子更新、加速四个子问题，提出加速迫近梯度迭代算法，为防止算法早熟，给出算法迭代停止准则。

利用正则项进行算法设计。在小波域，文献 [58] 通过对正则项引入辅助变量，将原始能量泛函最小化问题转化为有约束条件的最小化问题，应用类似文献 [59] 分裂 Bregman 迭代算法的思想，将原始最小化问题转化为最小方差和软阈值迭代算子两个容易处理的子问题，将其应用于图像恢复，图像边缘重构效果较好。在傅里叶变换域，对正则项引入增广拉格朗日函数，文献 [60] 将有约束条件的原始能量泛函转化为无约束条件的增广拉格朗日能量泛函，利用 ADMM，将转化模型分解为二次模型和软阈值算子两个最小化子问题，两个子问题都有具体的解析解，算法具有较快的收敛速度，但是，正则项权重的选取缺乏理论依据。

同时利用拟合项和正则项进行算法设计。在小波域，文献 [61] 将能量泛函正则化模型分解为“拟合项和二次惩罚函数”与“正则项和二次惩罚函数”两个容易处理的子问题，形成 SALSA。实验表明，算法较好地保持信号的突变信息，满足实时信息处理的要求。文献 [62] 提出紧框架域能量泛函正则化模型，该模型根据输入图像，自适应选择紧框架，利用变量分裂技术，将问题分解为图像系数最小化和框架系数最小化两个子问题。前一个问题比较容易处理，利用硬阈值收缩算法获得解析解，后一个子问题优化比较复杂，但在小波域，利用奇异值分解技术，第二个子问题也具有解析解，仿真表明，该算法能有效地抑制在图像恢复过程中产生的阶梯效应。但文献 [63] 指出，文献 [62] 的迭代子序列不收敛，并从理论上进行了分析，然后对每个子问题都增加二次惩罚项，给出改进的交替迭代算法，并且从理论上证明该算法收敛。

1.3.3 空域与变换域混合正则化模型研究进展

由于图像的特征比较复杂，用一种特定的函数空间描述解的特性，难以达到预期效果，最近几年，发展起来至少由 2 项正则项组成的混合凸非光滑正则化模型（hybrid convex non-smooth regularization model，HCNsRM），虽然取得很多有价值的研究成果，目前还处于发展阶段。建立混合正则项，目前主要有基于期望解和期望解分解两种形式，下面结合空域和变换域，阐述 HCNsRM 发展现状。

在空域，用不同的函数空间描述期望解的特性。为克服一阶全变分 (total variation，TV) 正则项在平稳区域产生的阶梯效应，文献 [10] 提出混合一阶 TV 和二阶 TV 正则化模型，对能量泛函进行变分，获得欧拉–拉格朗日（Euler-Lagrange）方程，将其转化为发展型偏微分方程，用有限差分近似方程中的各阶导数，设计梯度下降迭代算法。该模型能抑制由一阶 TV 正则化模型在平稳区域产生的阶梯效应，取得较好的图像恢复效果，但是，由于步长受 CFL（Courant-Friedrichs-Lewy）条件的限制，算法收敛较慢。为克服离散数字化导致算法收敛较慢的弱点，通过引入辅助变量取代非可微分的正则项，文献 [64] 把模型转化为有约束条件的最优化问题，利用 ADMM 将模型分裂为由 “拟合项” 和 “正则项” 构成的子问题，恢复被系统和泊松噪声模糊的图像，恢复质量优于增广拉格朗日泊松图像解卷积 (Poisson image deconvolution by augmemted Lagrangian, PIDAL) 算法 [65] 和泊松图像解卷积 (Poisson image deconvolution splitting, PIDSplit) 算法 [66]，利用 Eckstein-Bertsekas 定理，定性地描述算法的收敛特性。文献 [34] 把 HCNsRM 转化为有约束条件的最优化问题，利用增广拉格朗日乘子和交替最小化原理，形成分裂 Bregman 迭代算法，利用变分不等式，给出算法线性收敛性的理论证明，将其应用被高斯核函数和噪声模糊的图像，图像恢复效果优于 ROF 模型、二阶 TV 正则化模型、混合一阶 TV 和二阶 TV 正则化模型 [10]。

在空域和变换域，用不同的函数空间描述期望解的特性。文献 [67] 提出用一阶 TV 和傅里叶变换域 L_1 范数作为混合正则项，引入 2 个辅助变量，分别取代非可微分的正则项，将目标函数转化为有约束条件的最优化问题，采用增广拉格朗日乘子技术，将目标函数变为无条件约束的最优化问题，利用半二次极小化思想，将目标函数分裂为 3 个容易处理的子问题，形成交替迭代算法，该算法能有效地重构核磁共振图像（MRI），并定量地给出算法收敛的相关条件。文献 [68] 提出用一阶 TV 和紧框架域 L_1 范数作为混合正则项，然后引入 2 个辅助变量，分别取代非可微分的正则项，将模型转化为有约束条件的最优化问题，利用变量分裂技术，将有约束条件的最优化问题转化为无约束条件的最优化问题，应用 ADMM，获得交替迭代子问题。文献 [69] 提出用一阶 TV 半范数和紧框架域伪 Huber 函数（逼近 L_1 范数）作为混合正则项，采用类似文献 [68] 的思想，获得快速迭代算法。文献 [68]、[69] 的拟合项是可微分的，文献 [70] 用非可微分的 L_1 范数作为拟合项，用一阶 TV 和紧框架域 L_1 范数作为混合正则项，引入 3 个辅助变量，采用类似文献 [68] 的思想，将模型分裂为 4 个交替迭代的子问题，用于恢复被系统和椒盐噪声模糊的图像，图像恢复效果好于基于 TV-L_1 模型的快速全变差分解 (fast total variation decomposition, FTVd) 算法 [71]。最近几年，发展起来的基于图像分解的 HCNsRM 及其求解算法引人注目，这种方法不是直接用函数空间描述解的特性，而是将期望解分解为卡通部分和纹理部分，利用不同的函数空间来描述各部分的特性，建立混合正则项。在空域，文献 [72] 提出用非局部 TV 描述图像的纹理部分，用分数阶 TV 描述图像的卡通部分，利用 K-L(Kullback-Leibler) 函数作为拟合项，三者加权构成 HCNsRM，应用 ADMM 原理，将模型分裂为交替迭代子问题，该模型能有效地抑制一阶 TV 模型在平稳区域产生的阶梯效应，以及采用紧框架收缩算子，在边缘附近产生的 Gibbs 现象。在空域和变换域，文献 [73] 提出基于 TV 和紧框架 L_1 混合正则化模型，卡通部分用 TV 来描述，图像的纹理部分用紧框架域 L_1 来描述，采用 Douglas-Rachford 分裂迭代算法的思想，通过引入辅助变量，形成分裂 Bregman 迭代算法。但是，若 HCNsRM 的拟合项用 L_2 范数来描述，分裂出的原始子问题一般具有最小二乘的形式，此时，需要求解大型隐型方程组，但是，由于系数矩阵条件数很大，同时不具有特殊的结构，很难获得快速求解算法，造成算法比较耗时。针对此问题，文献 [35] 在分裂 Bregman 迭代算法的基础上，将拟合项构成的原始子问题、正则项构成的辅助子问题的迭代顺序交换，利用投影算子计算辅助子问题，用迫近算子计算原始子问题，二者交替迭代形成投影迫近点算法，利用核磁共振成像系统进行实验，无论在计算效率上，还是在重构质量上，投影迫近点算法都优于分裂 Bregman 迭代算法。

文献 [70] 引入空域和小波域混合正则项，对二者分别引入辅助变量，将原始能量泛函转化为增广拉格朗日能量泛函，利用变量分裂技术，将转化模型分解为二维软阈值收缩、一维软阈值收缩、FISTA 处理模型和二次优化模型四个子问题，形成交替迭代最小化算法，仿真实验表明，该算法在图像细节恢复和纹理保持方面优于 ADMM。

利用空域后向（backward）正则的边缘增强特性，紧框架域能有效地去除噪声，文献 [74] 提出一种空域和紧框架域混合正则化能量泛函模型，利用分裂 Bregman 迭代算法，将模型分解为三个子问题，对每个子问题应用直接变分原理获得对应的欧拉方程，并获得解析解，三个子问题形成交替迭代算法，仿真实验表明，算法有效地保护图像的边缘，图像恢复信噪比明显提高。

1.4 图像恢复能量泛函正则化模型存在的问题与发展趋势

传统的图像恢复方法利用获得样本的统计信息，而能量泛函正则化模型不仅利用样本的统计信息，而且充分挖掘理想样本的结构特征，根据图像的边缘、纹理信息和间断跳跃等特性，灵活引入正则项[75]。目前，能量泛函正则化模型在压缩传感、大数据处理和无损探伤等领域得到了广泛应用[76]。但是，该模型仍然有许多待研究的问题。

1.4.1 图像恢复正则化模型存在的问题

（1）在拟合项的建立上，目前仅根据噪声的统计特性建立拟合项，而变换域获得的数据一般很难用一种概率分布函数来表征，需要用有限高斯混合模型、有限拉普拉斯混合模型和有限隐马尔可夫模型来描述，但如何将这类模型集成在能量泛函中并设计有效的求解算法是个难点。

（2）在正则项的建立上，空域中的正则项仅仅是单尺度正则项，变换域中的正则项仅仅是尺度内正则项，但在多分辨率分析中，如小波域或紧框架域[77]，尺度间的系数存在依赖关系，目前，还没有关于建立尺度间、尺度内与尺度间混合正则项的报道。

（3）在算法设计上，尽管在变换域获得的系数是稀疏的，可以设计并行算法，但由于正则化模型处理的问题是大规模的，描述子问题的矩阵一般是不适定的，造成算法收敛非常缓慢，如何设计变换域预条件矩阵，获得高效、快速的大规模求解算法是个难点。

1.4.2 图像恢复正则化模型的发展趋势

（1）在拟合项的建立上，根据贝叶斯理论，最大后验概率等价于能量泛函正则化模型，借鉴贝叶斯理论中的条件概率模型建立拟合项，如有限高斯混合模型、有限拉普拉斯分布混合模型和有限高斯隐马尔可夫模型等，为拟合项模型的发展注入新的活力。

（2）在正则项的建立上，引入具有一定物理意义的正则项是今后一段时间研究的重点，特别是在紧框架变换域，建立尺度间、尺度内与尺度间混合正则化模型。一方面，构造紧框架理论已经相当完善，特别是根据具体的图像，构造数据驱动型紧框架，为图像特征的描述注入新的活力，必将推动正则化模型的发展；另一方面，优化理论的对偶变换为非可微正则项的处理提供强有力的数学工具，促使优化理论在紧框架域中正则化模型的应用。

（3）目前，世界各国都非常重视大规模数据的处理，特别是数据稀疏化。建立准确的能量泛函正则化模型，将模型分解成若干个子问题，利用紧框架理论、数值代数、矩阵理论和优化理论等，设计并行、高效、快速的求解算法是未来发展的必然趋势。

参考文献

[1] Shen Y, Han B, Braverman E. Stable recovery of analysis based approaches [J]. Applied and Computational Harmonic Analysis, 2015, 39(1): 161-172.

[2] Landi G, Piccolomini E L. NPTool: A matlab software for nonnegative image restoration with Newton projection methods [J]. Numerical Algorithm, 2013, 62(3):487-504.

[3] 韩波，李莉. 非线性不适定问题的求解方法及其应用 [M]. 北京: 科学出版社，2011.

[4] Duran J, Coll B, Sbert C. Chambolle's projection algorithm for total variation denoising [J]. Image Processing on Line, 2013, 3: 301-321.

[5] Li G Y, Pong T K. Douglas-Rachford splitting for nonconvex feasibility problems[J]. http://arXiv.org/abs/1409.8444, 2015: 1-22.

[6] Cai J F, Dong B, Osher S, et al. Image restoration: Total variation, wavelet frames, and beyond [J]. Journal of the American Mathematical Society, 2012, 25(4): 1033-1089.

[7] Rudin L I, Osher S, Fatemi E. Nonlinear total variation based noise removal algorithms [J]. Physical D: Nonlinear Phenomena, 1992, 60(1): 259-268.

[8] Bate D, Li S. The geometry of Radon-Nikodym Lipschitz differentiability spaces [J]. http://arXiv.org/abs/1505.05793v1, 2015: 1-49.

[9] Buades A, Coll B, More J. A review of image denoising algorithms, with a new one [J]. Multiscale Model Simulate, 2005, 4(2):490-530.

[10] Li F, Shen C M, Fan J S, et al. Image restoration combining a total variational filter and a fourth-order filter[J]. Journal of Visual Communication and Image Representation, 2007, 18 (4): 322-330.

[11] Wunderli T. A partial regularity result for an anisotropic smoothing functional for image restoration in BV space [J]. Journal of Mathematical Analysis and Applications, 2008, 339 (2): 1169-1178.

[12] 郭柏灵，蒲学科，黄凤辉. 分数阶偏微分方程及其数值解 [M]. 北京: 科学出版社，2011.

[13] Novati P, Russo M R. A GCV based Arnoldi-Tikhonov regularization method[J]. http://arXiv.org/abs/1304.0148v1, 2015: 1-22.

[14] Vogel C R. Computational Methods for Inverse Problems [M]. Philadelphia: Society for Industrial and Applied Mathematics, 2012.

[15] Kim Y, Gu C. Smoothing spline Gaussian regression: More scalable computation via efficient approximation[J]. Journal of the Royal Statistical Society, 2004, 66(2):337-356.
[16] Chung J, Nagy J G, O'Leary D P. A weighted GCV method for lanczos hybrid regularization [J]. Electron Numerical Analysis, 2010, 28(2):149-167.
[17] Dupe F X, Fadili M J, Starck J L. Deconvolution under poisson noise using exact data fidelity and synthesis or analysis sparsity priors[J]. http://arXiv.org/abs/1103.2213v1, 2011: 1-19.
[18] 李旭超. 能量泛函正则化模型在图像恢复中的应用 [M]. 北京: 电子工业出版社, 2014.
[19] Aubert G, Kornprobst P. Mathematical Problems in Image Processing, Partial Differential Equations and the Calculus of Variations [M]. New York: Springer-Verlag, 2006.
[20] Wright S J, Nowak R D, Figueiredo M A T. Sparse reconstruction by separable approximation [J]. IEEE Transactions on Signal Processing, 2009, 57(7): 2479-2493.
[21] Hager W W, Phan D T, Zhang H C. Gradient-based methods for sparse recovery [J]. SIAM Journal on Imaging Sciences, 2011, 4(1): 146-165.
[22] Beck A, Teboulle M. A fast iterative shrinkage-thresholding for linear inverse problems [J]. SIAM Journal on Imaging Science, 2009, 2(1): 183-202.
[23] Bioucas-Dias J M, Figueiredo M A T. A new TwIST: Two-step iterative shrinkage/thresholding algorithms for image restoration [J]. IEEE Transactions on Image Processing, 2007, 16(12): 2992-3004.
[24] 刘朝霞. 图像处理模型数值分析与数值仿真 [M]. 北京: 中央民族大学出版社, 2012.
[25] 郑红, 李振, 黄盈. 一种基于拟牛顿法的 CS 投影矩阵优化算法 [J]. 电子学报, 2014, 42(10): 1977-1982.
[26] Beck A, Tal A B, Kanzow C. A fast method for finding the global solution of the regularized structured total least squares problem for image deblurring [J]. SIAM Journal on Matrix Analysis and Applications, 2008, 30(1): 419-443.
[27] Donatelli M, Mastronardi N. Fast deconvolution with approximated PSF by RSTLS with antireflective boundary conditions [J]. Journal of Computational and Applied Mathematics, 2012, 236 (16): 3992-4005.
[28] Figueiredo M A T, Nowak R D, Wright S J. Gradient projection for sparse reconstruction: Application to compressed sensing and other inverse problems [J]. IEEE Journal of Selected Topics in Signal Processing, 2007, 1(4): 586-597.
[29] Daubechies I, Fornasier M, Loris I. Accelerated projected gradient method for linear inverse problems with sparsity constraints [J]. Journal Fourier Analysis and Application, 2008, 14(5-6): 764-792.
[30] Loris I, Bertero M, Mol C D, et al. Accelerating gradient projection methods for ℓ_1-constrained signal recovery by step-length selection rules [J]. Applied and Computational Harmonic Analysis, 2009, 27(2): 247-254.
[31] Afonso V M, Bioucas-Dias J M, Figueiredo M A. Fast image recovery using variable splitting and constrained optimization [J]. IEEE Transactions on Image Processing,

2010, 19(9): 2345-2356.

[32] Bredies K, Lorenz D A. Linear convergence of iterative soft-thresholding [J]. Journal of Fourier Analysis and Applications, 2008, 14 (5-6): 813-837.

[33] Anthoine S, Aujol J F, Boursier Y, et al. Some proximal methods for Poisson intensity CBCT and PET tomography [J]. Inverse Problems and Imaging, 2012, 6(4): 565-598.

[34] Shi B L, Pang Z F, Wu J. Alternating split Bregman method for the bilaterally constrained image deblurring problem [J]. Applied Mathematics and Computation, 2015, 250(1): 402-414.

[35] Xie W S, Yang Y F. A projection proximal-point algorithm for MR imaging using the hybrid regularization model [J]. Computers and Mathematics with Applications, 2014, 67(12): 2268-2278.

[36] Pan H, Jing Z L, Lei M, et al. A sparse proximal Newton splitting method for constrained image deblurring [J]. Neuro-Computing, 2013, 122(25): 245-257.

[37] Lee J D, Sun Y K, Saunders M A. Proximal Newton-type methods for minimizing composite functions [J]. http://arXiv.org/abs/1206.1623v13, 2014: 1-25.

[38] Shi Z Q. Proximal stochastic Newton-type gradient descent methods for minimizing regularized finite sums [J]. http://arXiv.org/abs/1409.2979, 2014: 1-9.

[39] Chambolle A. An algorithm for total variation minimization and applications[J]. Journal of Mathematical Imaging and Vision, 2004, 20 (1-2): 89-97.

[40] Elo C A, Malyshev A, Ralal R. A dual formulation of the TV-stokes algorithm for image denoising [J]. Lectures Notes in Computer Science, 2009, 5567(1): 307-318.

[41] Zhu M Q, Wright S J, Chan T F. Duality-based algorithms for total variation regularized image restoration [J]. Computational Optimization and Applications, 2010, 47(3): 377-400.

[42] Jalal M F, Gabriel P. Total variation projection with first order schemes [J]. IEEE Transactions on Image Processing, 2011, 20(3): 657-669.

[43] Hao Y, Xu J L. An effective dual method for multiplicative noise removal [J]. Journal of Visual Communication and Image Representation, 2014, 25(2): 306-312.

[44] Beck A, Teboulle M. A fast dual proximal gradient algorithm for convex minimization and applications [J]. Operations Research Letters, 2014, 42(1): 1-6.

[45] Mollenhoff T, Strekalovskiy E, Cremers A D. A first-order primal-dual algorithm for convex problems with applications to imaging [J]. Journal of Mathematical Imaging and Vision, 2011, 40(1): 120-145.

[46] Becker S, Bobin J, Candes E J. NESTA: A fast and accurate first-order method for sparse recovery [J]. SIAM Journal on Imaging Sciences, 2011, 4(1): 1-39.

[47] Wen Y W, Chan R H, Yip A M. A Primal-Dual method for total variation based wavelet domain inpainting [J]. IEEE Transactions on Image Processing, 2012, 21(1): 106-114.

[48] Goldstein T, Esser E, Baraniuk R. Adaptive primal-dual hybrid gradient methods for saddle- point problems[J]. http://arXiv.org/abs/1305.0546, 2013: 1-26.

[49] Bonettini S, Ruggiero V. On the convergence of primal-dual hybrid gradient algorithms for total variation image restoration [J]. Journal of Mathematical Imaging and Vision, 2012, 44(3): 236-253.

[50] Hao Y, Xu J L, Bai J. Primal-dual method for the coupled variational model [J]. Computers and Electrical Engineering, 2014, 40(3): 808-818.

[51] Krishnan D, Lin P, Yip A M. A primal-dual active-set method for non-negativity constrained total variation deblurring problems [J]. IEEE Transactions on Image Processing, 2007, 16(11): 2766-2777.

[52] Krishnan D, Pham Q V, Yip A M. A primal-dual active-set algorithm for bilaterally constrained total variation deblurring and piecewise constant Mumford-Shah segmentation problems [J]. Advances in Computational Mathematics, 2009, 31(1-3): 237-266.

[53] Ito K, Kunisch K. On a semi-smooth Newton method and its globalization [J]. Mathematical Programming, 2009, 118(2): 347-370.

[54] Jiao Y L, Jin B T, Lu X L. A primal dual active set algorithm for a class of nonconvex sparsity optimization [J]. http://arXiv.org/abs/1310.1147v2, 2014: 1-26.

[55] Fan Q B, Jiao Y L, Lu X L. A primal dual active set algorithm with continuation for compressed sensing [J]. IEEE Transactions on Signal Processing, 2014, 62(23): 6276-6285.

[56] Zhang L, Xu Y. A modified-Newton step primal-dual interior point algorithm for linear complementarity problems [J]. Journal of Software, 2011, 10(6): 2023-2028.

[57] Shen Z W, Toh K C T, Yun S. An accelerated proximal gradient algorithm for frame-based image restoration via the balanced approach [J]. SIAM Journal on Imaging Sciences, 2011, 4(2): 573-596.

[58] Dong B, Jia H, Li J, et al. Wavelet frame based blind image inpainting [J]. Applied and Computational Harmonic Analysis, 2012, 32(2): 268-279.

[59] Ji H, Shen Z W, Xu Y H. Wavelet frame based scene reconstruction from range data [J]. Journal of Computational Physics, 2010, 229(6): 2093-2108.

[60] Cai A L, Wang L Y, Yan B, et al. Fourier-based reconstruction via alternating direction total variation minimization in linear scan CT [J]. Nuclear Instruments and Methods in Physics Research, 2015, 775(1): 84-92.

[61] Fan W, Cai G G, Zhu Z. K, et al. Sparse representation of transients in wavelet basis and its application in gearbox fault feature extraction [J]. Mechanical Systems and Signal Processing, 2015, 56-57(4): 230-245.

[62] Cai J F, Ji H, Shen Z W, et al. Data-driven tight frame construction and image denoising [J]. Applied and Computational Harmonic Analysis, 2014, 37(1): 89-105.

[63] Bao C L, Ji H, Shen Z W. Convergence analysis for iterative data-driven tight frame construction scheme [J]. Applied and Computational Harmonic Analysis, 2015, 38(3): 510-523.

[64] Jiang L, Huang J, Lv X G, et al. Alternating direction method for the high-order total variation -based Poisson noise removal problem [J]. Numerical Algorithms, 2015, 69(3): 495-516.

[65] Figueiredo M A, Biocas D J. Restoration of Poissonian images using alternating direction optimization [J]. IEEE Transactions on Image Processing, 2010, 19(12): 3133-3145.

[66] Setzer S, Steidl G, Teuber T. Deblurring Poissonian images by split Bregman techniques [J]. Journal of Visual Communication and Image Representation, 2010, 21(3): 193-199.

[67] Yang J F, Zhang Y, Yin W T. A fast alternating direction method for TV L1-L2 signal reconstruction from partial Fourier data [J]. IEEE Journal of Selected Topics in Signal Processing, 2010, 4(2): 288-297.

[68] Fan Q B, Jiang D D, Jiao Y L. A multi-parameter regularization model for image restoration [J]. Signal Processing, 2015, 114(9): 131-142.

[69] Lu X G, Song Y , Li F. An efficient nonconvex regularization for wavelet frame and total variation based image restoration [J]. Journal of Computational and Applied Mathematics, 2015, 290(12): 553-566.

[70] Chen F, Jiao Y, Ma G, et al. Hybrid regularization image deblurring in the presence of impulsive noise [J]. Journal of Visual Communication and Image Representation, 2013, 24 (8): 1349-1359.

[71] Yang J F, Zhang Y, Yin W T. An efficient TVL1 algorithm for deblurring multichannel images corrupted by impulsive noise [J]. SIAM Journal on Scientific Computing, 2009, 31(4), 2842-2865.

[72] Zhang Z R, Zhang J, Wei Z, et al. Cartoon-texture composite regularization based non-blind deblurring method for partly-textured blurred images with Poisson noise [J]. Signal Processing, 2015, 116(11): 127-140.

[73] Chen D Q, Cheng L Z. Deconvolving Poissonian images by a novel hybrid variational model [J]. Journal Visual Communication and Image Representation, 2011, 22(7): 643-652.

[74] Wang G D, Xu J, Pan Z, et al. Ultrasound image denoising using backward diffusion and framelet regularization[J]. Biomedical Signal Processing and Control, 2014, 13 (9): 212-217.

[75] Tran D Q, Cevher V. A primal-dual algorithmic framework for constrained convex minimization [J]. http://arXiv.org/abs/1406.5403, 2014: 1-54.

[76] Chen X M, Wang H C, Wang R R. A null space analysis of the L1-synthesis method in dictionary-based compressed sensing [J]. Applied and Computational Harmonic Analysis, 2014, 37 (3): 492-515.

[77] Wang J, Cai J F. Data-driven tight frame for multi-channel images and its application to joint color-depth image reconstruction [J]. Journal of Operations Research Society of China, 2015, 3(2): 99-115.

第 2 章　图像稀疏化基本理论

图像和视频处理本身属于大数据处理范畴，然而由于检测获得的数据往往是海量的，为保证信息不失真，对处理数据的硬件提出非常高的要求，就会导致设备制造成本急剧上升。而且许多实际工程对图像和视频的实时处理要求较高，如工业生产线上产品的实时检测，军事制导和无人机最优控制等。为降低硬件成本，国内外学者提出在数据处理前对数据进行稀疏化处理。从数学的角度上来说，将大数据转化为稀疏数据后再进行处理，但是，转化过程中必须提取出表征大数据的关键特征。特征提取目前主要有两种途径。一是对大数据进行压缩映射，如主成分分析、奇异值分解等，该类方法是通过对大数据进行合理截取，实现对数据的压缩映射 [1]。但是，这种取舍往往需要大规模矩阵操作，而且截取误差的确定也是一个值得研究的课题 [2]。因为图像的特征十分复杂 [3]，所以舍掉的成分可能对图像的突变点、纹理等产生十分重要的影响，造成数据的可信度降低 [4]。对于 MRI 成像、CT 成像获得的数据，在数据处理的过程中，若舍弃幅值较小的奇异值，可能导致无法确定病变的具体位置，造成医生对病人诊断的误判。二是在保证大数据不失真的前提下，利用可逆变换，将大数据从时域转化到另一种变换域。在变换域中，对大数据进行稀疏化表示，如傅里叶变换 [5]、小波变换 [6] 和紧框架变换 [7] 等。

原始数据经某种变换进行稀疏化后，必须采用特定的函数空间来描述变换域的系数 [8]，这对建立图像恢复、图像分割、图像修补和压缩感知中的能量泛函正则化模型是至关重要的。从目前已有的成果来看，使用的函数空间主要有 L_1 范数、变指数函数、Besov 函数、一阶有界变差函数和二阶有界变差函数等 [9]。这些函数空间从不同的角度描述变换域的系数，例如，L_1 范数有利于描述目标解的稀疏特性；变指数函数有利于描述解的自适应特性；Besov 函数空间有利于描述图像的纹理特性；一阶有界变差函数有利于描述解的奇异特性；二阶有界变差函数有利于描述解的光滑性；等等。但是，由于这些函数空间的范数都是非光滑的，能量泛函正则化模型具有非光滑、非线性特性，造成模型解的计算非常困难。围绕此问题，国内外学者进行了广泛而深入的研究。从逼近论的角度来说，目前，优化算法主要有三个发展方向：一是直接对模型进行优化处理，如后向–前向分裂迭代算法、分裂 Bregman 迭代算法、追近牛顿分裂迭代算法、ADMM 分裂迭代算法等，这类优化算法将原始正则化模型分裂为 2 个子问题，每个子问题要么具有封闭解，要么容易计算。关于该类优化算法，将在第 4 章和第 5 章进行阐述。二是将原始模型转化为对偶模型。尽管能量泛函正则化模型在原始空间具有非光滑特性，但是，在对偶空间，模型具有较好的特性，如光滑性，使得对偶模型求解非常容易，对于大规模数据处理问题，可以设计分裂迭代优化算法，请见第 6 章。三是同时利用原始模型和对偶模型设计迭代算法。例如，原始–对偶模型一阶原始–对偶混合梯度分裂迭代算法和二阶原始–对偶混合牛顿迭代算法等，具体内容请见第 7 章。

2.1　傅里叶变换及在图像处理中的应用

2.1.1　傅里叶变换

假定 $\boldsymbol{x}=(x_1,x_2,\cdots,x_n)\in\mathbf{R}^n$，$\boldsymbol{k}=(k_1,k_2,\cdots,k_n)\in\mathbf{N}$，$|\boldsymbol{x}|=\sum\limits_{i=1}^{n}|x_i|$，$|\boldsymbol{k}|=\sum\limits_{i=1}^{n}k_i$，$n$ 维空间偏微分算子 $\dfrac{\partial^k}{\partial x^k}=\dfrac{\partial^{k_1}}{\partial_{x_1}^{k_1}}\dfrac{\partial^{k_2}}{\partial_{x_2}^{k_2}}\cdots\dfrac{\partial^{k_n}}{\partial_{x_n}^{k_n}}$。$\forall\boldsymbol{y}=(y_1,y_2,\cdots,y_n)\in\mathbf{R}^n$，那么，内积 $\langle\boldsymbol{x},\boldsymbol{y}\rangle=\boldsymbol{x}\cdot\boldsymbol{y}=(x_1,x_2,\cdots,x_n)\cdot(y_1,y_2,\cdots,y_n)=\sum\limits_{i=1}^{n}x_iy_i$。

若函数 $\boldsymbol{u}(\boldsymbol{x})$ 在有限区间内连续，或有有限个第一类间断点、有限个极值点，且在无限区间 $(-\infty,+\infty)$ 上绝对可积，则函数 $\boldsymbol{u}(\boldsymbol{x})$ 可以展开成傅里叶级数。

定义 2.1　若 $1\leqslant p<\infty$，$n\in\mathbf{N}$，$L_p(\mathbf{R}^n):=\left\{\boldsymbol{u}:\mathbf{R}^n\to\mathbf{R}^n\middle|\int_{-\infty}^{\infty}|\boldsymbol{u}(\boldsymbol{x})|^p\,\mathrm{d}\boldsymbol{x}<\infty\right\}$，$\boldsymbol{\omega}\in\mathbf{R}^n$，则 $\boldsymbol{u}\in L_2(\mathbf{R}^n)$ 的傅里叶变换 $\boldsymbol{F}$ 及傅里叶逆变换 $\boldsymbol{F}^{-1}$ 的表达式分别为

$$\hat{\boldsymbol{u}}(\boldsymbol{\omega})=(\boldsymbol{F}\boldsymbol{u})(\boldsymbol{\omega})=\int_{-\infty}^{\infty}\boldsymbol{u}(\boldsymbol{x})\,\mathrm{e}^{-\mathrm{j}\boldsymbol{\omega}\cdot\boldsymbol{x}}\mathrm{d}\boldsymbol{x}\tag{2.1}$$

$$\boldsymbol{u}(\boldsymbol{x})=\left(\boldsymbol{F}^{-1}\boldsymbol{u}\right)(\boldsymbol{\omega})=(2\pi)^{-\frac{n}{2}}\int_{-\infty}^{\infty}\boldsymbol{F}(\boldsymbol{u})(\boldsymbol{\omega})\,\mathrm{e}^{-\boldsymbol{\omega}\cdot\boldsymbol{x}}\mathrm{d}\boldsymbol{\omega}\tag{2.2}$$

2.1.2　高维傅里叶变换的特性

函数 $\boldsymbol{u}(\boldsymbol{x})$ 和 $\boldsymbol{v}(\boldsymbol{x})$ 的卷积表达式为

$$(\boldsymbol{u}*\boldsymbol{v})(\boldsymbol{x})=\int_{-\infty}^{\infty}\boldsymbol{u}(\boldsymbol{x}-\boldsymbol{\tau})\,\boldsymbol{v}(\boldsymbol{\tau})\,\mathrm{d}\boldsymbol{\tau}\tag{2.3}$$

性质 2.1 (Parseval 等式)　两个函数卷积的傅里叶变换等于两个函数傅里叶变换的乘积，表达式为

$$\boldsymbol{F}(\boldsymbol{u}*\boldsymbol{v})(\boldsymbol{\omega})=\hat{\boldsymbol{u}}(\boldsymbol{\omega})\cdot\hat{\boldsymbol{v}}(\boldsymbol{\omega})\tag{2.4}$$

证明　利用傅里叶变换和卷积表达式有

$$\boldsymbol{F}(\boldsymbol{u}*\boldsymbol{v})(\boldsymbol{\omega})=\int_{-\infty}^{\infty}\left[\int_{-\infty}^{\infty}\boldsymbol{u}(\boldsymbol{x}-\boldsymbol{\tau})\,\boldsymbol{v}(\boldsymbol{\tau})\,\mathrm{d}\boldsymbol{\tau}\right]\mathrm{e}^{-\mathrm{j}\boldsymbol{\omega}\cdot\boldsymbol{x}}\mathrm{d}\boldsymbol{x}\tag{2.5}$$

应用 Fubini 定理，交换积分次序，则有

$$\begin{aligned}\boldsymbol{F}(\boldsymbol{u}*\boldsymbol{v})(\boldsymbol{\omega}) &= \int_{-\infty}^{\infty}\boldsymbol{v}(\boldsymbol{\tau})\left[\int_{-\infty}^{\infty}\boldsymbol{u}(\boldsymbol{x}-\boldsymbol{\tau})\,\mathrm{e}^{-\mathrm{j}\boldsymbol{\omega}\cdot\boldsymbol{x}}\mathrm{d}\boldsymbol{x}\right]\mathrm{d}\boldsymbol{\tau}\\ &= \int_{-\infty}^{\infty}\boldsymbol{v}(\boldsymbol{\tau})\left[\int_{-\infty}^{\infty}\boldsymbol{u}(\boldsymbol{y})\ \mathrm{e}^{-\mathrm{j}\boldsymbol{\omega}\cdot(\boldsymbol{y}+\boldsymbol{\tau})}\mathrm{d}\boldsymbol{y}\right]\mathrm{d}\boldsymbol{\tau}\\ &= \int_{-\infty}^{\infty}\boldsymbol{v}(\boldsymbol{\tau})\mathrm{e}^{-\mathrm{j}\boldsymbol{\omega}\cdot\boldsymbol{\tau}}\left[\int_{-\infty}^{\infty}\boldsymbol{u}(\boldsymbol{y})\,\mathrm{e}^{-\mathrm{j}\boldsymbol{\omega}\cdot\boldsymbol{y}}\mathrm{d}\boldsymbol{y}\right]\mathrm{d}\boldsymbol{\tau}\\ &= \int_{-\infty}^{\infty}\boldsymbol{v}(\boldsymbol{\tau})\,\mathrm{e}^{-\mathrm{j}\boldsymbol{\omega}\cdot\boldsymbol{\tau}}\hat{\boldsymbol{u}}(\boldsymbol{\omega})\mathrm{d}\boldsymbol{\tau} = \hat{\boldsymbol{u}}(\boldsymbol{\omega})\cdot\hat{\boldsymbol{v}}(\boldsymbol{\omega})\end{aligned}$$

证毕。

性质 2.2　若 $\boldsymbol{u}\in L_1(\mathbf{R}^n)$，$\boldsymbol{x}^k\boldsymbol{u}\in L_1(\mathbf{R}^n)$，$\hat{\boldsymbol{u}}(\boldsymbol{\omega})\in C^k(\mathbf{R}^n)$，函数 $\hat{\boldsymbol{u}}(\boldsymbol{\omega})$ 的 k 阶偏导数与函数 $\boldsymbol{u}(\boldsymbol{x})$ 的傅里叶变换之间关系的表达式为

$$\frac{\partial^k\hat{\boldsymbol{u}}(\boldsymbol{\omega})}{\partial\boldsymbol{\omega}^k} = \boldsymbol{F}\left[(-\mathrm{j}\boldsymbol{x})^k\boldsymbol{u}(\boldsymbol{x})\right]\ (\boldsymbol{\omega}) = \int_{-\infty}^{\infty}(-\mathrm{j}\boldsymbol{x})^k\boldsymbol{u}(\boldsymbol{x})\,\mathrm{e}^{-\mathrm{j}\boldsymbol{\omega}\cdot\boldsymbol{x}}\mathrm{d}\boldsymbol{x} \tag{2.6}$$

证明　由极限和傅里叶变换的定义，则有

$$\frac{\partial\hat{\boldsymbol{u}}(\boldsymbol{\omega})}{\partial\boldsymbol{\omega}} = \lim_{\boldsymbol{\xi}\to 0}\frac{\hat{\boldsymbol{u}}(\boldsymbol{\omega}+\boldsymbol{\xi})-\hat{\boldsymbol{u}}(\boldsymbol{\omega})}{\boldsymbol{\xi}} = \lim_{\boldsymbol{\xi}\to 0}\int_{-\infty}^{\infty}\boldsymbol{u}(\boldsymbol{x})\frac{\mathrm{e}^{-\mathrm{j}(\boldsymbol{\omega}+\boldsymbol{\xi})\cdot\boldsymbol{x}}-\mathrm{e}^{-\mathrm{j}\boldsymbol{\omega}\cdot\boldsymbol{x}}}{\boldsymbol{\xi}}\mathrm{d}\boldsymbol{x} \tag{2.7}$$

因为 $\boldsymbol{x}\boldsymbol{u}\in L_1(\mathbf{R}^n)$，$\left|\mathrm{e}^{-\mathrm{j}\boldsymbol{\xi}\cdot\boldsymbol{x}}-1\right|\leqslant|\boldsymbol{\xi}\cdot\boldsymbol{x}|$，$\left|\boldsymbol{u}(\boldsymbol{x})\,\mathrm{e}^{-\mathrm{j}\boldsymbol{\omega}\cdot\boldsymbol{x}}\dfrac{\mathrm{e}^{-\mathrm{j}\boldsymbol{\xi}\cdot\boldsymbol{x}}-1}{\boldsymbol{\xi}}\right|\leqslant|\boldsymbol{x}|\,|\boldsymbol{u}(\boldsymbol{x})|<\infty$，由数学分析中的 Lebesgue 控制收敛定理，交换式（2.7）中的积分与极限顺序，则有

$$\begin{aligned}\lim_{\boldsymbol{\xi}\to 0}\int_{-\infty}^{\infty}\boldsymbol{u}(\boldsymbol{x})\ \mathrm{e}^{-\mathrm{j}\boldsymbol{\omega}\cdot\boldsymbol{x}}\frac{\mathrm{e}^{-\mathrm{j}\boldsymbol{\xi}\cdot\boldsymbol{x}}-1}{\boldsymbol{\xi}}\mathrm{d}\boldsymbol{x} &= \int_{-\infty}^{\infty}\boldsymbol{u}(\boldsymbol{x})\ \mathrm{e}^{-\mathrm{j}\boldsymbol{\omega}\cdot\boldsymbol{x}}\lim_{\boldsymbol{\xi}\to 0}\frac{\mathrm{e}^{-\mathrm{j}\boldsymbol{\xi}\cdot\boldsymbol{x}}-1}{\boldsymbol{\xi}}\mathrm{d}\boldsymbol{x}\\ &= \int_{-\infty}^{\infty}(-\mathrm{j}\boldsymbol{x})\,\boldsymbol{u}(\boldsymbol{x})\ \mathrm{e}^{-\mathrm{j}\boldsymbol{\omega}\cdot\boldsymbol{x}}\mathrm{d}\boldsymbol{x}\end{aligned}$$

应用递归原理，对式（2.7）依次求各阶导数，从而有式（2.6）。证毕。

性质 2.3　若 $\boldsymbol{u}(\boldsymbol{x})\in L_1(\mathbf{R}^n)\cap C^k(\mathbf{R}^n)$，$\dfrac{\partial^k\hat{\boldsymbol{u}}(\boldsymbol{\omega})}{\partial\boldsymbol{\omega}^k}\in L_1(\mathbf{R}^n)$，函数 $\boldsymbol{u}(\boldsymbol{x})$ 的 k 阶偏导数的傅里叶变换与函数 $\hat{\boldsymbol{u}}(\boldsymbol{\omega})$ 之间的关系表达式为

$$\boldsymbol{F}\left[\frac{\partial^k\boldsymbol{u}(\boldsymbol{x})}{\partial\boldsymbol{x}^k}\right](\boldsymbol{\omega}) = (\mathrm{j}\boldsymbol{\omega})^k\,\hat{\boldsymbol{u}}(\boldsymbol{\omega}) \tag{2.8}$$

证明　当 $k=1$ 时，因为 $\boldsymbol{u}(\boldsymbol{x})\in L_1(\mathbf{R}^n)$，所以当 $|\boldsymbol{x}|\to\infty$ 时，$\boldsymbol{u}(\boldsymbol{x})=0$。函数 $\boldsymbol{u}(\boldsymbol{x})$ 的 1 阶偏导数的傅里叶变换与函数 $\hat{\boldsymbol{u}}(\boldsymbol{\omega})$ 之间的关系表达式为

$$\boldsymbol{F}\left[\frac{\partial\boldsymbol{u}(\boldsymbol{x})}{\partial\boldsymbol{x}}\right](\boldsymbol{\omega}) = \int_{-\infty}^{\infty}\frac{\partial\boldsymbol{u}(\boldsymbol{x})}{\partial\boldsymbol{x}}\mathrm{e}^{-\mathrm{j}\boldsymbol{\omega}\cdot\boldsymbol{x}}\mathrm{d}\boldsymbol{x}$$

$$=\boldsymbol{u}(\boldsymbol{x})\,\mathrm{e}^{-\mathrm{j}\boldsymbol{\omega}\cdot\boldsymbol{x}}|_{-\infty}^{\infty}-(\mathrm{j}\boldsymbol{\omega})\int_{-\infty}^{\infty}\boldsymbol{u}(\boldsymbol{x})\,\mathrm{e}^{-\mathrm{j}\boldsymbol{\omega}\cdot\boldsymbol{x}}\mathrm{d}\boldsymbol{x}=(\mathrm{j}\boldsymbol{\omega})\,\hat{\boldsymbol{u}}(\boldsymbol{\omega}) \tag{2.9}$$

依递归原理，对式（2.9）依次计算 $\boldsymbol{u}(\boldsymbol{x})$ 各阶导数的傅里叶变换，从而得出式（2.8）。证毕。

性质 2.4　若 $\boldsymbol{u}(\boldsymbol{x})\in L_1(\mathbf{R}^n)$，伸缩尺度 $\boldsymbol{s}>0$，平移分量 $\boldsymbol{a}\in\mathbf{R}^n$，函数 $\boldsymbol{u}\left(\dfrac{\boldsymbol{x}-\boldsymbol{a}}{\boldsymbol{s}}\right)$ 的傅里叶变换表达式为

$$\boldsymbol{F}\left[\boldsymbol{u}\left(\frac{\boldsymbol{x}-\boldsymbol{a}}{\boldsymbol{s}}\right)\right](\boldsymbol{\omega})=|\boldsymbol{s}|^n\,\mathrm{e}^{-\mathrm{j}\boldsymbol{\omega}\cdot\boldsymbol{a}}\hat{\boldsymbol{u}}(\boldsymbol{s}\boldsymbol{\omega}) \tag{2.10}$$

证明　由傅里叶变换的定义，则有

$$\boldsymbol{F}\left[\boldsymbol{u}\left(\frac{\boldsymbol{x}-\boldsymbol{a}}{\boldsymbol{s}}\right)\right](\boldsymbol{\omega})=\int_{-\infty}^{\infty}\boldsymbol{u}\left(\frac{\boldsymbol{x}-\boldsymbol{a}}{\boldsymbol{s}}\right)\mathrm{e}^{-\mathrm{j}\boldsymbol{\omega}\cdot\boldsymbol{x}}\mathrm{d}\boldsymbol{x}=|\boldsymbol{s}|^n\int_{-\infty}^{\infty}\boldsymbol{u}(\boldsymbol{y})\,\mathrm{e}^{-\mathrm{j}\boldsymbol{\omega}\cdot(\boldsymbol{s}\boldsymbol{y}+\boldsymbol{a})}\mathrm{d}\boldsymbol{y}$$

$$=|\boldsymbol{s}|^n\,\mathrm{e}^{-\mathrm{j}\boldsymbol{\omega}\cdot\boldsymbol{a}}\int_{-\infty}^{\infty}\boldsymbol{u}(\boldsymbol{y})\,\mathrm{e}^{-\mathrm{j}\boldsymbol{s}\boldsymbol{\omega}\cdot\boldsymbol{y}}\mathrm{d}\boldsymbol{y}=|\boldsymbol{s}|^n\,\mathrm{e}^{-\mathrm{j}\boldsymbol{\omega}\cdot\boldsymbol{a}}\hat{\boldsymbol{u}}(\boldsymbol{s}\boldsymbol{\omega})$$

证毕。

常用函数的傅里叶变换如表 2.1 所示。

表 2.1　常用函数的傅里叶变换

常用函数	$\boldsymbol{u}(\boldsymbol{x})$	$\hat{\boldsymbol{u}}(\boldsymbol{\omega})$
伸缩函数	$\lambda\boldsymbol{u}(\boldsymbol{x})$	$\lambda\hat{\boldsymbol{u}}(\boldsymbol{\omega})$
尺度函数	$\boldsymbol{u}\left(\frac{\boldsymbol{x}}{\boldsymbol{s}}\right)$	$\lvert\boldsymbol{s}\rvert\,\hat{\boldsymbol{u}}(\boldsymbol{s}\boldsymbol{\omega})$
镜像函数	$\boldsymbol{u}(-\boldsymbol{x})$	$\hat{\boldsymbol{u}}(-\boldsymbol{\omega})$
冲击函数	$\boldsymbol{\delta}(\boldsymbol{x})$	1
单位函数	1	$\boldsymbol{\delta}(\boldsymbol{\omega})$
同构函数	$\boldsymbol{u}(\boldsymbol{A}\boldsymbol{x})$	$\frac{1}{\lvert\boldsymbol{A}\rvert}\hat{\boldsymbol{u}}\left(\left(\boldsymbol{A}^{-1}\right)^{\mathrm{T}}\boldsymbol{\omega}\right)$
各向同性函数	$\exp\left(-\pi\lVert\boldsymbol{x}\rVert^2\right)$	$\exp\left(-\pi\lVert\boldsymbol{\omega}\rVert^2\right)$
平移函数	$\boldsymbol{u}(\boldsymbol{x}-\boldsymbol{a})$	$\exp\left(-2\pi\langle\boldsymbol{c},\boldsymbol{\omega}\rangle\mathrm{j}\right)\hat{\boldsymbol{u}}(\boldsymbol{\omega})$
调制函数	$\exp\left(2\pi\langle\boldsymbol{a},\boldsymbol{x}\rangle\mathrm{j}\right)\boldsymbol{u}(\boldsymbol{x}-\boldsymbol{c})$	$\hat{\boldsymbol{u}}(\boldsymbol{\omega}-\boldsymbol{c})$
可分函数	$\prod_{i=1}^{n}u_i(x_i)$	$\prod_{i=1}^{n}\hat{u}_i(\omega_i)$

2.1.3　傅里叶变换在图像处理中的应用

给定图像，通过傅里叶变换获得傅里叶变换系数。然后在频域对图像进行压缩、修复、分割和匹配等处理，处理完成后，利用傅里叶变换的可逆特性，对处理后的频域数据进行傅里叶逆变换，获得空域处理后的图像。目前，傅里叶变换主要采

用特殊矩阵分解、信号流程图和下采样等快速傅里叶变换算法来对信号或图像进行处理，具体算法设计过程读者可以查阅相关参考书 [10-12]。在 MATLAB 工具箱中，也提供了傅里叶变换处理函数。例如，函数 fft ()、fft2 () 可以分别实现一维、二维快速傅里叶变换，函数 ifft ()、ifft2 () 可以分别实现一维、二维傅里叶逆变换等。对于给定的图像，利用傅里叶变换可以将空域数据转换为频域数据。例如，图 2.2 是将空域图 2.1 表示的图像转换为频域图像。在能量泛函正则化模型中，常用到点扩散函数，例如，在式（1.8）中，拟合项用最小二乘 L_2 范数来描述，正则项用 L_2 范数来描述，如式（1.13）所示，对由二者组成的能量泛函正则化模型式（1.23）进行变分，假定 $\boldsymbol{A}^{\mathrm{T}}\boldsymbol{A}+\lambda\boldsymbol{I}$ 的逆矩阵存在，则理想解为 $\boldsymbol{u}=\left(\boldsymbol{A}^{\mathrm{T}}\boldsymbol{A}+\lambda\boldsymbol{I}\right)^{-1}\boldsymbol{A}^{\mathrm{T}}\boldsymbol{g}$。若对图像施加周期边界条件，使得 $\boldsymbol{A}$ 和 $\boldsymbol{g}$ 都可用傅里叶变换表示，由于 $\boldsymbol{A}^{\mathrm{T}}\boldsymbol{A}+\lambda\boldsymbol{I}$ 的转置是其本身，即该矩阵具有对称性，因此也可以对其进行快速傅里叶变换，利用 Parseval 等式（2.4），获得式（1.23）傅里叶变换域的理想解，然后再应用傅里叶逆变换，就得到空域恢复图像。

(a) Lena　　(b) flower

图 2.1　原始图像

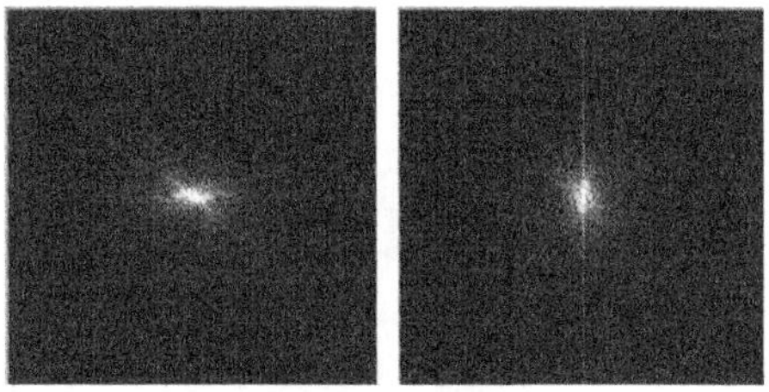

(a) Lena 频域表示　　(b) flower 频域表示

图 2.2　图 2.1 的傅里叶变换

图 2.3 和图 2.4 分别是对第 1 章高斯点扩散函数图 1.1（a）和（b）的频域表示。

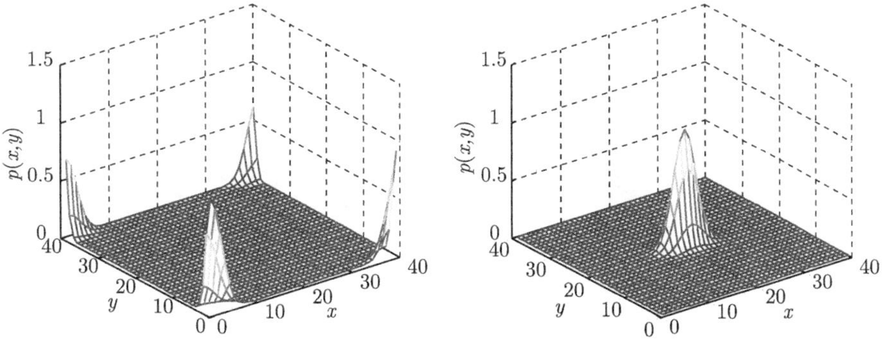

(a) 未居中频域表示　　(b) 居中频域表示

图 2.3　图 1.1（a）频域非对称高斯点扩散函数

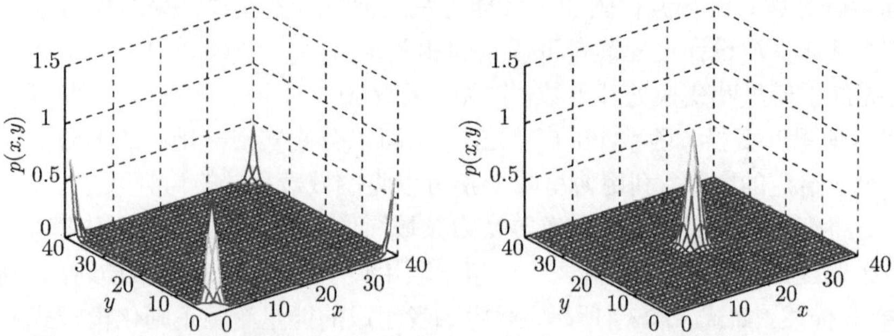

(a) 未居中频域表示　　　　(b) 居中频域表示

图 2.4　图 1.1（b）频域对称高斯点扩散函数

图 2.5 和图 2.6 分别是对第 1 章大气扰动点扩散函数图 1.2（a）和（b）的频域表示。

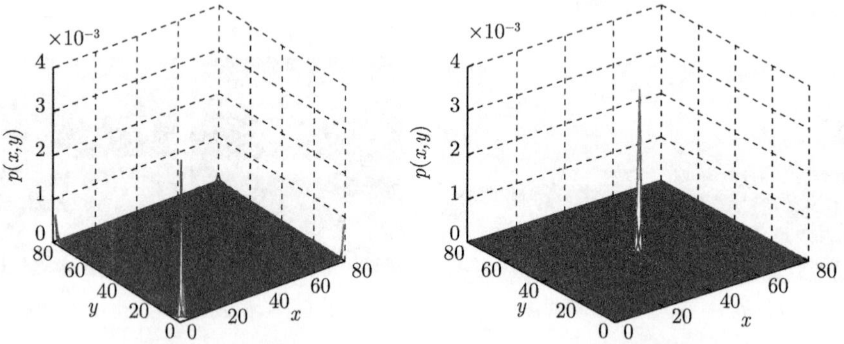

(a) 未居中频域表示　　　　(b) 居中频域表示

图 2.5　图 1.2（a）频域大气扰动点扩散函数

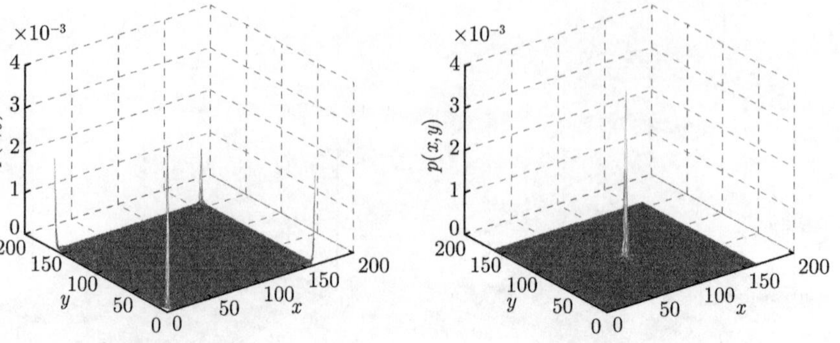

(a) 未居中频域表示　　　　(b) 居中频域表示

图 2.6　图 1.2（b）频域大气扰动点扩散函数

图 2.7 和图 2.8 分别是对第 1 章运动点扩散函数图 1.3（a）和（b）的频域表示。

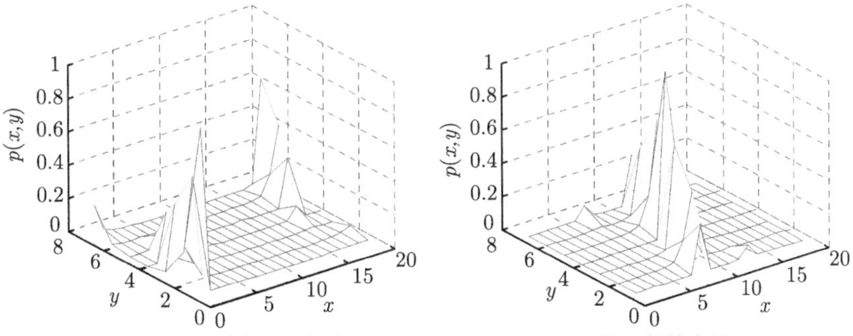

(a) 未居中频域表示　　(b) 居中频域表示

图 2.7　图 1.3（a）频域运动点扩散函数

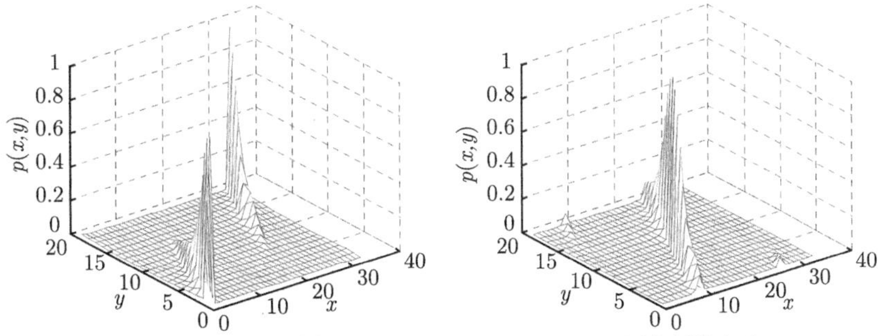

(a) 未居中频域表示　　(b) 居中频域表示

图 2.8　图 1.3（b）频域运动点扩散函数

图 2.9 和图 2.10 分别是对第 1 章聚焦点扩散函数图 1.4（a）和（b）的频域表示。

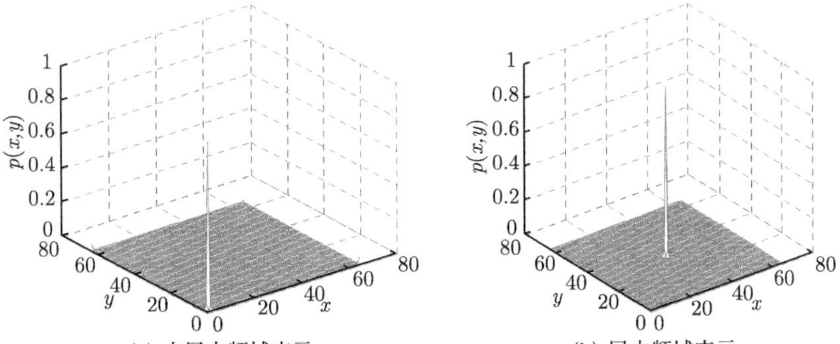

(a) 未居中频域表示　　(b) 居中频域表示

图 2.9　图 1.4（a）频域聚焦点扩散函数

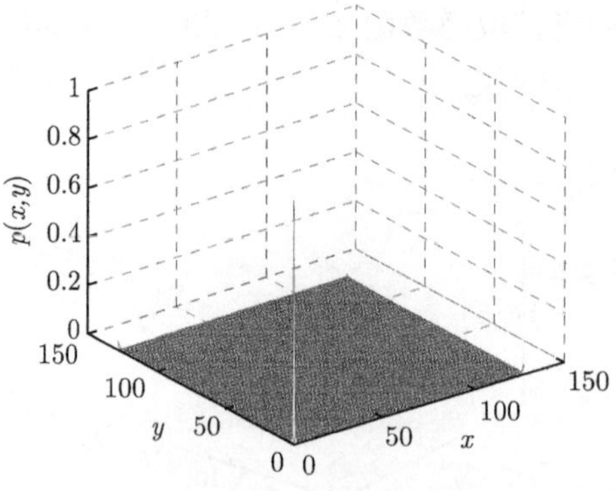

(a) 未居中频域表示

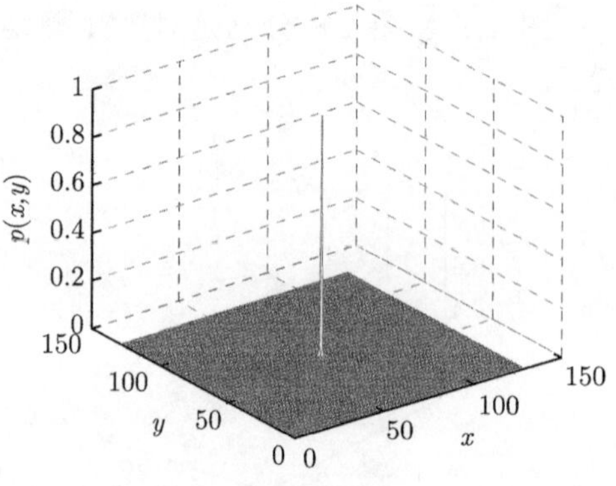

(b) 居中频域表示

图 2.10　图 1.4（b）频域聚焦点扩散函数

2.2　小波变换及在图像处理中的应用

由数学分析可知，任意一个平稳信号都可以由若干个不同频率的信号叠加而成。例如，方波信号可用三角级数来表示。对于有限长度的信号，通过周期延拓，将信号充满整个数轴，然后利用傅里叶变换研究信号的频谱。但是，在实际应用中，大多数信号是非平稳且时变的，如轴承信号、雷达信号、心电图信号和脑电图信号等，而傅里叶变换获得的是信号的全局信息，适用于不随时间而改变的平稳信号，无法实时表征信号的局部信息。为解决此问题，1946 年，Gabor 提出短时傅里叶变换、Gabor 变换，这种变换方法是对时域信号施加一个窗口函数，将信号分成许多小的间隔，然后平移窗口函数，利用傅里叶变换，分析每一有限时段的频域信息 [13]。然而，由于信号的非平稳特性，准确选取窗口的尺寸比较困难，窗口太大，无法体现信号的局部特征；由海森伯测不准原理可知，时、频的尺寸互相制约，二者的乘积必须大于或等于 1/2，即窗口的尺寸不能无限地减小，否则会导致短时傅里叶变换很难同时准确表征信号的时域与频域信息 [14]。正是由于短时傅里叶变换无法摆脱同时表征信息局部特征的两难困境，20 世纪 80 年代，地球物理学家 Morlet 在研究地震波的局部特性时，提出类似“小波”的概念，开创空域与频域能同时局部表征信号的里程碑。在时、频分析发展的早期阶段，Morlet 创新地构造出具有可伸缩和平移特性的函数，利用该函数对信号进行展开，能准确地获得信号的时空信息，但对于小波基的构造，仍然处于多分辨率理论发展的萌芽阶段 [15]。1985 年，在时、频分析的基础上，小波理论的奠基人 Meyer、Grossmann 对多分辨率分析进行深入研究，首次提出小波的概念，并构造出具有时、频分析特性且可逆的小波框架，开创小波构造的先河 [16]。在 Littlewood 和 Paley 理论中，Meyer 首次给出 Morlet

系列小波的联系，在傅里叶变换的启发下，应用数学分析中正交的概念，构造一系列正交小波基，使得小波变换和操作如同傅里叶变换一样简单、容易 [17]。在 Haar 视觉系统的基础上，Mallat 将二次镜像滤波器理论应用于正交小波的构造，使得正交小波的构造具有通用表达式。Mallat 利用多分辨率分析的概念，构建快速小波分解与重构算法，目前，在图像压缩和编解码中得到广泛应用 [18]。Daubechies 和 Tesohke 利用 Laurent 级数和单位圆多项式原理，构造具有一定消失矩的小波，该系列紧支撑小波具有良好的局部特性、光滑性和紧支撑特性 [19]，Battle 和 Lemarie 分别构造出具有指数衰减的样条正交小波，在实际工程中得到广泛的应用。然而，构造具有一定特性的小波具有一定的难度，如消失矩的阶次 [20]、对称性、反对称性 [21]、正交性和紧支撑特性等 [22]，而这些特性对信号分解与重构的质量，特别是高频信息的质量，产生十分重要的影响，决定小波理论在实际工程中的应用。为解决一系列工程问题，国内外许多学者研究构建具有一定特性的小波，如双正交小波。美国斯坦福大学 Charles K. Chui 教授研究紧支撑基数 B 样条小波和半正交样条小波，利用单位延拓准则（unitary extension principle，UEP）构造具有时、频分析特性的紧小波框架，最早出版一本关于小波理论方面的学术专著 *An Introduction to Wavelets*，目前，该专著已被翻译成十多种语言，在世界广泛出版发行，该书的出版掀起小波分析研究的热潮，对小波分析理论的发展产生十分深远的影响 [23-26]。从数学融合的角度上来说，小波分析是调和分析 [27]、时频分析 [28]、数值分析 [29] 和逼近论等，是完美结合的时频分析产物，是研究处理非平稳信号的强有力工具。正如 Charles K. Chui 教授所断言的一样，随着小波分析理论的完善，小波分析必将在信号处理、图像处理、压缩感知、气象遥感、雷达反演、医学影像诊断、DNA 序列分析、蛋白质分析、语音识别、计算机图形学、最优控制、偏微分方程、积分–微分方程、人工智能和大数据稀疏化处理中得到广泛应用 [30-33]。

2.2.1　小波变换

定义 2.2（连续小波变换允许条件）　假定函数 $\psi(x) \in L_2(\mathbf{R})$，且 $\psi(x)$ 的傅里叶变换为 $\hat{\psi}(\omega)$，如果 $\hat{\psi}(\omega)$ 满足完全重构条件，表达式为

$$C_\varphi = \int_{\mathbf{R}} \left|\hat{\psi}(\omega)\right| \frac{\mathrm{d}\omega}{|\omega|} < \infty \tag{2.11}$$

则称 $\psi(x)$ 为母小波。若 $s > 0$ 表示尺度，a 表示平移，通过平移和伸缩，就获得小波序列 $\psi_{a,s}(x) = \dfrac{1}{\sqrt{|s|}}\psi\left(\dfrac{x-a}{s}\right)$。

定义 2.3（连续小波变换）　若小波函数满足允许条件式（2.11），$f(x) \in$

$L_2(\mathbf{R})$，则函数 $f(x)$ 的小波变换表达式为

$$(W_\psi f)(a,s)=(f,\psi_{a,s})(x)=\frac{1}{\sqrt{|s|}}\int_{-\infty}^{\infty}f(x)\ \psi\left(\frac{x-a}{s}\right)\mathrm{d}x \tag{2.12}$$

由允许条件式（2.11）可知，母小波是一个振荡且能量有限的函数，并且在时域迅速衰减，具有紧支撑特性，如果 ψ 足够光滑，则 $\int_{\mathbf{R}}\psi(x)\ \mathrm{d}x=0$，$\hat{\psi}(0)=0$。连续小波变换在两个 Hilbert 空间是同构的，记 W_ψ 的伴随算子为 W_ψ^*。

定义 2.4 (连续小波变换的逆变换) 若小波函数 $\psi_{a,s}(x)$ 满足允许条件式 (2.11)，则连续小波变换的逆变换表达式为

$$f(x)=\frac{1}{C_\psi}\int_{\mathbf{R}}\int_{\mathbf{R}}(W_\psi f)(a,s)\ \varphi_{a,s}(x)\frac{\mathrm{d}s\mathrm{d}a}{s^2} \tag{2.13}$$

式中，$\dfrac{\mathrm{d}s\mathrm{d}a}{s^2}$ 为小波变换域的测度。

定义 2.5 (小波消失矩) 若小波函数 $\psi(x)$ 满足下列条件:

$$\int_{\mathbf{R}}x^k\psi(x)\,\mathrm{d}x=0 \tag{2.14}$$

式中，$k=0,1,\cdots,M-1$，则称小波函数 $\psi(x)$ 有 M 阶消失矩。

在 MATLAB 系统工具箱中，已经构造出许多不同特性的小波。当小波具有对称性时，对图像进行分解和重构可以避免移相；当小波消失矩的阶次较高时，有利于图像的压缩和传输；当选用的小波具有较好的正则特性时，应用小波有利于获得平滑的重构图像。在实际应用中，可以灵活选用前人已经构造出的小波，如 Haar 小波、Daubechies 小波、双正交小波、Coiflet 小波、Symlets 小波、Morlet 小波、Mexican 小波、Meyer 小波和 Battle-Lemarie 小波等，也可以根据实际应用，利用 UEP 构造具有一定特性的小波。

2.2.2 小波变换在图像处理中的应用

小波变换是从经典傅里叶变换发展起来的，是一种窗口大小固定，但时、频窗口都可改变的局部化分析方法，可以突出所研究问题的某些方面特征。通过对信号进行变换，对于信号的平稳部分，小波系数的幅值较小，对于信号的非平稳部分，小波系数的幅值较大，有利于突出信号的奇异特征。连续小波变换具有线性叠加特性、平移不变特性、伸缩共变特性、自相似特性和冗余特性等。目前，小波变换在信号处理、图像处理、语音识别、核磁共振成像、机器视觉、故障诊断和偏微分方程中得到广泛应用。新一代静止图像压缩标准——JPEG2000，也是采用提升离散小波变换（第二代小波变换）作为图像的时、频分析工具。

在 MATLAB 软件编程环境，系统提供了小波分析工具箱。例如，对于一维信号，cwt () 为连续小波分析函数，dwt () 为离散小波分析函数，dwtmode () 为离

散小波拓展函数，idwt () 为离散小波逆变换等。对于二维信号，dwt2 ()、idwt2 () 分别为二维离散小波变换和逆变换函数，wavedec2 ()、waverec2 () 分别为二维小波分解与重构函数，appcoef2 ()、detcoef2 () 分别为提取二维小波分解的低频系数和高频系数。同时系统还提供了降噪和压缩函数、小波包分析和提升小波分析函数等。

为对小波分析有直观的认识，下面以图像处理为例，利用小波基函数对图像进行分解。为了能够精确重构分解后的图像，在这里选用 Daubechies 构造的具有线性相位、双正交的 bior3.5 小波作为基函数，对 Peppers 图像进行三级小波分解。为对小波系数进行直观了解，给出每一级图像小波系数的直方图统计分布，如图 2.11～ 图 2.15 所示。

图 2.11 Peppers 图像

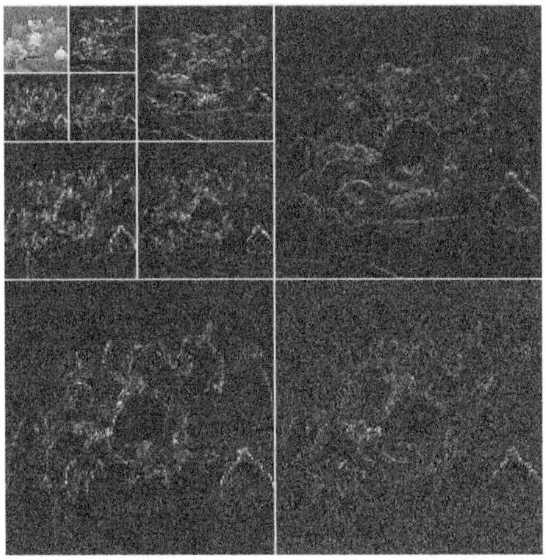

图 2.12 Peppers 图像三级小波分解

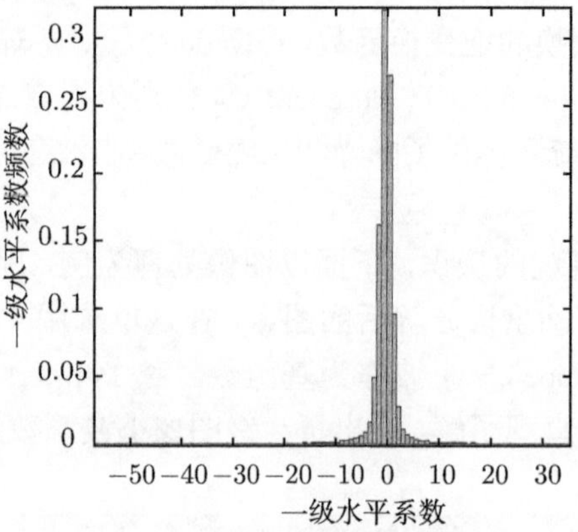

(a) 水平系数直方图

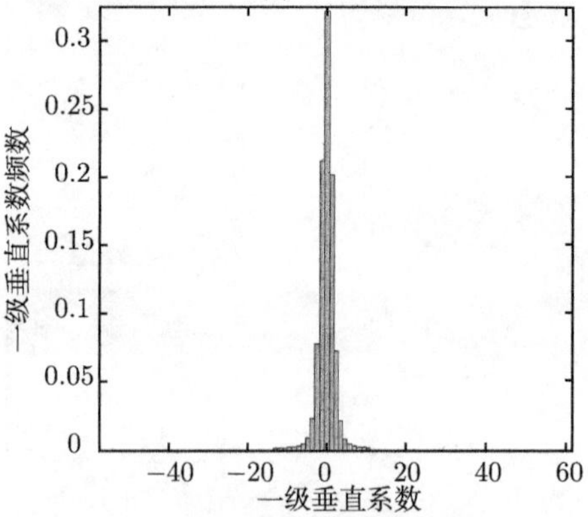

(b) 垂直系数直方图

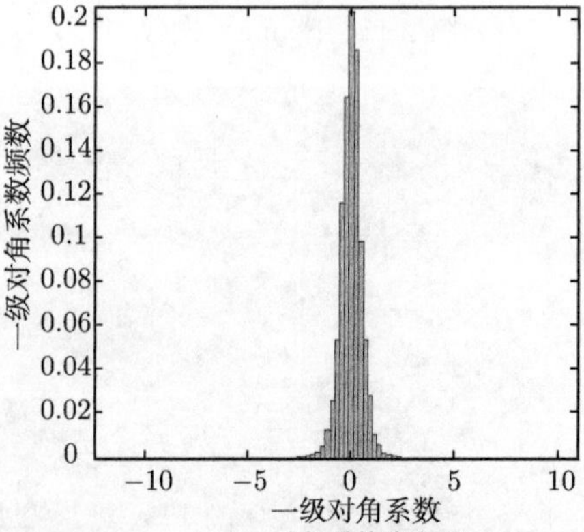

(c) 对角系数直方图

图 2.13　Peppers 图像第一级小波分解水平、垂直和对角系数直方图

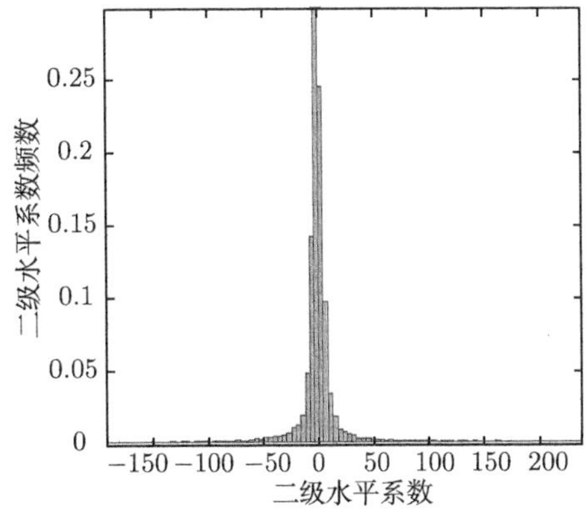

(a) 水平系数直方图

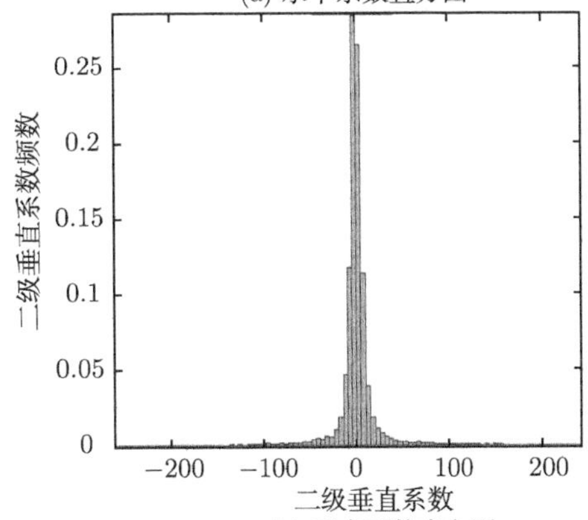

(b) 垂直系数直方图

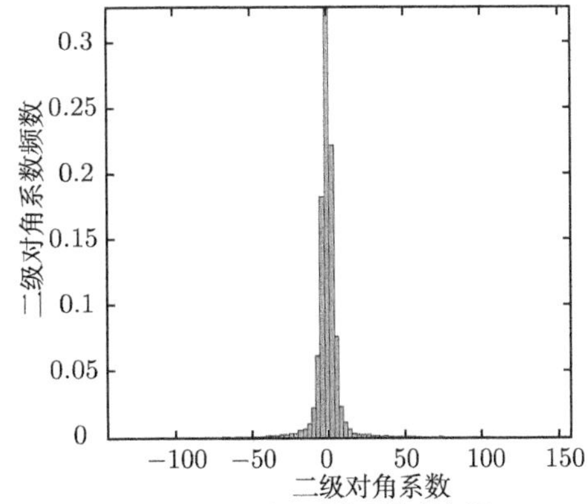

(c) 对角系数直方图

图 2.14 Peppers 图像第二级小波分解水平、垂直和对角系数直方图

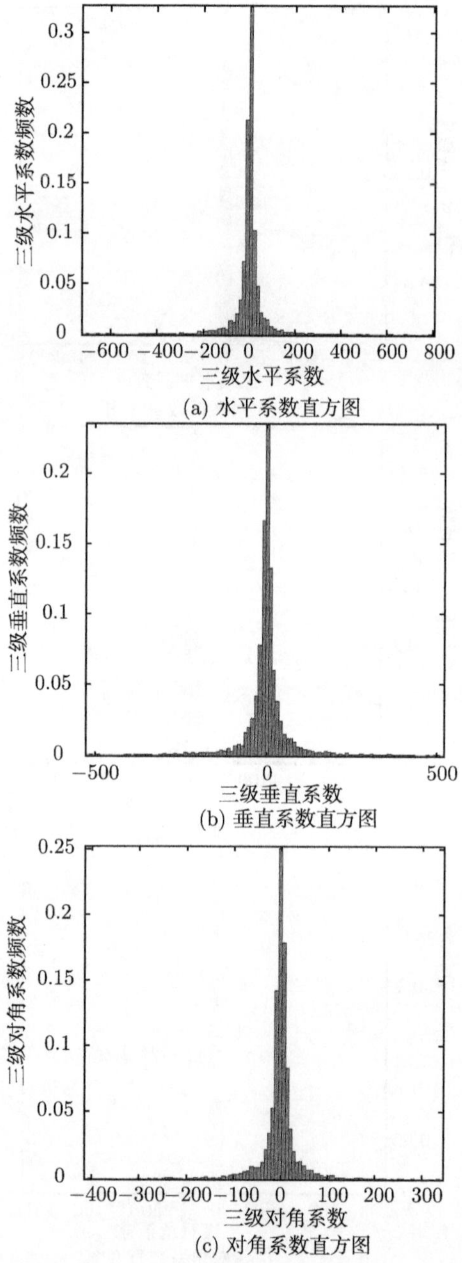

(a) 水平系数直方图

(b) 垂直系数直方图

(c) 对角系数直方图

图 2.15　Peppers 图像第三级小波分解水平、垂直和对角系数直方图

2.2.3　小波变换在微分方程中的应用

在进行图像处理时，通过变分能量泛函正则化模型，可以获得常微分方程或偏

微分方程，表达式为

$$\boldsymbol{A}\boldsymbol{u}(\boldsymbol{x})=\boldsymbol{g}(\boldsymbol{x}) \tag{2.15}$$

式中，$\boldsymbol{A}$ 为微分算子，对图像 $\boldsymbol{u}(\boldsymbol{x})$ 施加适当的边界条件，从而将式（2.15）转化为边界值问题。由于无法获得微分方程的解，为获得方程的解，常采用数值逼近的方法来进行计算。采用经典的 Galerkin 方法虽然可以逼近方程的解，但是所研究的问题往往是大规模的，造成微分算子的条件数较大，为克服此缺点，采用小波、Galerkin 相结合的方法。由于小波紧支撑特性[34]，获得的解是稀疏的，预条件后，可以获得微分方程的解。若选取的小波基为 $\left\{\psi_{j,k}(\boldsymbol{x})=2^j\psi\left(2^j\boldsymbol{x}-k\right),k\in\mathbf{N}\right\}$，通过平移 $\psi_{j,k}(\boldsymbol{x})$ 获得 V_j 空间中的正交基。将小波与 Galerkin 相结合[35]，则逼近式（2.15）解的表达式为

$$\boldsymbol{u}(\boldsymbol{x})=\sum_{j,k}c_{j,k}\psi_{j,k}(\boldsymbol{x}) \tag{2.16}$$

式中，$c_{j,k}$ 是要确定的系数。将式（2.16）代入式（2.15）中，则有

$$\boldsymbol{A}\sum_{j,k}c_{j,k}\psi_{j,k}(\boldsymbol{x})=\boldsymbol{g}(\boldsymbol{x}) \tag{2.17}$$

利用正交小波基的特性，式两边同时乘 $\psi_{l,m}(\boldsymbol{x})$，则有表达式：

$$\sum_{j,k}c_{j,k}\left\langle\boldsymbol{A}\psi_{j,k}(\boldsymbol{x}),\psi_{l,m}(\boldsymbol{x})\right\rangle=\left\langle\boldsymbol{g}(\boldsymbol{x}),\psi_{l,m}(\boldsymbol{x})\right\rangle \tag{2.18}$$

从式（2.18）可知，为获得式（2.16）形式的解，将问题式（2.15）投影到由小波正交基 $\psi_{j,k}(\boldsymbol{x})$ 张开的有限维子空间。若式（2.18）为线性系统，则可以采用矩阵论中的 Jacobi 迭代算法、Gauss-Seidel 迭代算法和逐次超松弛迭代算法求解。若式（2.18）为非线性系统，则可以采用共轭梯度迭代算法、极小残量法、Krylov 子空间迭代算法和多重网格迭代算法等。

在成像系统中，奇异值和解的瞬时信息对于能量泛函正则化模型是至关重要的，因此常将式（2.15）转化为发展型偏微分方程，表达式为

$$\boldsymbol{u}_t(\boldsymbol{x},t)+\boldsymbol{A}\boldsymbol{u}(\boldsymbol{x},t)=\boldsymbol{g}(\boldsymbol{x},t) \tag{2.19}$$

式中，$\boldsymbol{A}$ 为空间算子，对图像 $\boldsymbol{u}_t(\boldsymbol{x},t)$ 施加适当的边界条件，将式（2.19）转化为边界值问题。将小波与 Galerkin 相结合，则逼近式（2.19）解的表达式为

$$\boldsymbol{u}(\boldsymbol{x},t)=\sum_{j,k}c_{j,k}(t)\ \psi_{j,k}(\boldsymbol{x}) \tag{2.20}$$

式中，$c_{j,k}(t)$ 是要确定的系数。将式（2.20）代入式（2.19）中，则有

$$\sum_{j,k}\frac{\mathrm{d}c_{j,k}(t)}{\mathrm{d}t}\ \psi_{j,k}(\boldsymbol{x})+\boldsymbol{A}\sum_{j,k}c_{j,k}(t)\ \psi_{j,k}(\boldsymbol{x})=\boldsymbol{g}(\boldsymbol{x},t) \tag{2.21}$$

利用正交小波基的特性，式两边同时乘 $\psi_{l,m}(\boldsymbol{x})$，则有表达式：

$$\sum_{j,k}\frac{\mathrm{d}c_{j,k}(t)}{\mathrm{d}t}\left\langle\psi_{j,k}(\boldsymbol{x}),\psi_{l,m}(\boldsymbol{x})\right\rangle+\sum_{j,k}c_{j,k}(t)\left\langle\boldsymbol{A}\psi_{j,k}(\boldsymbol{x}),\psi_{l,m}(\boldsymbol{x})\right\rangle=\left\langle\boldsymbol{g}(\boldsymbol{x},t),\psi_{l,m}(\boldsymbol{x})\right\rangle \tag{2.22}$$

若式 (2.22) 是线性系统或非线性常微分方程，可以采用龙格–库塔法进行求解；若式 (2.22) 是非线性系统，其求解十分复杂，可以借助非线性 Burger 偏微分方程的处理方法进行计算。

2.3　样条函数

对于光滑函数，为了对其进行逼近，常选择多项式函数。若被逼近的函数充分光滑，利用数学分析，选择一个较小的邻域，用有限阶次的泰勒展开式进行逼近。但是，如果被逼近函数的区间较大，泰勒展开式的阶次可能非常高，容易产生振荡现象。为克服此缺点，将较大的区间分成若干充分小的区间，在每个小区间，光滑函数用阶次较低的多项式进行逼近。每一小区间函数光滑连接，变为光滑函数的逼近，每段光滑函数称为样条。目前，样条函数在信号拟合、图像修补、图像插值、曲面拟合、非线性常微分方程和偏微分方程数值求解中得到广泛应用。

一般说，样条函数的阶次较低，常用的阶次最高是 3。假定一次样条函数为示性函数；二次样条函数中的自变量最高次幂为 1，具有插值性质；三次样条函数中的自变量最高次幂为 2，在连接点处一阶导数连续；四次样条函数中的自变量最高次幂为 3，在连接点处二阶导数连续。四种样条函数如图 2.16 所示。

为了解用卷积法和牛顿差分法产生样条函数的过程，下面分别举例说明。

例 2.1　已知 $B_0=\chi_{\left[-\frac{1}{2},\frac{1}{2}\right]}$，$B_{n+1}(x)=B_n(x)*B_0(x)$，$*$ 表示卷积，求一阶中心样条函数 B_1。

解　对于函数 B_0，自变量 t 的取值范围为 $-\dfrac{1}{2}<t<\dfrac{1}{2}\Rightarrow-\dfrac{1}{2}<-t<\dfrac{1}{2}$，那么 $x-\dfrac{1}{2}<x-t<x+\dfrac{1}{2}$，由已知条件 $B_{n+1}(x)=B_n(x)*B_0(x)$，则有表达式：

$$\begin{aligned}B_1(x)&=B_0(x)*B_0(x)=\int_{-\frac{1}{2}}^{\frac{1}{2}}B_0(x-t)*B_0(t)\mathrm{d}t\\&=\int_{-\frac{1}{2}}^{\frac{1}{2}}B_0(x-t)\mathrm{d}t=\int_{-\frac{1}{2}}^{\frac{1}{2}}\chi_{\left[x-\frac{1}{2},+\frac{1}{2}\right]}\mathrm{d}t\end{aligned} \tag{2.23}$$

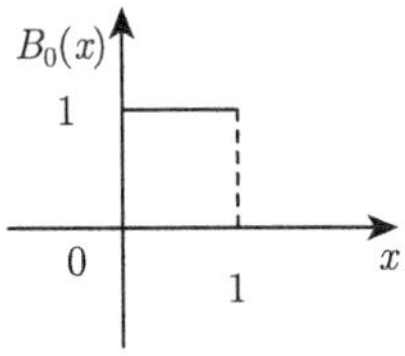

(a) 一次样条函数

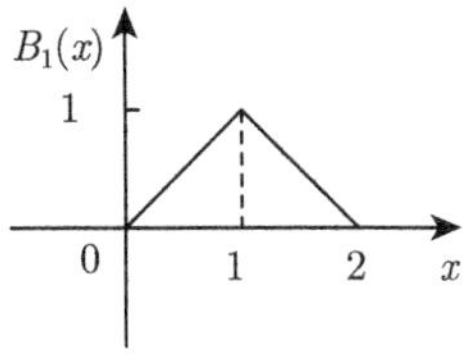

(b) 二次样条函数

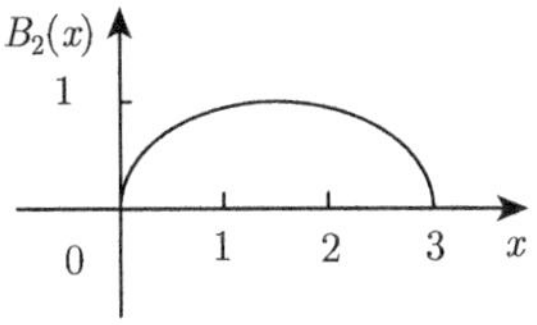

(c) 三次样条函数

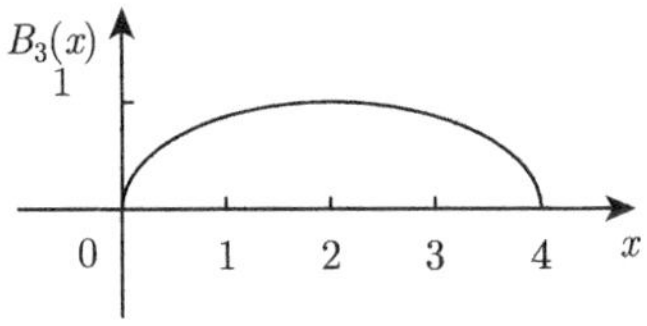

(d) 四次样条函数

图 2.16 样条函数

当 $t \in \left[x-\dfrac{1}{2}, \dfrac{1}{2}\right]$ 时，$B_1(x) = \displaystyle\int_{x-\frac{1}{2}}^{\frac{1}{2}} \mathrm{d}t = 1-x$；当 $t \in \left[-\dfrac{1}{2}, x+\dfrac{1}{2}\right]$ 时，$B_1(x) = \displaystyle\int_{-\frac{1}{2}}^{x+\frac{1}{2}} \mathrm{d}t = x+1$，由式（2.23）的积分上、下限和 t 所形成的公共区域如图 2.17 所示。

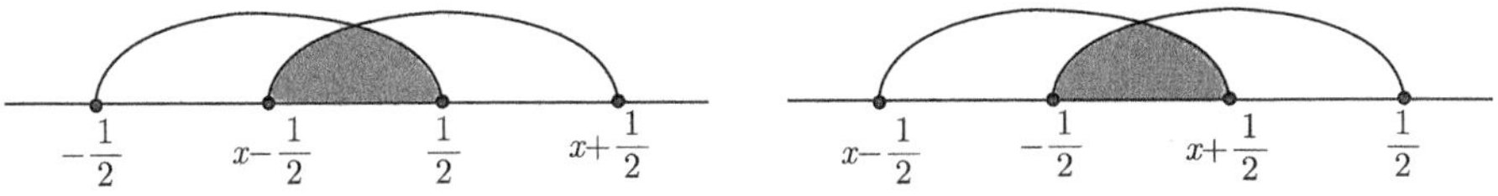

图 2.17 公共区域

则中心样条函数 $B_1(x)$ 的表达式为

$$B_1(x) = \begin{cases} 1-x, & x \in [0,1] \\ 1+x, & x \in [-1,0) \\ 0, & \text{其他} \end{cases} \tag{2.24}$$

中心样条函数 $B_1(x)$ 如图 2.18 所示。

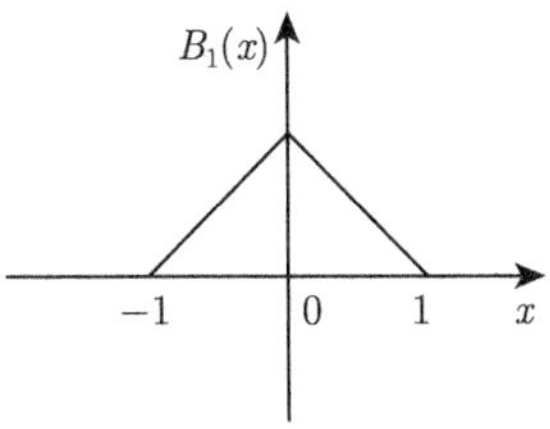

图 2.18 中心样条函数 $B_1(x)$

给定节点序列 $t=\{t_k,t_{k+1},\cdots,t_{k+n}\}$，若 0 阶样条函数的表达式为

$$B_{0,i}(x)=\begin{cases}1, & t_{i-1}\leqslant x\leqslant t_i\\ 0, & \text{其他}\end{cases} \tag{2.25}$$

式中，0 表示样条的阶次，$i=k+1,k+2,\cdots,k+n$。德国学者 Cal de Boor 用牛顿差分法给出 m 阶样条函数表达式：

$$B_{m,l}(x)=\frac{x-t_{l-1}}{t_{l+m-1}-t_{l-1}}B_{m-1,l}(x)+\frac{t_{l+m}-x}{t_{l+m}-t_l}B_{m-1,l+1}(x) \tag{2.26}$$

由式 (2.25) 中的 $i=k+1,k+2,\cdots,k+n$，以及式 (2.26) 中的 $B_{m-1,l+1}(x)$ 下标，可知 $k+1\leqslant l\leqslant k+n-1$。

例 2.2　已知 0 阶样条式 (2.25) 和 m 阶样条式 (2.26)，计算一阶线性样条函数和二阶二次样条函数表达式。

解　(1) 一阶线性样条函数。

由式 (2.26)，则线性样条函数的迭代表达式为

$$B_{1,l}(x)=\frac{x-t_{l-1}}{t_l-t_{l-1}}B_{0,l}(x)+\frac{t_{l+1}-x}{t_{l+1}-t_l}B_{0,l+1}(x) \tag{2.27}$$

当 $l=k+1$ 时，式 (2.27) 的转化表达式为

$$B_{1,k+1}(x)=\frac{x-t_k}{t_{k+1}-t_k}B_{0,k+1}(x)+\frac{t_{k+2}-x}{t_{k+2}-t_{k+1}}B_{0,k+2}(x) \tag{2.28}$$

由于样条函数 $B_{0,k+1}(x)$、$B_{0,k+2}(x)$ 的自变量 x 支撑区间分别为 $[t_k,t_{k+1}]$ 和 $[t_{k+1},t_{k+2}]$，所以 $B_{1,k+1}(x)$ 的自变量 x 支撑区间分别为 $[t_k,t_{k+2}]$。依次类推，可以推得 $l=k+2$，$l=k+3$，$\cdots$，$l=k+n-1$ 时的线性样条表达式，用图形表示如图 2.19 所示。

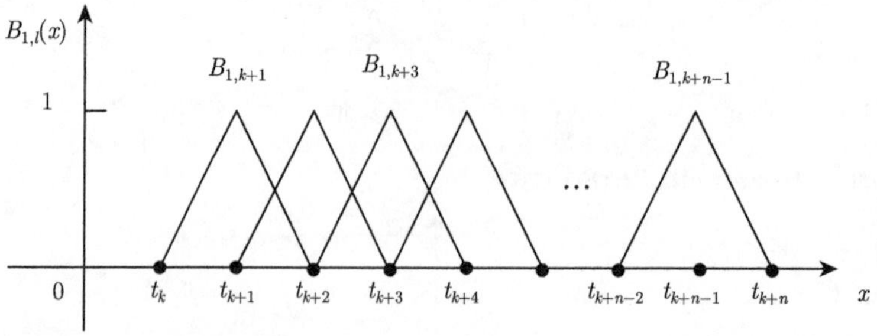

图 2.19　一阶线性样条函数

(2) 二阶二次样条函数。

由式 (2.26)，则二次样条函数的迭代表达式为

$$B_{2,l}(x)=\frac{x-t_{l-1}}{t_{l+1}-t_{l-1}}B_{1,l}(x)+\frac{t_{l+2}-x}{t_{l+2}-t_l}B_{1,l+1}(x) \tag{2.29}$$

由式（2.25）中的 $i=k+1,k+2,\cdots,k+n$，以及式（2.29）中的 $B_{1,l+1}(x)$ 下标，可知 $k+1\leqslant l\leqslant k+n-2$。

当 $l=k+1$ 时，式（2.29）的转化表达式为

$$B_{2,k+1}(x)=\frac{x-t_k}{t_{k+2}-t_k}B_{1,k+1}(x)+\frac{t_{k+3}-x}{t_{k+3}-t_{k+1}}B_{1,k+2}(x) \tag{2.30}$$

由于二次样条函数的支撑区间是四个节点，分三段分别计算三个区间的值。在区间 $[t_k,t_{k+1}]$，由图 2.15 和式（2.30），则有

$$\frac{x-t_k}{t_{k+2}-t_k}B_{1,k+1}(x)=\frac{x-t_k}{t_{k+2}-t_k}\frac{x-t_k}{t_{k+1}-t_k} \tag{2.31}$$

在区间 $[t_{k+1},t_{k+2}]$，由图 2.15 和式（2.30），则有

$$\frac{x-t_k}{t_{k+2}-t_k}B_{1,k+1}(x)=\frac{x-t_k}{t_{k+2}-t_k}\frac{t_{k+2}-x}{t_{k+2}-t_{k+1}} \tag{2.32}$$

$$\frac{t_{k+3}-x}{t_{k+3}-t_{k+1}}B_{1,k+2}(x)=\frac{t_{k+3}-x}{t_{k+3}-t_{k+1}}\frac{x-t_{k+1}}{t_{k+2}-t_{k+1}} \tag{2.33}$$

将式（2.32）、式（2.33）代入式（2.30），则有

$$B_{2,k+1}(x)=\frac{x-t_k}{t_{k+2}-t_k}\frac{t_{k+2}-x}{t_{k+2}-t_{k+1}}+\frac{t_{k+3}-x}{t_{k+3}-t_{k+1}}\frac{x-t_{k+1}}{t_{k+2}-t_{k+1}} \tag{2.34}$$

在区间 $[t_{k+2},t_{k+3}]$，由图 2.15 和式（2.30），则有

$$\frac{t_{k+3}-x}{t_{k+3}-t_{k+1}}B_{1,k+2}(x)=\frac{t_{k+3}-x}{t_{k+3}-t_{k+1}}\frac{t_{k+3}-x}{t_{k+3}-t_{k+2}} \tag{2.35}$$

综合式（2.31）、式（2.34）和式（2.35），当 $l=k+1$ 时，二次样条函数表达式为

$$B_{2,k+1}(x)=\begin{cases}\dfrac{x-t_k}{t_{k+2}-t_k}\dfrac{x-t_k}{t_{k+1}-t_k}, & x\in[t_k,t_{k+1}]\\ \dfrac{x-t_k}{t_{k+2}-t_k}\dfrac{t_{k+2}-x}{t_{k+2}-t_{k+1}}+\dfrac{t_{k+3}-x}{t_{k+3}-t_{k+1}}\dfrac{x-t_{k+1}}{t_{k+2}-t_{k+1}}, & x\in[t_{k+1},t_{k+2}]\\ \dfrac{t_{k+3}-x}{t_{k+3}-t_{k+1}}\dfrac{t_{k+3}-x}{t_{k+3}-t_{k+2}}, & x\in[t_{k+2},t_{k+3}]\end{cases} \tag{2.36}$$

依次类推，可以推得 $l=k+2$，$l=k+3$，$\cdots$，$l=k+n-2$ 时的二次样条表达式。

2.4　框架及其构造

2.4.1　框架

定义 2.6 (框架)　在 Hilbert 空间，如果存在常数 c_1、$c_2>0$，$\boldsymbol{u}\in H$，使得序列 $\{\psi_k\}_{k=1}^{\infty}\in H$ 满足表达式：

$$c_1\|u\|^2\leqslant\sum_{k=1}^{\infty}|\langle u,\psi_k\rangle|^2\leqslant c_2\|u\|^2 \tag{2.37}$$

式中，c_1、c_2 称为框架的界，则称序列 $\{\psi_k\}_{k=1}^{\infty}$ 是一个框架。

若 $c_1=c_2$，则称序列 $\{\psi_k\}_{k=1}^{\infty}$ 是紧框架。紧框架变换是利用一族小框架函数作为基函数，对图像进行多分辨率分析，变换域系数能准确体现图像的特征，具有稀疏性和冗余性 [36]。如果式 (2.37) 中的不等式至少有一个成立，则序列 $\{\psi_k\}_{k=1}^{\infty}$ 形成 Bessel 序列。

若 $\{\psi_k\}_{k=1}^{\infty}$ 是一个框架，S 为框架算子，$\forall u\in H$，那么有

$$u=\sum_{k=1}^{\infty}\left\langle u,S^{-1}\psi_k\right\rangle\psi_k \tag{2.38}$$

无条件收敛，但是，一般说，S^{-1} 很难计算。如果一个框架不是 Riesz 基 (标准正交基)，则称此框架是过完备的。

定义 2.7 (对偶框架)　假设给定的序列 $\{\psi_k\}_{k=1}^{\infty}$ 是过完备的框架，那么存在框架 $\{\varphi_k\}_{k=1}^{\infty}\neq\left\{S^{-1}\psi_k\right\}_{k=1}^{\infty}$，$\forall u\in H$，使得

$$u=\sum_{k=1}^{\infty}\langle u,\varphi_k\rangle\psi_k \tag{2.39}$$

则框架 $\{\varphi_k\}_{k=1}^{\infty}$ 称为序列 $\{\psi_k\}_{k=1}^{\infty}$ 的对偶框架。特别地，若 $\{\varphi_k\}_{k=1}^{\infty}=\left\{S^{-1}\psi_k\right\}_{k=1}^{\infty}$，则称序列 $\{\varphi_k\}_{k=1}^{\infty}$ 为序列 $\{\psi_k\}_{k=1}^{\infty}$ 的标准对偶框架。

定义 2.8 (框架生成子)　若函数 $\phi(x)$ 的平移族 $\{\phi(x-k)\in H\}$ 形成 V_0 空间的一组规范正交基，$\phi(x)$ 满足二尺度方程，表达式为

$$\phi(x)=\sum c_k\phi(2x-k) \tag{2.40}$$

若由尺度函数 $\phi(2x-k)$ 产生小波族，表达式为

$$\psi_i(x)=\sum d_k^i\phi(2x-k) \tag{2.41}$$

式中，$i=1,2,\cdots$，若式（2.41）构成框架，则称 $\{\psi_1,\psi_2,\cdots\}$ 为框架生成子。

例 2.3 假设节点 $t=\{t_0,t_1,t_2,t_3,t_4\}$ 为原始样条节点，$V_0=\{\phi_{00},\phi_0,\phi_1,\phi_{02},\phi_{03},\phi_{04}\}$ 为原始样条空间，节点用黑点表示。若在节点 t 相邻两个节点插入一个新节点，用空心圈表示，如图 2.20 所示。形成新的节点序列为 $t_*=\{t_0,t_{01},t_1,t_{12},t_2,t_{23},t_3,t_{34},t_4\}$，$V_1=\{\phi_{10},\phi_{11},\phi_{12},\phi_{13},\phi_{14},\phi_{15},\phi_{16},\phi_{17},\phi_{18}\}$ 表示插入节点后形成的空间，插入节点前和插入节点后的关系。两个空间的嵌入关系为 $V_0\subset V_1$，以此类推，形成多分辨率分析，因此 V_0 可以用 V_1 线性表示，表达式为

$$\phi_{00}=\phi_{10}+\left(\frac{t_1-t_{01}}{t_1-t_0}\right)\phi_{11} \tag{2.42}$$

$$\phi_{01}=\left(\frac{t_{01}-t_0}{t_1-t_0}\right)\phi_{11}+\phi_{12}+\left(\frac{t_2-t_{12}}{t_2-t_1}\right)\phi_{13} \tag{2.43}$$

$$\phi_{02}=\left(\frac{t_{12}-t_1}{t_2-t_1}\right)\phi_{13}+\phi_{14}+\left(\frac{t_3-t_{23}}{t_3-t_2}\right)\phi_{15} \tag{2.44}$$

$$\phi_{03}=\left(\frac{t_{23}-t_2}{t_3-t_2}\right)\phi_{15}+\phi_{16}+\left(\frac{t_4-t_{34}}{t_4-t_3}\right)\phi_{17} \tag{2.45}$$

$$\phi_{04}=\left(\frac{t_{34}-t_3}{t_4-t_3}\right)\phi_{17}+\phi_{18} \tag{2.46}$$

将式（2.42）～ 式（2.46）表示成二尺度方程的形式，表达式为

$$\begin{bmatrix}\phi_{00}\\ \phi_{01}\\ \phi_{02}\\ \phi_{03}\\ \phi_{04}\end{bmatrix}=\begin{bmatrix}1 & \frac{t_1-t_{01}}{t_1-t_0} & 0 & 0 & 0 & 0 & 0 & 0 & 0\\ 0 & \frac{t_{01}-t_0}{t_1-t_0} & 1 & \frac{t_2-t_{12}}{t_2-t_1} & 0 & 0 & 0 & 0 & 0\\ 0 & 0 & 0 & \frac{t_{12}-t_1}{t_2-t_1} & 1 & \frac{t_3-t_{23}}{t_3-t_2} & 0 & 0 & 0\\ 0 & 0 & 0 & 0 & 0 & \frac{t_{23}-t_2}{t_3-t_2} & 1 & \frac{t_4-t_{34}}{t_4-t_3} & 0\\ 0 & 0 & 0 & 0 & 0 & 0 & 0 & \frac{t_{34}-t_3}{t_4-t_3} & 1\end{bmatrix}\begin{bmatrix}\phi_{10}\\ \phi_{11}\\ \phi_{12}\\ \phi_{13}\\ \phi_{14}\\ \phi_{15}\\ \phi_{16}\\ \phi_{17}\\ \phi_{18}\end{bmatrix} \tag{2.47}$$

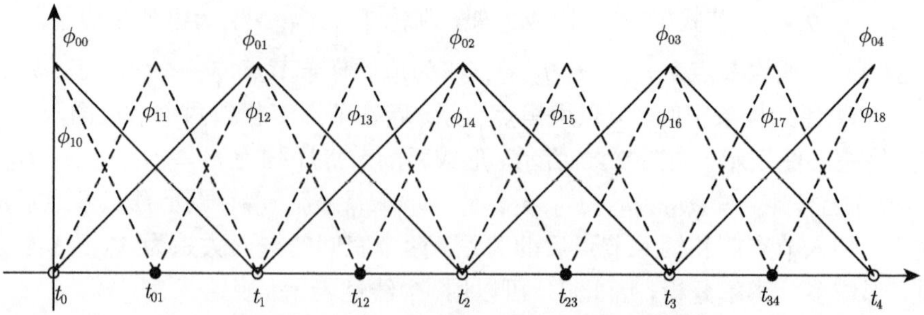

图 2.20 插入节点前后一阶线性样条函数

2.4.2 紧框架的构造

从式（2.41）可知，框架是由一族小波构成。对式（2.40）两边进行傅里叶变换，则有

$$\hat{\phi}(\omega)=H_0\left(\frac{\omega}{2}\right)\hat{\phi}\left(\frac{\omega}{2}\right) \tag{2.48}$$

式中，$H_0\left(\dfrac{\omega}{2}\right)=\dfrac{1}{\sqrt{2}}\Sigma_k c_k \mathrm{e}^{-\mathrm{j}\omega k}$，称为低通滤波器，也称为两尺度符号。同理，对式（2.48）两边进行傅里叶变换，则有

$$\hat{\psi}(\omega)=H_i\left(\frac{\omega}{2}\right)\hat{\phi}\left(\frac{\omega}{2}\right) \tag{2.49}$$

式中，$H_i\left(\dfrac{\omega}{2}\right)=\dfrac{1}{\sqrt{2}}\Sigma_k d_k^i \mathrm{e}^{-\mathrm{j}\omega k}$，称为高通滤波器。式（2.48）的重要意义在于子空间 V_j 可由相邻的子空间 V_{j+1} 产生，而式（2.49）的重要意义在于由子空间 V_{j+1} 产生的空间 W_j 是 V_j 空间的正交补，即 $V_{j+1}=W_j\oplus V_j$。由于尺度函数 $\phi(x-k)$、小波函数 $\psi(x-k)$ 都可以通过平移可以产生一组空间正交基，则低通滤波器、高通滤波器必须满足下列表达式：

$$\left|H_i\left(\mathrm{e}^{\mathrm{j}\omega}\right)\right|^2+\left|H_i\left(\mathrm{e}^{\mathrm{j}(\omega+\pi)}\right)\right|^2=1 \tag{2.50}$$

$$H_0\left(\mathrm{e}^{\mathrm{j}\omega}\right)\overline{H_1}\left(\mathrm{e}^{\mathrm{j}\omega}\right)+H_0\left(\mathrm{e}^{\mathrm{j}(\omega+\pi)}\right)\overline{H_1}\left(\mathrm{e}^{\mathrm{j}(\omega+\pi)}\right)=0 \tag{2.51}$$

式中，$i=0,1$。$i=0$ 时为低通滤波器，$i=1$ 时为高通滤波器。若令式（2.50）、式（2.51）中的 $\mathrm{e}^{\mathrm{j}\omega}=z$，那么 $\mathrm{e}^{\mathrm{j}(\omega+\pi)}=\mathrm{e}^{\mathrm{j}\omega}\mathrm{e}^{\mathrm{j}\pi}=\mathrm{e}^{\mathrm{j}\omega}(\cos\pi+\mathrm{j}\sin\pi)=-\mathrm{e}^{\mathrm{j}\omega}=-z$，式（2.50）、式（2.51）可以分别表示为

$$|H_i(z)|^2+|H_i(-z)|^2=1 \tag{2.52}$$

$$H_0(z)\overline{H_1}(z)+H_0(-z)\overline{H_1}(-z)=0 \tag{2.53}$$

若令 $H_i\left(\mathrm{e}^{\mathrm{j}\omega}\right)=m_i(\omega)$，$H_i\left(\mathrm{e}^{\mathrm{j}(\omega+\pi)}\right)=m_i(\omega+\pi)$，式（2.50）、式（2.51）分别表示为

$$\left|m_i(\omega)\right|^2+\left|m_i(\omega+\pi)\right|^2=1 \tag{2.54}$$

$$m_0(\omega)\overline{m_1}(\omega)+m_0(\omega+\pi)\overline{m_1}(\omega+\pi)=1 \tag{2.55}$$

高通滤波器与低通滤波器之间关系的表达式为

$$m_1(\omega)=\mathrm{e}^{-\mathrm{j}\omega}\overline{m_0}(\omega+\pi) \tag{2.56}$$

从上面表达式之间的关系可知，给定一组空间坐标基，可以确定尺度函数，通过二尺度关系可以确定低通滤波器表达式，利用式（2.56），可以确定高通滤波器系数，利用式（2.49）可以确定框架函数。由框架定义式（2.41）可知，框架是由一系列小波构成的，将高通滤波器和低通滤波器用矩阵表示，表达式为

$$\boldsymbol{\Psi}(\omega)=\begin{bmatrix} m_0(\omega) & m_1(\omega) & \cdots & m_n(\omega) \\ m_0(\omega+\pi) & m_1(\omega+\pi) & \cdots & m_n(\omega+\pi) \end{bmatrix} \tag{2.57}$$

根据一致延拓准则 [37]，框架滤波系数满足的表达式为

$$\boldsymbol{\Psi}(\omega)\boldsymbol{\Psi}^*(\omega)=\boldsymbol{I} \tag{2.58}$$

将式（2.58）展开，则有

$$\begin{bmatrix} \displaystyle\sum_{i=1}^{n}\left|m_i(\omega)\right|^2 & \displaystyle\sum_{i=1}^{n}m_i(\omega)\,\overline{m_i}(\omega+\pi) \\ \displaystyle\sum_{i=1}^{n}\overline{m_i}(\omega)\,m_i(\omega+\pi) & \displaystyle\sum_{i=1}^{n}\left|m_i(\omega+\pi)\right|^2 \end{bmatrix}=\begin{bmatrix} 1 & 0 \\ 0 & 1 \end{bmatrix} \tag{2.59}$$

若给定对称尺度函数 $\phi(x)$，如图 2.21（a）所示，由式（2.59）构造具有两个生成子的紧框架函数，如图 2.21（b）、（c）所示。

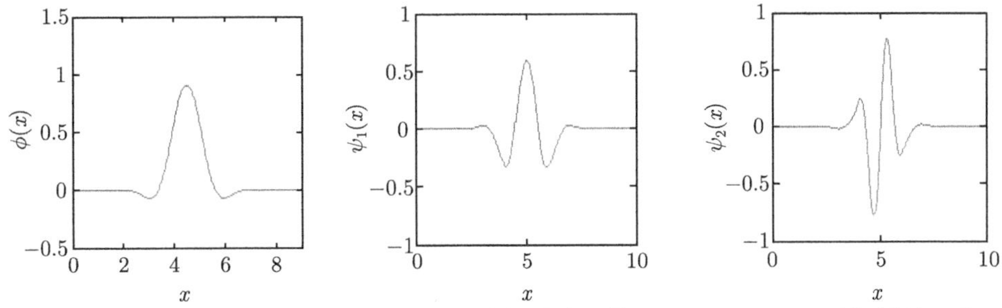

(a) 尺度函数　(b) 对称小框架函数　(c) 反对称小框架函数

图 2.21 具有两个生成子的紧框架函数

例 2.4 用 $\phi_0 = B_{2n}$ 表示 $2n$ 阶中心 B 样条函数，并作为尺度函数，设计紧框架。

解 $2n$ 阶中心 B 样条函数的傅里叶变换表达式为

$$\hat{\phi}_0(\omega) = \left(\frac{\sin(\pi\omega)}{\pi\omega}\right)^{2n} \tag{2.60}$$

由式（2.60），$\hat{\phi}_0(2\omega)$ 的表达式为

$$\hat{\phi}_0(2\omega) = \left(\frac{\sin(2\pi\omega)}{2\pi\omega}\right)^{2n} = \left(\frac{2\sin(\pi\omega)\cos(\pi\omega)}{2\pi\omega}\right)^{2n} = \cos^{2n}(\pi\omega)\,\hat{\phi}_0(\omega) \tag{2.61}$$

由式（2.48）可知，式（2.61）满足二尺度关系，则低通滤波器系数表达式为

$$m_0(\omega) = \cos^{2n}(\pi\omega) \tag{2.62}$$

利用二项式系数定义函数 $m_1, m_2, \cdots, m_{2n}$，高通滤波器表达式为

$$m_i(\omega) = \sqrt{C_{2n}^i}\sin^i(\pi\omega)\cos^{2n-i}(\pi\omega) \tag{2.63}$$

式中，$i = 1, 2, \cdots, 2n$；$C_{2n}^i = \dfrac{(2n)!}{(2n-i)!\,(i)!}$。由图 2.18，可知中心样条函数的周期是 1，而不是 2π，由三角函数关系 $\cos\left(\pi\left(\omega - \frac{1}{2}\right)\right) = \sin(\pi\omega)$，$\sin\left(\pi\left(\omega - \frac{1}{2}\right)\right) = -\cos(\pi\omega)$，对式（2.63）进行平移，则有平移后的高通滤波器表达式：

$$m_i\left(\omega - \frac{1}{2}\right) = \sqrt{C_{2n}^i}(-1)^i\cos^i(\pi\omega)\sin^{2n-i}(\pi\omega) \tag{2.64}$$

由于中心样条函数的周期为 1，将式（2.57）中的 π 用 $-1/2$ 取代，然后将式（2.62）、式（2.63）和式（2.64）代入式（2.57）中，则有高、低通滤波器组成的矩阵表达式：

$$\begin{aligned}\boldsymbol{\psi}(\boldsymbol{\omega}) &= \begin{bmatrix} m_0(\omega) & m_0\left(\omega - \frac{1}{2}\right) \\ m_1(\omega) & m_1\left(\omega - \frac{1}{2}\right) \\ \vdots & \vdots \\ m_{2n}(\omega) & m_{2n}\left(\omega - \frac{1}{2}\right) \end{bmatrix}^{\mathrm{T}} \\ &= \begin{bmatrix} \cos^{2n}(\pi\omega) & \sin^{2n}(\pi\omega) \\ \sqrt{C_{2n}^1}\sin(\pi\omega)\cos^{2n-1}(\pi\omega) & -\sqrt{C_{2n}^1}\cos(\pi\omega)\sin^{2n-1}(\pi\omega) \\ \vdots & \vdots \\ \sin^{2n}(\pi\omega) & \cos^{2n}(\pi\omega) \end{bmatrix}^{\mathrm{T}}\end{aligned} \tag{2.65}$$

将式 (2.65) 代入式 (2.58) 的左边，则有

$$\sum_{i=0}^{2n}\left|m_i\left(\omega\right)\right|^2=\sum_{i=0}^{2n}C_{2n}^{i}\sin^{2i}\left(\pi\omega\right)\cos^{2(2n-i)}\left(\pi\omega\right)=\left(\sin^2\left(\pi\omega\right)+\cos^2\left(\pi\omega\right)\right)^{2n}=1 \tag{2.66}$$

$$\begin{aligned}\sum_{i=0}^{2n}m_i\left(\omega\right)m_i\left(\omega-\frac{1}{2}\right)&=\sin^{2n}\left(\pi\omega\right)\cos^{2n}\left(\pi\omega\right)\sum_{i=0}^{2n}\left(-1\right)^iC_{2n}^{i}\\&=\sin^{2n}\left(\pi\omega\right)\cos^{2n}\left(\pi\omega\right)\left(1-1\right)^{2n}=0\end{aligned} \tag{2.67}$$

式 (2.66)、式 (2.67) 表明式 (2.58) 成立，根据一致延拓准则，表明构造的滤波器系数矩阵式 (2.65) 满足构造紧框架成立的条件，即由中心样条函数可以构造紧框架。由紧框架与滤波器和尺度函数的关系式 (2.47)，则紧框架表达式为

$$\hat{\psi}\left(\omega\right)=H_i\left(\frac{\omega}{2}\right)\hat{\phi}\left(\frac{\omega}{2}\right)=\sqrt{C_{2n}^{i}}\frac{\sin^{2n+i}\left(\dfrac{\pi\omega}{2}\right)\cos^{2n-i}\left(\dfrac{\pi\omega}{2}\right)}{\left(\dfrac{\pi\omega}{2}\right)^{2n}} \tag{2.68}$$

参 考 文 献

[1] 刘朝霞. 图像处理模型数值分析与数值仿真 [M]. 北京：中央民族大学出版社，2012.

[2] 张文生. 科学计算中的偏微分方程有限差分法 [M]. 北京：高等教育出版社，2008.

[3] 冯象初，王卫卫. 图像处理的变分和偏微分方程方法 [M]. 北京：科学出版社，2009.

[4] 王大凯，侯榆青，彭进业. 图像处理的偏微分方程方法 [M]. 北京：科学出版社，2009.

[5] 冉启文. 小波变换与分数傅里叶变换理论及应用 [M]. 哈尔滨：哈尔滨工业大学出版社，2001.

[6] 姜三平. 基于小波变换的图像降噪 [M]. 北京：国防工业出版社，2009.

[7] Selesnick I W, Abdelnour A F. Symmetric wavelet tight frames with two generators [J]. Applied and Computational Harmonic Analysis, 2004, 17(2):211-225.

[8] Zhang H M, Dong Y C, Fan Q B. Wavelet frame based Poisson noise removal and image deblurring [J]. Signal Processing, 2017, 137(1): 363-372.

[9] Opfer R. Tight frame expansions of multiscale reproducing kernels in sobolev spaces [J]. Applied and Computational Harmonic Analysis, 2006, 20(3):357-374.

[10] 孙仲康. 快速傅里叶变换及其应用 [M]. 北京：人民邮电出版社，1982.

[11] Bracewell R N. The Fourier Transform and Its Application [M]. Beijing: China Mechanic Press, 2002 .

[12] 孙鹤泉. 实用 Fourier 变换及 C++实现 [M]. 北京：科学出版社，2009.

[13] 崔锦泰. 小波分析导论 [M]. 西安：西安交通大学出版社，1994.

[14] 胡昌华，张军波，夏军，等. 基于 MATLAB 的系统分析与设计——小波分析 [M]. 西安：西安电子科技大学出版社，2001.

[15] 张德丰. MATLAB 小波分析 [M]. 北京：机械工业出版社，2009.

[16] 徐佩霞，孙功宪. 小波分析与应用实例 [M]. 合肥：中国科学技术大学出版社，2001.

[17] 成礼智，王红霞，罗勇. 小波的理论与应用 [M]. 北京：科学出版社，2007.

[18] Daubechies I. Ten Lectures on Wavelets [M]. Philadelphia: Society for Industrial and Applied Mathematics, 1992.

[19] Daubechies I, Teschke G. Variational image restoration by means of wavelets: Simultaneous decomposition, deblurring, and denoising [J]. Applied and Computational Harmonic Analysis, 2005, 19(1):1-16.

[20] Han B, Mo Q. Symmetric MRA tight wavelet frames with three generators and high vanishing moments [J]. Applied and Computational Harmonic Analysis, 2005, 18(1):67-93.

[21] Goh S S, Lim Z Y, Shen Z W. Symmetric and antisymmetric tight wavelet frames [J]. Applied and Computational Harmonic Analysis, 2006, 20(3):411-421.

[22] Kai B, Urban K. Adaptive wavelet methods using semiorthogonal spline wavelets: Sparse evaluation of nonlinear functions [J]. Applied and Computational Harmonic Analysis, 2008, 24(1): 94-119.

[23] Chui C K, He W J, Stockler Joachim. Nonstationary tight wavelet frames, II: Unbounded intervals [J]. Applied and Computational Harmonic Analysis, 2005, 18(1):25-66.

[24] Chui C K, He W J, Stockler J. Nonstationary tight wavelet frames, I: Unbounded intervals [J]. Applied and Computational Harmonic Analysis, 2004, 17(2):141-197.

[25] Chui C K, He W J, Stockler J. Compactly supported tight and sibling frames with maximum vanishing moments [J]. Applied and Computational Harmonic Analysis, 2002, 13(3): 224-262.

[26] Chui C K, He W J. Compactly supported tight frames associated with refinable functions [J]. Applied and Computational Harmonic Analysis, 2000, 8(3):293-319.

[27] Stein E M. Harmonic Analysis [M]. Princetion: Princeton University Press, 1993.

[28] 杨奇祥. 调和分析与小波入门 [M]. 武汉：武汉大学出版社，2012.

[29] 杨树立，马钦，陆启韶，等. 小波数值方法及应用 [M]. 北京：科学出版社，2012.

[30] Coifman R R, Lafon S. Diffusion maps [J]. Applied and Computational Harmonic Analysis, 2006, 21(1):5-30.

[31] Didas S, Weickert J. Integrodifferential equations for continuous multiscale wavelet shrinkage [J]. Inverse Problems and Imaging, 2007, 1(1):47-62.

[32] Riemenschneider S D, Shen Z W. Interpolatory wavelet packets [J]. Applied and Computational Harmonic Analysis, 2000, 8(3):320-324.

[33] Heinlein P. Discretizing continuous wavelet transforms using integrated wavelets [J]. Applied and Computational Harmonic Analysis, 2003, 14(3):238-256.

[34] Serrano E P. Some remarks about compactly supported spline wavelets [J]. Applied and Computational Harmonic Analysis, 1996, 3(1):57-64.

[35] Aubert G, Kornprobst P. Mathematical Problems in Image Processing, Partial Differential Equations and the Calculus of Variations [M]. New York: Springer-Verlag, 2006.

[36] Dong B, Shen Z W. Pseudo-splines, wavelets and framelets [J]. Applied and Computational Harmonic Analysis, 2007, 22(1):78-104.

[37] Petukhov A. Explicit construction of framelets [J]. Applied and Computational Harmonic Analysis, 2001, 11(2):313-327.

第3章 半二次型能量泛函正则化模型基本原理及应用

传统的图像模型获得的解是恢复图像，即正则化模型是解的一元函数，将滤波与图像的特征分离，此类模型尽管取得较大成功，但容易造成信息的奇异特征丢失。因此，国内外学者试图建立有利于保护图像奇异特征的正则化模型，也就是说，正则化模型是解与信号奇异等特征的多元函数[1-4]，有利于准确刻画解的特性。正是基于这一思想，本章研究半二次型能量泛函正则化模型，正则化模型关于恢复图像是二次凸函数，关于图像的特征也是二次函数，但同时关于二者是非凸函数，这使得算法设计变得十分困难，即使利用全局优化算法[5-9]，由于模型本身为鞍点问题[10]，即极小值、极大值问题，对初始值十分敏感，容易陷入局部极值。为获得理想的目标解，目前主要分为两大类算法：① 利用正则化模型的二阶可导特性[11]，设计牛顿迭代算法[12]；② 利用期望最大值（expectation maximization）算法设计的思想[13]，将能量泛函正则化模型分裂为理想解和特征解两个大的子问题，每个大的子问题都容易进行分裂和算法设计，多个子问题互相耦合，形成快速交替迭代算法[14]。

本章将对半二次型正则项的乘法和加法形式进行分析[15,16]，利用最小二乘描述能量泛函正则化模型的拟合项，设计牛顿迭代算法、交替迭代算法，并分析迭代算法的收敛特性。

3.1 半二次型正则项的特性

3.1.1 正则项中的一元势函数

假设正则项的形式为 $R=\phi\left(\left|\nabla s\left(x\right)\ \right|\right)$，对其进行变分，转换为发展型偏微分方程[17]，表达式为

$$\frac{\partial s\left(t,x\right)}{\partial t}=\nabla\cdot\left\{\frac{\phi'\left(\left|\nabla s\left(t,x\right)\right|\right)}{2\left|\nabla s\left(t,x\right)\right|}\nabla s\left(t,x\right)\right\} \tag{3.1}$$

式中，$\nabla\left(\cdot\right)$ 表示散度；$\dfrac{\phi'\left(\left|\nabla s\left(t,x\right)\right|\right)}{2\left|\nabla s\left(t,x\right)\right|}$ 表示扩散系数，为保护图像的边缘，其应满足下列 3 个条件：

(1) 在平稳区域，具有各项同性，即 $\lim\limits_{|\nabla s(t,x)|\to 0}\dfrac{\phi'(\ |\nabla s(t,x)|)}{2|\nabla s(t,x)|}=C$，$C$ 为大于零的常数。

(2) 在非平稳区域边缘附近，具有各项异性，即 $\lim\limits_{|\nabla s(t,x)|\to\infty}\dfrac{\phi'(|\nabla s(t,x)|)}{2|\nabla s(t,x)|}=0$。

(3) 为避免振荡，$\dfrac{\phi'(|\nabla s(t,x)|)}{2|\nabla s(t,x)|}$ 是严格递减函数。

正则项中的势函数可以使用凸函数，也可以使用非凸函数，典型的函数见表 3.1。

表 3.1　图像恢复中经常使用的势函数

势函数	$\phi(s)$	凸性	$\phi'(s)/(2s)$	条件是否满足
Tikhonov	s^2	凸	1	否
全变差	$\|s\|$	凸	$\dfrac{1}{2s}$	否
变指数	$s^{\alpha}(1<\alpha<2)$	凸	$\dfrac{\alpha}{2}s^{\alpha-2}$	否
Green 函数	$\ln(\cos\phi(s))$	凸	$\dfrac{\tan\phi(s)}{2s}$	是
最小曲面	$\sqrt{1+s^2}-1$	凸	$\dfrac{1}{2\sqrt{1+s^2}}$	是
幂函数	$-\exp(-t^2)+1$	非凸	$\exp(-t^2)$	是
对数函数	$\ln(1+t^2)$	非凸	$\dfrac{1}{1+t^2}$	是
Geman	$\dfrac{t^2}{1+t^2}$	非凸	$\dfrac{1}{(1+t^2)^2}$	是

在表 3.1 中，Tikhonov 正则项是二次型的，其扩散系数是常数，不具有边缘保持特性 [18]。全变差和变指数正则项具有边缘保持特性，但二者不满足条件 (1)，且在幅值接近零时，正则项不具有二次特性。尽管非凸函数满足条件 (1) ~ (3)，但证明模型解的存在性，唯一性仍然是一个开放的问题 [19]。

在第 1 章，能量泛函正则化模型中的正则项使用有界变差函数，而有界变差函数若与具有一定特性的势函数复合，那么复合正则项将有许多新的特性。如光滑性、紧支撑性和对称性等 [20]。但是，这并不意味着任意函数都可以作为势函数，在拟合项为凸函数的情形下，势函数需满足下列两个条件：

(1) 势函数 $\phi(s)$ 是严格的凸函数，在第一象限是非递减的，且满足

$$\lim_{s\to+\infty}\phi(s)=+\infty,\quad \phi(0)=0 \tag{3.2}$$

(2) 为保护信息的奇异特性，$\phi(s)$ 不能对幅值较大的边缘惩罚太强，一般要求满足线性增长条件，表达式为

$$c_1 s-c_2\leqslant\phi(s)=c_1 s+c_2 \tag{3.3}$$

式中，$c_1 > 0$，$c_2 \geqslant 0$。

例 3.1　为表明势函数具有光滑特性，选用四种势函数逼近有界变差函数 $\phi_1(s) = |s|$，表达式分别为

$$\begin{aligned}&\phi_2(s) = \sqrt{a + s^2}, \quad \phi_3(s) = a\left(\sqrt{1 + \frac{|s|^2}{a^2}} - 1\right) \\ &\phi_4(s) = \frac{|s|}{a} - \ln\left(1 + \frac{|s|}{a}\right), \quad \phi_5(s) = \begin{cases} \dfrac{s^2}{2a}, & |s| \leqslant a \\ |s| - \dfrac{a}{2}, & |s| > a \end{cases}\end{aligned} \tag{3.4}$$

式中，$a > 0$。

从图 3.1 可知，曲线具有光滑或分段光滑的特性，在图像去噪、去模糊、修补、生物医学成像、断层重构中得到广泛应用。然而目标优化函数关于采样数据是非线性的，造成计算比较耗时。

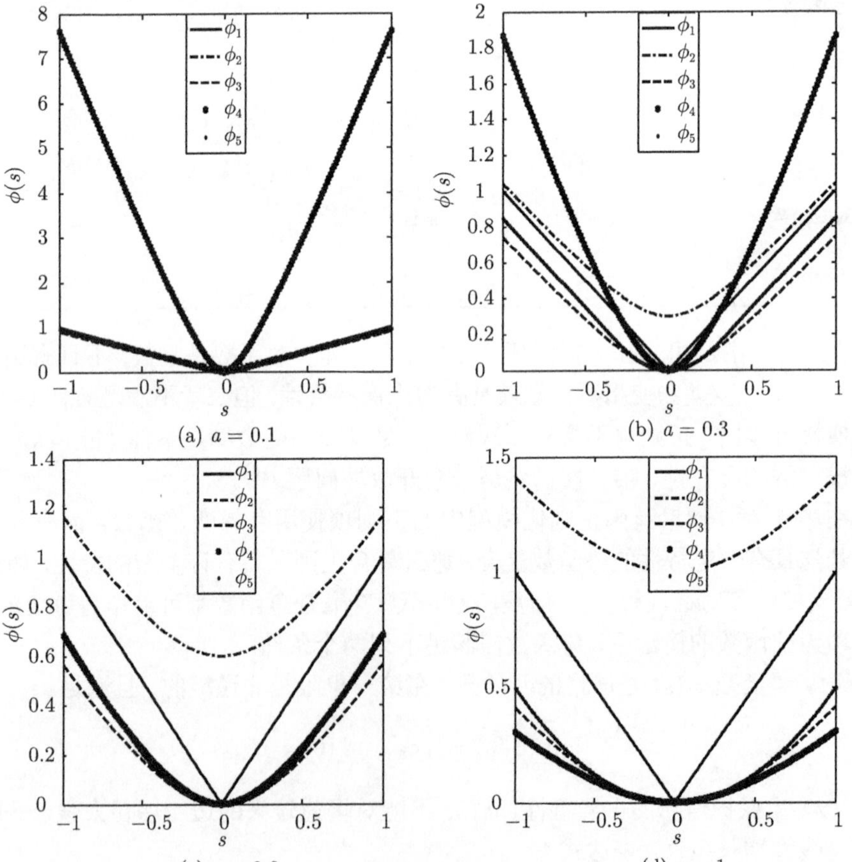

(a) $a = 0.1$　(b) $a = 0.3$

(c) $a = 0.6$　(d) $a = 1$

图 3.1　势函数曲线

3.1.2 正则项中的二元势函数

1. 乘式半二次型正则项

1992 年，Geman 和 Reynolds 首先提出乘式半二次型正则项，表达式为

$$\phi^*(s) = \sup_{b\in\mathbf{R}}\left\{-b^2|s| + \phi(b)\right\} \tag{3.5}$$

式中，sup 表示上确界；b 表示边缘；$\phi(\cdot)$ 称为势函数；$\phi^*(\cdot)$ 是 $\phi(\cdot)$ 的共轭函数。假定势函数 $\phi(b)$ 满足如下特性：

（1）$\forall b\in\mathbf{R}^+$，$\phi\left(\sqrt{b}\right)$ 是凹函数，$\lim\limits_{b\to 0}\dfrac{\phi'(b)}{b}<\infty$；

（2）$\forall b\in\mathbf{R}$，$\phi(b)$ 是凸函数，$\lim\limits_{b\to 0}\dfrac{\phi(b)}{b^2}=0$；

（3）$\forall b\in\mathbf{R}$，$\phi(b)$ 的二阶导数存在，$\phi(b)=\phi(-b)$。

那么，式（3.5）的等价表达式为

$$\phi(b) = \inf_{s\in\mathbf{R}}\left\{b^2|s| + \phi^*(s)\right\} \tag{3.6}$$

式中，inf 表示下确界。

2. 加式半二次型正则项

1995 年，Geman 和 Yang 首先提出加式半二次型正则项，表达式为

$$\phi(b) = \inf_{L\leqslant b\leqslant M}\left\{\frac{1}{2}(|b|-s)^2 + \phi^*(s)\right\} \tag{3.7}$$

假定势函数 $\phi(b)$ 满足如下特性：

（1）$\forall b\in\mathbf{R}$，$\dfrac{b^2}{2}-\phi(b)$ 是连续的凸函数；

（2）$\forall b\in\mathbf{R}$，$\lim\limits_{b\to 0}\dfrac{\phi(b)}{b^2}<\dfrac{1}{2}$；

（3）$\forall b\in\mathbf{R}$，$\phi(b)$ 的一阶导数存在，且 $\phi'(b^-)\geqslant\phi'(b^+)$。

那么，式（3.7）的等价表达式为

$$\phi^*(s) = \sup_{s\in\mathbf{R}}\left\{\phi(b) - \frac{1}{2}(|b|-s)^2\right\} \tag{3.8}$$

提出半二次型正则项的重要意义在于，将理想信号与信号的奇异特性用一个表达式来体现，打破传统信号滤波与边缘检测相分离的局面，具有里程碑的意义。从理论上来说，半二次型正则项具有滤波和边缘检测的双重作用。

3.2 半二次型能量泛函正则化模型

假定成像过程中理想物体与采集获得的图像相互独立且服从高斯分布，用最小二乘拟合成像过程，正则项用复合函数建模，则图像恢复能量泛函表达式为

$$\boldsymbol{u}^* = \inf_{\boldsymbol{u}} \{\boldsymbol{E}(\boldsymbol{u})\} \tag{3.9}$$

式中，$\boldsymbol{E}(\boldsymbol{u}) = \|\boldsymbol{Au} - \boldsymbol{g}\|_{L_2(\Omega)}^2 + \lambda \int_{\Omega} \phi(\boldsymbol{Du})\, \mathrm{d}\boldsymbol{x}$，$\phi(\cdot)$ 是连续二阶可微的凸函数，满足线性增长条件，$\boldsymbol{D}$ 是一阶微分算子，表征图像不连续特征。若矩阵 $\boldsymbol{A}^{\mathrm{T}}\boldsymbol{A}$ 是可逆的，算子 $\boldsymbol{A}$ 和 $\boldsymbol{D}$ 满足

$$\ker\left(\boldsymbol{A}^{\mathrm{T}}\boldsymbol{A}\right) \cap \ker\left(\boldsymbol{D}^{\mathrm{T}}\boldsymbol{D}\right) = \{0\} \tag{3.10}$$

那么，式（3.9）的解是唯一的。式中，$\ker(\cdot)$ 表示矩阵的核空间。

3.2.1 乘式半二次型正则化模型

若式 (3.6) 中的 $\boldsymbol{b}$、$\boldsymbol{s}$ 为矢量，由 $\boldsymbol{Du}$ 取代 $\boldsymbol{b}$，将其代入式（3.6），则有

$$\phi(\boldsymbol{Du}) = \inf_{\boldsymbol{s}\in\mathbf{R}} \left\{ \boldsymbol{s}\,|\boldsymbol{Du}|^2 + \phi^*(\boldsymbol{s}) \right\} \tag{3.11}$$

将式（3.11）代入式（3.9），获得转化的增广能量泛函，表达式为

$$(\boldsymbol{u}^*, \boldsymbol{s}^*) = \inf_{\boldsymbol{u},\boldsymbol{s}} \{\boldsymbol{E}(\boldsymbol{u}, \boldsymbol{s})\} \tag{3.12}$$

式中，$\boldsymbol{E}(\boldsymbol{u},\boldsymbol{s}) = \|\boldsymbol{Au} - \boldsymbol{g}\|_{L_2(\Omega)}^2 + \lambda \int_{\Omega} \inf_{\boldsymbol{s}} \left\{ \left(\boldsymbol{s}(\boldsymbol{Du})^2 \right) + \phi^*(\boldsymbol{s}) \right\} \mathrm{d}\boldsymbol{x}$，对偶变量 $\boldsymbol{s}$ 表示图像的奇异特征。式（3.11）将式（3.9）的解转化为辅助变量和理想图像，且辅助变量具有明确的物理含义，表征图像的奇异特征 [21]。式（3.12）是可微分函数，计算关于 $\boldsymbol{u}$、$\boldsymbol{s}$ 的一阶偏导数，从而获得梯度，表达式为

$$\boldsymbol{GE}(\boldsymbol{u},\boldsymbol{s}) = \left[2\boldsymbol{A}^{\mathrm{T}}(\boldsymbol{Au} - \boldsymbol{g}) + 2\lambda \boldsymbol{D}^{\mathrm{T}}\boldsymbol{sDu},\ \lambda\left((\boldsymbol{Du})^2 + \frac{\mathrm{d}\phi^*(\boldsymbol{s})}{\mathrm{d}\boldsymbol{s}}\right)\right] \tag{3.13}$$

计算式（3.12）关于 $\boldsymbol{u}$、$\boldsymbol{s}$ 的二阶偏导数，从而获得海森矩阵，表达式为

$$\boldsymbol{HE}(\boldsymbol{us}) = \begin{bmatrix} \boldsymbol{H}_{11} & \boldsymbol{H}_{12} \\ \boldsymbol{H}_{21} & \boldsymbol{H}_{22} \end{bmatrix} = \begin{bmatrix} 2\boldsymbol{A}^{\mathrm{T}}\boldsymbol{A} + 2\lambda\boldsymbol{D}^{\mathrm{T}}\boldsymbol{sD} & 2\lambda\boldsymbol{D}^{\mathrm{T}}\boldsymbol{Du} \\ 2\lambda\boldsymbol{DuD} & \lambda\dfrac{\mathrm{d}^2\phi^*(\boldsymbol{s})}{\mathrm{d}\boldsymbol{s}^2} \end{bmatrix} \tag{3.14}$$

3.2.2 加式半二次型正则化模型

若式 (3.7) 中的 $\boldsymbol{b}$、$\boldsymbol{s}$ 为矢量，由 $\boldsymbol{Du}$ 取代 $\boldsymbol{b}$，将其代入式 (3.7)，则有

$$\phi(\boldsymbol{Du}) = \inf_{L \leqslant \boldsymbol{s} \leqslant M} \left\{ \frac{1}{2}\left(|\boldsymbol{Du}| - \boldsymbol{s}\right)^2 + \phi^*(\boldsymbol{s}) \right\} \tag{3.15}$$

将式 (3.15) 代入式 (3.9)，获得转化的增广能量泛函，表达式为

$$(\boldsymbol{u}^*, \boldsymbol{s}^*) = \inf_{\boldsymbol{u}} \{\boldsymbol{E}(\boldsymbol{u}, \boldsymbol{s})\} \tag{3.16}$$

式中，$\boldsymbol{E}(\boldsymbol{u}, \boldsymbol{s}) = \|\boldsymbol{Au} - \boldsymbol{g}\|^2_{L_2(\Omega)} + \lambda \int_{\Omega} \inf_{\boldsymbol{s}} \left(\frac{(\boldsymbol{Du} - \boldsymbol{s})^2}{2} + \phi^*(\boldsymbol{s}) \right)$，对偶变量 $\boldsymbol{s}$ 表征图像的奇异特征，如边缘和跳跃间断点。式 (3.16) 二阶可导，求能量泛函关于 $\boldsymbol{u}$ 和 $\boldsymbol{s}$ 的一阶偏导数，获得梯度，表达式为

$$\boldsymbol{GE}(\boldsymbol{u}, \boldsymbol{s}) = \left[2\boldsymbol{A}^{\mathrm{T}}(\boldsymbol{Au} - \boldsymbol{g}) + \lambda \boldsymbol{D}^{\mathrm{T}}(\boldsymbol{Du} - \boldsymbol{s}),\ \lambda(\boldsymbol{Du} - \boldsymbol{s}) + \lambda \frac{\mathrm{d}\phi(\boldsymbol{s})}{\mathrm{d}\boldsymbol{s}} \right]^{\mathrm{T}} \tag{3.17}$$

再次求式 (3.17) 关于 $\boldsymbol{u}$ 和 $\boldsymbol{s}$ 的偏导数，获得海森矩阵，表达式为

$$\boldsymbol{HE}(\boldsymbol{u}, \boldsymbol{s}) = \begin{bmatrix} \boldsymbol{H}_{11} & \boldsymbol{H}_{12} \\ \boldsymbol{H}_{21} & \boldsymbol{H}_{22}(\boldsymbol{s}) \end{bmatrix} = \begin{bmatrix} 2\boldsymbol{A}^{\mathrm{T}}\boldsymbol{A} + \lambda \boldsymbol{D}^{\mathrm{T}}\mathbf{D} & -\lambda \boldsymbol{D}^{\mathrm{T}} \\ -\lambda \boldsymbol{D} & \lambda \boldsymbol{I} + \lambda \mathrm{diag}\left(\frac{\mathrm{d}^2 \phi^*(s_i)}{\mathrm{d}\boldsymbol{s}^2} \right) \end{bmatrix} \tag{3.18}$$

式中，$\boldsymbol{I}$ 表示单位矩阵；$\mathrm{diag}(\cdot)$ 表示对角矩阵，对角元素为 $\left\{ \frac{\mathrm{d}^2\phi^*(s_i)}{\mathrm{d}\boldsymbol{s}^2} \right\}$，$i = 1, 2, \cdots, n$。

由于 $\phi(\cdot)$ 是凸、下半连续函数，由 Fenchel 变换得到的对偶势 $\phi^*(\cdot)$ 也是凸、下半连续函数，因此 $\frac{\mathrm{d}^2\phi^*(s_i)}{\mathrm{d}\boldsymbol{s}^2} \geqslant 0$。由条件式 (3.10) 可知，海森矩阵式 (3.18) 关于 $\boldsymbol{u}$ 和 $\boldsymbol{s}$ 都是正定的，故式 (3.16) 的解是唯一的，等价表达式为

$$\boldsymbol{E}(\boldsymbol{u}) = \inf_{\boldsymbol{s}} \{\boldsymbol{E}(\boldsymbol{u}, \boldsymbol{s})\} \tag{3.19}$$

式 (3.19) 的重要意义在于，将式 (3.9) 复合函数求解转化为具有可分离变量特性的式 (3.16)，其解是恢复的理想图像和图像的边缘。

3.3 半二次型能量泛函正则化模型牛顿迭代原理

3.3.1 预条件共轭梯度迭代算法

在获得能量泛函的梯度 [22] 和海森矩阵后，可以设计牛顿迭代算法，而此算法的关键是搜索方向的确定，搜索方向可以用线性系统来描述，若线性系统的系统矩

阵具有较好的条件数，可以利用共轭梯度算法来进行求解。然而，在实际应用中，由于系统矩阵的条件数较差，无法直接应用共轭梯度迭代算法 [23]。本质上来说，共轭梯度迭代算法是牛顿迭代算法的内迭代，其性能的好坏，直接影响外迭代的收敛效率，而内迭代又可以表述为线性系统，因此涌现出许多线性系统高效求解算法，较具有影响的是利用预条件技术，改善系统矩阵的条件数。为了便于描述，假定线性系统表达式为

$$\boldsymbol{A}\boldsymbol{u} = \boldsymbol{g} \tag{3.20}$$

式中，$\boldsymbol{A}$ 是正定对称矩阵。若 $\boldsymbol{r}_0 = \boldsymbol{g} - \boldsymbol{A}\boldsymbol{u}_0$，$\boldsymbol{P}_0 = \boldsymbol{M}^{-1}\boldsymbol{r}_0$，$\boldsymbol{M}$ 为正定对称矩阵，则预条件（preconditioned）共轭梯度迭代算法步骤如下。

步骤 1 计算最优步长，表达式为

$$\tau_k = \frac{\|\boldsymbol{r}_k\|_{\boldsymbol{M}^{-1}}^2}{\|\boldsymbol{P}_k\|_{\boldsymbol{A}}^2} \tag{3.21}$$

步骤 2 更新迭代解，表达式为

$$\boldsymbol{u}_{k+1} = \boldsymbol{u}_k + \tau_k \boldsymbol{P}_k \tag{3.22}$$

步骤 3 更新残差，表达式为

$$\boldsymbol{r}_{k+1} = \boldsymbol{r}_k - \tau_k \boldsymbol{A}\boldsymbol{P}_k \tag{3.23}$$

步骤 4 计算共轭表达式为

$$\gamma_{k+1} = \frac{\|\boldsymbol{r}_{k+1}\|_{\boldsymbol{M}^{-1}}^2}{\|\boldsymbol{r}_k\|_{\boldsymbol{M}^{-1}}^2} \tag{3.24}$$

步骤 5 更新下降搜索方向

$$\boldsymbol{P}_{k+1} = \boldsymbol{M}^{-1}\boldsymbol{r}_{k+1} + \gamma_{k+1}\boldsymbol{P}_k \tag{3.25}$$

式 (3.21) ~ 式 (3.25) 称为预条件共轭梯度迭代算法。下面介绍关于此算法的一些引理及特性。

引理 3.1 预条件共轭梯度迭代算法的迭代残差 $\boldsymbol{r}_{k+1}$ 与下降方向序列的每一分量 $\{\boldsymbol{P}_1, \boldsymbol{P}_2, \cdots, \boldsymbol{P}_k\}$ 都正交。

引理 3.2 若 $\boldsymbol{u}_0 = 0$，预条件共轭梯度迭代算法的迭代残差 $\boldsymbol{r}_{k+1}$ 与线性系统方程的迭代解 $\boldsymbol{u}_{k+1}$ 正交，即 $\boldsymbol{r}_{k+1}^{\mathrm{T}}\boldsymbol{u}_{k+1} = 0$，且 $\boldsymbol{g}^{\mathrm{T}}\boldsymbol{u}_{k+1} = \|\boldsymbol{u}_{k+1}\|_{\boldsymbol{A}}^2$。

证明 由式 (3.22)，则

$$\boldsymbol{u}_{k+1} = \boldsymbol{u}_0 + \sum_{i=0}^{k} \tau_i \boldsymbol{P}_i \tag{3.26}$$

对式 (3.26) 两边同时乘 $\boldsymbol{r}_{k+1}^{\mathrm{T}}$，则有

$$\boldsymbol{r}_{k+1}^{\mathrm{T}}\boldsymbol{u}_{k+1}=\boldsymbol{r}_{k+1}^{\mathrm{T}}\boldsymbol{u}_0+\boldsymbol{r}_{k+1}^{\mathrm{T}}\sum_{i=0}^{k}\tau_i\boldsymbol{P}_i \tag{3.27}$$

由引理 3.1，则有 $\boldsymbol{r}_{k+1}^{\mathrm{T}}\boldsymbol{u}_{k+1}=0$。由式 (3.22) 和式 (3.23)，则有

$$\boldsymbol{r}_{k+1}=\boldsymbol{r}_k-\boldsymbol{A}\left(\boldsymbol{u}_{k+1}-\boldsymbol{u}_k\right) \tag{3.28}$$

利用递推关系，则有

$$\boldsymbol{r}_{k+1}=\boldsymbol{r}_0-\boldsymbol{A}\left(\boldsymbol{u}_{k+1}-\boldsymbol{u}_0\right)=\boldsymbol{g}-\boldsymbol{A}\boldsymbol{u}_{k+1} \tag{3.29}$$

等式转置后，两边同乘 $\boldsymbol{u}_{k+1}$，则有

$$\boldsymbol{r}_{k+1}^{\mathrm{T}}\boldsymbol{u}_{k+1}=\boldsymbol{g}^{\mathrm{T}}\boldsymbol{u}_{k+1}-\boldsymbol{u}_{k+1}^{\mathrm{T}}\boldsymbol{A}\boldsymbol{u}_{k+1} \tag{3.30}$$

由 $\boldsymbol{r}_{k+1}^{\mathrm{T}}\boldsymbol{u}_{k+1}=0$，则有 $\boldsymbol{g}^{\mathrm{T}}\boldsymbol{u}_{k+1}=\boldsymbol{u}_{k+1}^{\mathrm{T}}\boldsymbol{A}\boldsymbol{u}_{k+1}$。

引理 3.3 若 $\boldsymbol{u}_0=0$，预条件共轭梯度迭代算法的迭代解是非递减的，用预条件矩阵表示为

$$\boldsymbol{u}_{k+1}^{\mathrm{T}}\boldsymbol{M}\boldsymbol{u}_{k+1}\geqslant\boldsymbol{u}_k^{\mathrm{T}}\boldsymbol{M}\boldsymbol{u}_k \tag{3.31}$$

证明 对式 (3.22) 两边取预条件矩阵 $\boldsymbol{M}$ 的 L_2 范数，则有

$$\boldsymbol{u}_{k+1}^{\mathrm{T}}\boldsymbol{M}\boldsymbol{u}_{k+1}=\boldsymbol{u}_k^{\mathrm{T}}\boldsymbol{M}\boldsymbol{u}_k+\tau_k^2\boldsymbol{P}_k^{\mathrm{T}}\boldsymbol{M}\boldsymbol{P}_k+2\tau_k\boldsymbol{u}_k^{\mathrm{T}}\boldsymbol{M}\boldsymbol{P}_k \tag{3.32}$$

由于 $\tau_k^2\boldsymbol{P}_k^{\mathrm{T}}\boldsymbol{M}\boldsymbol{P}_k\geqslant 0$，有

$$\boldsymbol{u}_{k+1}^{\mathrm{T}}\boldsymbol{M}\boldsymbol{u}_{k+1}\geqslant\boldsymbol{u}_k^{\mathrm{T}}\boldsymbol{M}\boldsymbol{u}_k+2\tau_k\boldsymbol{u}_k^{\mathrm{T}}\boldsymbol{M}\boldsymbol{P}_k \tag{3.33}$$

若使命题成立，必须证明 $2\tau_k\boldsymbol{u}_k^{\mathrm{T}}\boldsymbol{M}\boldsymbol{P}_k\geqslant 0$。由式 (3.25)，则有

$$\boldsymbol{u}_{k+1}^{\mathrm{T}}\boldsymbol{M}\boldsymbol{P}_{k+1}=\boldsymbol{u}_{k+1}^{\mathrm{T}}\boldsymbol{r}_{k+1}+\gamma_k\boldsymbol{u}_{k+1}^{\mathrm{T}}\boldsymbol{M}\boldsymbol{P}_k \tag{3.34}$$

对式 (3.34) 应用引理 3.2，则有

$$\boldsymbol{u}_{k+1}^{\mathrm{T}}\boldsymbol{M}\boldsymbol{P}_{k+1}=\gamma_k\boldsymbol{u}_{k+1}^{\mathrm{T}}\boldsymbol{M}\boldsymbol{P}_k \tag{3.35}$$

将式 (3.22) 代入式 (3.35)，则有

$$\boldsymbol{u}_{k+1}^{\mathrm{T}}\boldsymbol{M}\boldsymbol{P}_{k+1}=\gamma_k\left(\boldsymbol{u}_k^{\mathrm{T}}\boldsymbol{M}\boldsymbol{P}_k+\tau_k\boldsymbol{P}_k^{\mathrm{T}}\boldsymbol{M}\boldsymbol{P}_k\right) \tag{3.36}$$

对式 (3.36) 进行递归调用，则有

$$\boldsymbol{u}_{k+1}^{\mathrm{T}}\boldsymbol{M}\boldsymbol{P}_{k+1}=\gamma_k\left(\boldsymbol{u}_0^{\mathrm{T}}\boldsymbol{M}\boldsymbol{P}_0+\sum_{k=0}^{k}\tau_k\boldsymbol{P}_k^{\mathrm{T}}\boldsymbol{M}\boldsymbol{P}_k\right) \tag{3.37}$$

因为 $\boldsymbol{u}_0^{\mathrm{T}}\boldsymbol{M}\boldsymbol{P}_0=0$，$\sum\limits_{k=0}^{k}\tau_k\boldsymbol{P}_k^{\mathrm{T}}\boldsymbol{M}\boldsymbol{P}_k\geqslant 0$，故 $\boldsymbol{u}_{k+1}^{\mathrm{T}}\boldsymbol{M}\boldsymbol{P}_{k+1}\geqslant 0$。证毕。

3.3.2　半二次型能量泛函正则化模型牛顿迭代算法

给定半二次型能量泛函后，通过对偶变换，将原始能量泛函转化为增广能量泛函，通过对能量泛函进行一阶、二阶变分，获得增广能量泛函的梯度和海森矩阵。对能量泛函 $\boldsymbol{E}(\boldsymbol{u},\boldsymbol{s})$ 在 $(\boldsymbol{u}_k,\boldsymbol{s}_k)$ 处进行泰勒展开，则有

$$\begin{aligned}\boldsymbol{E}(\boldsymbol{u}_{k+1},\boldsymbol{s}_{k+1}) =& \boldsymbol{E}(\boldsymbol{u}_k,\boldsymbol{s}_k)+\begin{bmatrix}\Delta\boldsymbol{u}_k\\ \Delta\boldsymbol{s}_k\end{bmatrix}^{\mathrm{T}}\boldsymbol{GE}(\boldsymbol{u}_k,\boldsymbol{s}_k)\\ &+\begin{bmatrix}\Delta\boldsymbol{u}_k\\ \Delta\boldsymbol{s}_k\end{bmatrix}^{\mathrm{T}}\boldsymbol{HE}(\boldsymbol{u}_k,\boldsymbol{s}_k)\begin{bmatrix}\Delta\boldsymbol{u}_k\\ \Delta\boldsymbol{s}_k\end{bmatrix}+o\begin{pmatrix}\Delta\boldsymbol{u}_k\\ \Delta\boldsymbol{s}_k\end{pmatrix}\end{aligned}\tag{3.38}$$

式中，$o\begin{pmatrix}\Delta\boldsymbol{u}_k\\ \Delta\boldsymbol{s}_k\end{pmatrix}$ 表示高阶无穷小。若使式（3.38）取得极小值，则有

$$\boldsymbol{HE}(\boldsymbol{u}_k,\boldsymbol{s}_k)\boldsymbol{P}_k=\boldsymbol{GE}(\boldsymbol{u}_k,\boldsymbol{s}_k)\tag{3.39}$$

式中，$\boldsymbol{P}_k=\begin{bmatrix}\Delta\boldsymbol{u}_k\\ \Delta\boldsymbol{s}_k\end{bmatrix}$ 表示梯度搜索方向。利用不动点迭代原理，则能量泛函的解更新迭代表达式为

$$\begin{bmatrix}\boldsymbol{u}_{k+1}\\ \boldsymbol{s}_{k+1}\end{bmatrix}=\begin{bmatrix}\boldsymbol{u}_k\\ \boldsymbol{s}_k\end{bmatrix}+\omega_k\boldsymbol{P}_k\tag{3.40}$$

式（3.40）称为牛顿迭代算法，ω_k 为迭代算法搜索步长。为使迭代算法最快收敛到能量泛函的最优解，将式（3.40）代入能量泛函，则步长的确定转化为如下最优表达式：

$$\omega_k=\underset{\omega}{\operatorname{argmin}}\left\{\boldsymbol{E}\begin{pmatrix}\boldsymbol{u}_{k+1}\\ \boldsymbol{s}_{k+1}\end{pmatrix}\right\}\tag{3.41}$$

式中，$\boldsymbol{E}\begin{pmatrix}\boldsymbol{u}_{k+1}\\ \boldsymbol{s}_{k+1}\end{pmatrix}=\boldsymbol{E}\left(\begin{bmatrix}\boldsymbol{u}_k\\ \boldsymbol{s}_k\end{bmatrix}+\omega\boldsymbol{P}_k\right)$。

由式（3.40）可知，将目标函数的解用迭代的形式来表示，问题的关键是，当表达式（3.40）收敛时，能量泛函若要收敛到目标函数的最小值，就必须要求目标函数的定义域与值域都具有封闭性。而在算法收敛过程中，若步长选择不当，可能导致所研究问题的解不具有封闭特性，从而导致迭代算法失败。为此，必须保证解的封闭特性，同时明确步长对解的影响及确定规则。

引理 3.4　若给定步长 ω_k 和搜索方向 $\boldsymbol{P}_k$，存在最优解 $\begin{pmatrix}\boldsymbol{u}^*\\ \boldsymbol{s}^*\end{pmatrix}$，目标函数存在最优值 $\boldsymbol{E}\begin{pmatrix}\boldsymbol{u}^*\\ \boldsymbol{s}^*\end{pmatrix}$，假设 $\boldsymbol{P}$ 为常数，存在迭代序列 $\lim\limits_{k\to\infty}\{\boldsymbol{P}_k\}\to\boldsymbol{P}$，$\lim\limits_{k\to\infty}\begin{pmatrix}\boldsymbol{u}_{k+1}\\ \boldsymbol{s}_{k+1}\end{pmatrix}\to\begin{pmatrix}\boldsymbol{u}^*\\ \boldsymbol{s}^*\end{pmatrix}$，那么 $\lim\limits_{k\to\infty}\boldsymbol{E}\begin{pmatrix}\boldsymbol{u}_{k+1}\\ \boldsymbol{s}_{k+1}\end{pmatrix}\to\boldsymbol{E}\begin{pmatrix}\boldsymbol{u}^*\\ \boldsymbol{s}^*\end{pmatrix}$ 成立，则目标函数的解封闭。

证明 由式 (3.40)，则有

$$\omega_k = \left| \begin{matrix} \boldsymbol{u}_{k+1} - \boldsymbol{u}_k \\ \boldsymbol{s}_{k+1} - \boldsymbol{s}_k \end{matrix} \right| / |\boldsymbol{P}_k| \tag{3.42}$$

对式 (3.42) 两边取极限，则有

$$\omega_k \to \omega \equiv \left| \begin{matrix} \boldsymbol{u}^* - \boldsymbol{u} \\ \boldsymbol{s}^* - \boldsymbol{s} \end{matrix} \right| / |\boldsymbol{P}| \tag{3.43}$$

那么式 (3.40) 变为

$$\begin{bmatrix} \boldsymbol{u}^* \\ \boldsymbol{s}^* \end{bmatrix} = \begin{bmatrix} \boldsymbol{u} \\ \boldsymbol{s} \end{bmatrix} + \omega \boldsymbol{P} \tag{3.44}$$

为使命题成立，需要证明最优解在定义域中，表达式为

$$\begin{pmatrix} \boldsymbol{u}^* \\ \boldsymbol{s}^* \end{pmatrix} \in \varOmega\left(\begin{pmatrix} \boldsymbol{u} \\ \boldsymbol{s} \end{pmatrix}, \boldsymbol{P}\right) \tag{3.45}$$

式中，$\varOmega(\cdot)$ 表示定义域。

对于任意次迭代和步长，因为目标函数若取得最小值，则必须满足

$$\boldsymbol{E}\begin{pmatrix} \boldsymbol{u}_{k+1} \\ \boldsymbol{s}_{k+1} \end{pmatrix} \leqslant \boldsymbol{E}\left(\begin{bmatrix} \boldsymbol{u}_k \\ \boldsymbol{s}_k \end{bmatrix} + \omega \boldsymbol{P}_k\right) \tag{3.46}$$

对式 (3.46) 两边取极限，则有

$$\boldsymbol{E}\begin{pmatrix} \boldsymbol{u}^* \\ \boldsymbol{s}^* \end{pmatrix} \leqslant \boldsymbol{E}\left(\begin{bmatrix} \boldsymbol{u} \\ \boldsymbol{s} \end{bmatrix} + \omega \boldsymbol{P}\right) \tag{3.47}$$

那么

$$\boldsymbol{E}\begin{pmatrix} \boldsymbol{u}^* \\ \boldsymbol{s}^* \end{pmatrix} = \inf_{0 \leqslant \omega < \infty} \boldsymbol{E}\left(\begin{bmatrix} \boldsymbol{u} \\ \boldsymbol{s} \end{bmatrix} + \omega \boldsymbol{P}\right) \tag{3.48}$$

证毕。

3.3.3 迭代算法步长的确定

对于步长的确定，目前精确的线性搜索算法主要有黄金分割法、二次插值法；不精确线性搜索算法主要有 Armijo 准则、Goldstein 准则、Wolfe 准则、BB 准则及改进的 BB 准则。

1. Armijo 准则（图 3.2）

给定 $\rho \in \left(\frac{1}{2}\right)$，$\tau > 0$，Armijo 准则表达式为

$$E\left(x_k + \omega P_k\right) \leqslant E\left(x_k\right) + \rho\omega\left[\nabla E\left(x_k\right)\right]^{\mathrm{T}} P_k \tag{3.49}$$

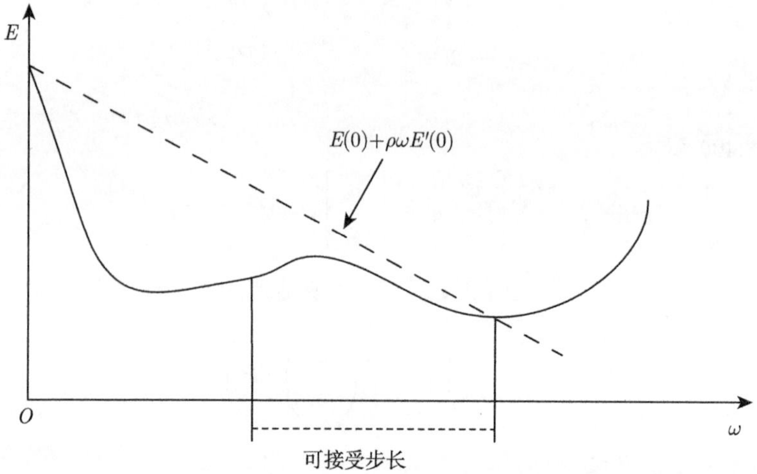

图 3.2　Armijo 准则确定的步长

2. Goldstein 准则（图 3.3）

首先利用目标函数确定步长的取值范围，表达式为

$$\Lambda = \left\{\omega | E\left(x_k\right) \geqslant E\left(x_k + \omega P_k\right)\right\} \tag{3.50}$$

为保证目标函数充分下降，选择的步长必须远离区间的两个端点，除必须满足式（3.49）外，还必须满足下列条件，表达式为

$$E\left(x_k + \omega P_k\right) \geqslant E\left(x_k\right) + (1-\rho)\,\omega\left[\nabla E\left(x_k\right)\right]^{\mathrm{T}} P_k \tag{3.51}$$

式（3.49）远离右端点，式（3.51）远离左端点，二者确定步长选择的区间，当步长取值属于上述两个条件确定的区间时，则称为可接受步长，$\rho \in \left(0, \frac{1}{2}\right)$。

令 $E(\omega) = E\left(x_k + \omega P_k\right)$，式（3.49）和式（3.51）可以分别表示为

$$E\left(\omega_k\right) = E(0) + \rho\omega_k \nabla E(0) \tag{3.52}$$

$$E\left(\omega_k\right) = E(0) + (1-\rho)\,\omega_k \nabla E(0) \tag{3.53}$$

讨论：限制条件 $\rho \in \left(0, \dfrac{1}{2}\right)$ 是必要的，如果目标函数 $E(\omega)$ 是二次函数，满足 $\boldsymbol{\nabla} E(0) < 0$，$\boldsymbol{\nabla}^2 E(0) > 0$，那么目标函数步长的最小值满足

$$E(\omega^*) = E(0) + \frac{1}{2}\omega^* \boldsymbol{\nabla} E(0) \tag{3.54}$$

当且仅当 $\rho \in \left(0, \dfrac{1}{2}\right)$，最优步长 ω^* 满足式（3.54），从而保证牛顿迭代算法、拟牛顿迭代算法具有超线性收敛特性。

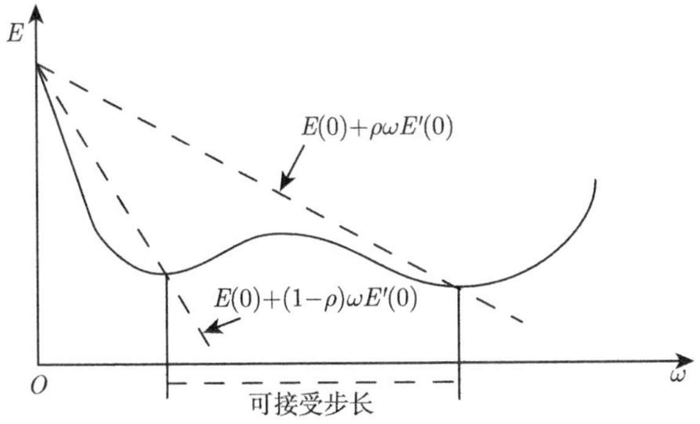

图 3.3 Goldstein 准则确定的步长

3. Wolfe 准则（图 3.4）

为保证最优步长在可接受的区间范围内，Wolfe-Powell 在 Armijo 准则的基础上，给出与目标函数斜率有关的限制条件，表达式为

$$[\boldsymbol{\nabla} E(x_{k+1})]^{\mathrm{T}} P_k \geqslant \sigma [\boldsymbol{\nabla} E(x_k)]^{\mathrm{T}} P_k \tag{3.55}$$

式中，$\sigma \in (\rho, 1)$。式（3.49）与式（3.55）称为 Wolfe 准则。

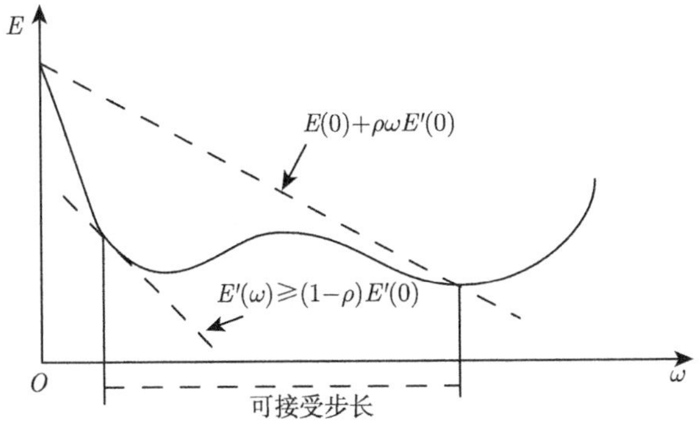

图 3.4 Wolfe 准则确定的步长

4. BB 准则

若目标函数的拟合项为二次型，正则项为 $\phi_2(x)=\sqrt{a+x^2}$，目标函数记为 $E(x_k)$，光滑且二阶导数存在，梯度迭代 $x_{k+1}=x_k-\omega_k\nabla E(x_{k+1})$，步长可以通过最小化目标函数来确定，表达式为

$$\omega_k=\underset{\omega}{\operatorname{argmin}}\,E(s_k-\omega\nabla E_k) \tag{3.56}$$

步长更新 BB 准则表达式为

$$\omega_k=\frac{s_k^{\mathrm{T}}s_k}{s_k^{\mathrm{T}}\nabla E_k} \tag{3.57}$$

式中，$s_k=x_k-x_{k-1}$，$\nabla E_k=\nabla E(x_k)-\nabla E(x_{k-1})$。

对于给定的二次型正则化模型，相应的步长更新准则表达式为

$$\boldsymbol{\omega}_k=\underset{\boldsymbol{\omega}}{\operatorname{argmin}}\,E(\boldsymbol{\Gamma}_k-\boldsymbol{\omega}\nabla\boldsymbol{E}_k) \tag{3.58}$$

步长更新 BB 准则表达式为

$$\boldsymbol{\omega}_k=\frac{\boldsymbol{\Gamma}_k^{\mathrm{T}}\boldsymbol{\Gamma}_k}{\boldsymbol{\Gamma}_k^{\mathrm{T}}\nabla E_k} \tag{3.59}$$

式中，$\boldsymbol{\Gamma}_k=\begin{pmatrix}\boldsymbol{u}_k\\ \boldsymbol{s}_k\end{pmatrix}-\begin{pmatrix}\boldsymbol{u}_{k-1}\\ \boldsymbol{s}_{k-1}\end{pmatrix}$，$\nabla\boldsymbol{E}_k=\nabla\boldsymbol{E}\begin{pmatrix}\boldsymbol{u}_k\\ \boldsymbol{s}_k\end{pmatrix}-\nabla\boldsymbol{E}\begin{pmatrix}\boldsymbol{u}_{k-1}\\ \boldsymbol{s}_{k-1}\end{pmatrix}$。

例 3.2 用式 (1.8) 作为拟合项，用式 (1.14) 作为正则项，组成能量泛函正则化模型，$\alpha=0.001, k=400$。图 3.5 为用梯度最速下降算法恢复退化的 Rose 图像。图 3.6 为能量泛函的能量及 BB 步长更新随着迭代次数的变化。

(a) 原始Rose 图像　(b) 降质图像(25.79dB)

(c) 最速下降算法恢复

图 3.5 Rose 图像用梯度最速下降算法恢复

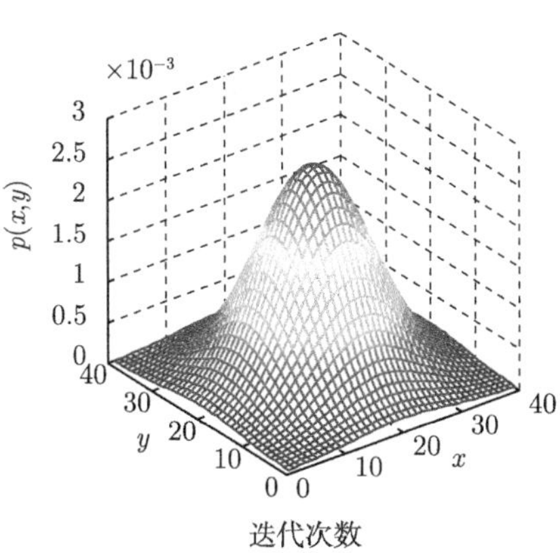

(a) 形成矩阵的点扩散函数

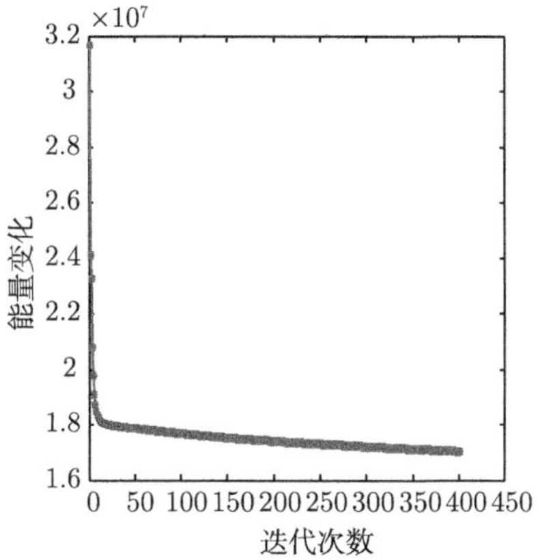

(b) 能量随迭代次数的变化

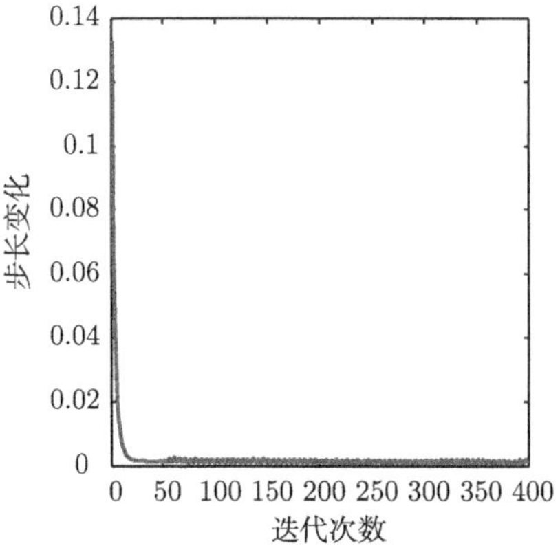

(c) BB步长迭代400次的变化

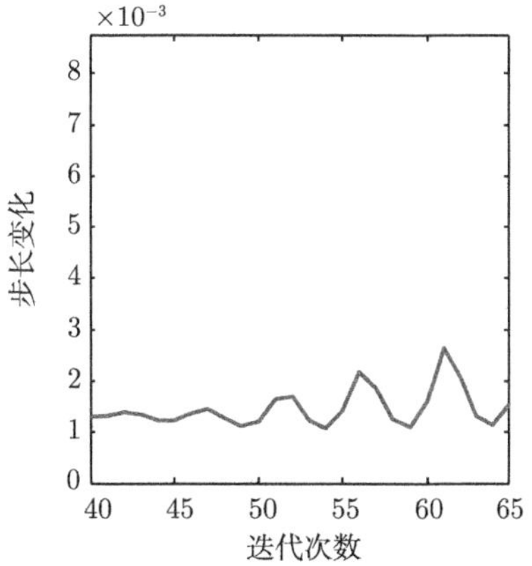

(d) 局部放大BB步长迭代40~65次的变化

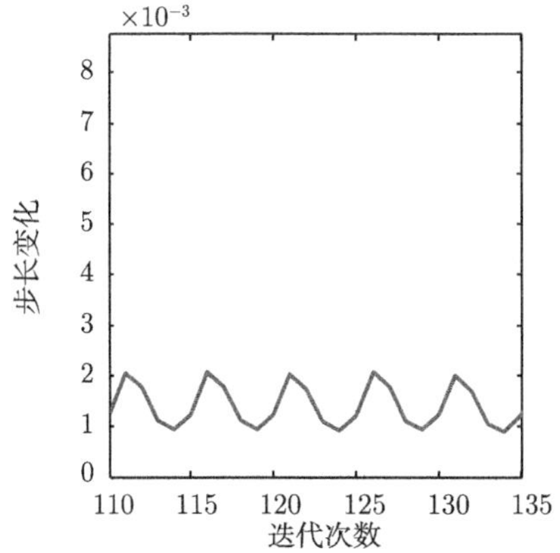

(e) 局部放大BB步长迭代110~135次的变化

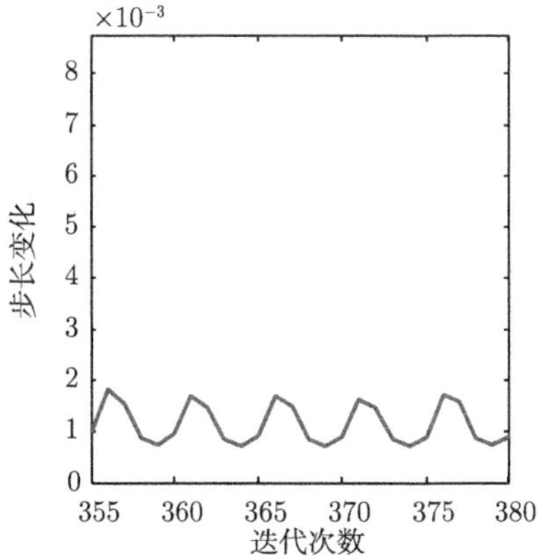

(f) 局部放大BB步长迭代355~380次的变化

图 3.6 能量泛函的能量及 BB 步长更新随迭代次数的变化

5. 改进的 BB 准则

为使算法具有更快的收敛速度，即 $\boldsymbol{\omega}_k\boldsymbol{HE}_k$，则步长最小化表达式为

$$\boldsymbol{\omega}_k^1=\underset{\boldsymbol{\omega}_k}{\operatorname{argmin}}\left\|\boldsymbol{\Gamma}_k-(\boldsymbol{\omega}\boldsymbol{HE}_k)^{-1}\nabla\boldsymbol{E}_k\right\| \tag{3.60}$$

其另一种优化表达式为

$$\boldsymbol{\omega}_k^2=\underset{\boldsymbol{\omega}_k}{\operatorname{argmin}}\left\|(\boldsymbol{\omega}\boldsymbol{HE}_k)\boldsymbol{\Gamma}_k-\nabla\boldsymbol{E}_k\right\| \tag{3.61}$$

则对应的步长更新准则为

$$\boldsymbol{\omega}_k^1=\frac{\boldsymbol{\Gamma}_k^{\mathrm{T}}(\boldsymbol{HE}_k)\boldsymbol{\Gamma}_k}{\boldsymbol{\Gamma}_k^{\mathrm{T}}(\boldsymbol{HE}_k)(\boldsymbol{HE}_k)\nabla\boldsymbol{E}_k},\quad \boldsymbol{\omega}_k^2=\frac{\boldsymbol{\Gamma}_k^{\mathrm{T}}\left(\boldsymbol{HE}_{\boldsymbol{k}}^{-1}\right)\ \left(\boldsymbol{HE}_{\boldsymbol{k}}^{-1}\right)\boldsymbol{\Gamma}_k}{\boldsymbol{\Gamma}_k^{\mathrm{T}}\left(\boldsymbol{HE}_{\boldsymbol{k}}^{-1}\right)\ \nabla\boldsymbol{E}_k} \tag{3.62}$$

式中，$\boldsymbol{\Gamma}_k$ 和 $\nabla\boldsymbol{E}_k$ 的含义同式（3.59）。若海森矩阵不具有特殊结构，计算其逆矩阵比较耗时，在进行处理时往往用可逆矩阵来逼近；若海森矩阵 $\boldsymbol{HE}_k$ 为单位矩阵，即 $\boldsymbol{HE}_k=\boldsymbol{I}$，则式（3.62）转化为式（3.59）。

3.3.4 半二次型能量泛函正则化模型牛顿迭代算法收敛特性

对于式（3.9），经对偶变换后，获得乘式（3.11）、加式（3.15）增广表达式，那么如何对问题求解是解决问题的关键。由于增广表达式中的两个向量耦合，从梯度表达式（3.13）和式（3.17）可知。为进行解耦，可以采用交替迭代算法，算法描述如下。

（1）给定 $\boldsymbol{u}_{k-1}$，通过最小化式，获得 $\boldsymbol{s}_k$，表达式为

$$\boldsymbol{E}(\boldsymbol{u}_{k-1},\boldsymbol{s}_k)\leqslant\underset{\boldsymbol{s}}{\operatorname{argmin}}\,\boldsymbol{E}(\boldsymbol{u}_{k-1},\boldsymbol{s}) \tag{3.63}$$

（2）给定 $\boldsymbol{s}_k$，通过最小化式，获得 $\boldsymbol{u}_k$，表达式为

$$\boldsymbol{E}(\boldsymbol{u}_k,\boldsymbol{s}_k)\leqslant\underset{\boldsymbol{s}}{\operatorname{argmin}}\,\boldsymbol{E}(\boldsymbol{u},\boldsymbol{s}_k) \tag{3.64}$$

若式（3.63）具有封闭表达式，则可用下列函数来描述，表达式为

$$\boldsymbol{s}_k=f(\boldsymbol{u}_{k-1}) \tag{3.65}$$

若式（3.64）具有封闭表达式，则可用下列函数来描述，表达式为

$$\boldsymbol{u}_k=\delta(\boldsymbol{s}_k) \tag{3.66}$$

能量泛函具有标准形式（3.9），乘式二次型正则项满足条件式（3.2）和式（3.3），通过对正则项进行 Fenchel 变换，获得对偶表达式（3.12），假设正则项的二阶导数存在，$\lim\limits_{t\to0}\dfrac{\phi''(t)}{t}$ 有意义，且满足表达式

$$\phi''(t)\ t < 2\phi'(t), \quad \phi''(t) > 0 \tag{3.67}$$

引理 3.5 若 $\boldsymbol{A}^{\mathrm{T}}\boldsymbol{A}$ 可逆，或满足条件式（3.67），若正则化模型的最优解 $\boldsymbol{u}^*$ 存在，那么由式（3.65）和式（3.66）交替迭代产生的序列 $\{\boldsymbol{u}_k\}_{k=1,2,\cdots,n}$，那么序列 $\{\boldsymbol{u}_k\}_{k=1,2,\cdots,n}$ 线性收敛于 $\boldsymbol{u}^*$，表达式为

$$\frac{\|\boldsymbol{u}^* - \boldsymbol{u}_k\|}{\|\boldsymbol{u}^* - \boldsymbol{u}_{k-1}\|} \leqslant \Theta < 1 \tag{3.68}$$

证明 因为

$$\boldsymbol{u}_{k+1} = \boldsymbol{u}_k - \left[\boldsymbol{\nabla}^2 E(\boldsymbol{u}_k)\right]^{-1} \boldsymbol{\nabla} E(\boldsymbol{u}_k) \tag{3.69}$$

对式（3.69）两边同时减去最优解，则有表达式

$$\boldsymbol{u}_{k+1} - \boldsymbol{u}^* = \boldsymbol{u}_k - \boldsymbol{u}^* - \left[\boldsymbol{\nabla}^2 \boldsymbol{E}(\boldsymbol{u}_k)\right]^{-1} \boldsymbol{\nabla} \boldsymbol{E}(\boldsymbol{u}_k) \tag{3.70}$$

两边同时乘以海森矩阵，则有

$$\left[\boldsymbol{\nabla}^2 \boldsymbol{E}(\boldsymbol{u}_k)\right](\boldsymbol{u}_{k+1} - \boldsymbol{u}^*) = \left[\boldsymbol{\nabla}^2 \boldsymbol{E}(\boldsymbol{u}_k)\right](\boldsymbol{u}_k - \boldsymbol{u}^*) - \boldsymbol{\nabla} \boldsymbol{E}(\boldsymbol{u}_k) \tag{3.71}$$

令 $g(\omega) = \boldsymbol{\nabla} \boldsymbol{E}(\boldsymbol{u}^* + \omega(\boldsymbol{u}_k - \boldsymbol{u}^*))$，则 $g(\omega) = 0$，$g'(\omega) = \left[\boldsymbol{\nabla}^2 \boldsymbol{E}(\boldsymbol{u}^* + \omega(\boldsymbol{u}_k - \boldsymbol{u}^*))\right] \cdot (\boldsymbol{u}_k - \boldsymbol{u}^*)$。应用牛顿–莱布尼茨公式，则有

$$g(1) = \boldsymbol{\nabla} \boldsymbol{E}(\boldsymbol{u}_k) = \int_0^1 g'(\omega)\mathrm{d}\omega = \int_0^1 \left[\boldsymbol{\nabla}^2 \boldsymbol{E}(\boldsymbol{u}^* + \omega(\boldsymbol{u}_k - \boldsymbol{u}^*))\right](\boldsymbol{u}_k - \boldsymbol{u}^*)\mathrm{d}\omega \tag{3.72}$$

将式（3.72）代入式（3.71），则有

$$\begin{aligned}&\left[\boldsymbol{\nabla}^2 \boldsymbol{E}(\boldsymbol{u}_k)\right](\boldsymbol{u}_{k+1} - \boldsymbol{u}^*)\\ &= \left[\boldsymbol{\nabla}^2 \boldsymbol{E}(\boldsymbol{u}_k)\right](\boldsymbol{u}_k - \boldsymbol{u}^*) - \int_0^1 \left[\boldsymbol{\nabla}^2 \boldsymbol{E}(\boldsymbol{u}^* + \omega(\boldsymbol{u}_k - \boldsymbol{u}^*))\right]\mathrm{d}\omega(\boldsymbol{u}_k - \boldsymbol{u}^*)\end{aligned} \tag{3.73}$$

$$\begin{aligned}&\left[\boldsymbol{\nabla}^2 \boldsymbol{E}(\boldsymbol{u}_k)\right](\boldsymbol{u}_{k+1} - \boldsymbol{u}^*)\\ &= \left(\left[\boldsymbol{\nabla}^2 \boldsymbol{E}(\boldsymbol{u}_k)\right] - \int_0^1 \left[\boldsymbol{\nabla}^2 \boldsymbol{E}(\boldsymbol{u}^* + \omega(\boldsymbol{u}_k - \boldsymbol{u}^*))\right]\mathrm{d}\omega\right)(\boldsymbol{u}_k - \boldsymbol{u}^*)\end{aligned} \tag{3.74}$$

估计表达式两端的范数，则有

$$\left\|\left[\boldsymbol{\nabla}^2 \boldsymbol{E}(\boldsymbol{u}_k)\right](\boldsymbol{u}_{k+1} - \boldsymbol{u}^*)\right\|$$

$$\leqslant \left(\int_0^1 \left\| \nabla^2 \boldsymbol{E}\left(\boldsymbol{u}_k\right) - \nabla^2 \boldsymbol{E}\left(\boldsymbol{u}^* + \omega\left(\boldsymbol{u}_k - \boldsymbol{u}^*\right)\right) \right\| \mathrm{d}\omega \right) \left\| \boldsymbol{u}_k - \boldsymbol{u}^* \right\| \tag{3.75}$$

因为海森矩阵是正定的，则式（3.75）转化为

$$\frac{\left\|\boldsymbol{u}_{k+1} - \boldsymbol{u}^*\right\|}{\left\|\boldsymbol{u}_k - \boldsymbol{u}^*\right\|} \leqslant \frac{\left(\int_0^1 \left\| \nabla^2 \boldsymbol{E}\left(\boldsymbol{u}_k\right) - \nabla^2 \boldsymbol{E}\left(\boldsymbol{u}^* + \omega\left(\boldsymbol{u}_k - \boldsymbol{u}^*\right)\right) \right\| \mathrm{d}\omega \right)}{\nabla^2 \boldsymbol{E}\left(\boldsymbol{u}_k\right)} \leqslant \frac{o\left(\boldsymbol{u}_k - \boldsymbol{u}^*\right)}{M} \tag{3.76}$$

因为海森矩阵 $\nabla^2 \boldsymbol{E}\left(\boldsymbol{u}_k\right) \leqslant M$，且是连续的，令 $\Theta = \dfrac{o\left(\boldsymbol{u}_k - \boldsymbol{u}^*\right)}{M}$，所以有

$$\frac{\left\|\boldsymbol{u}_{k+1} - \boldsymbol{u}^*\right\|}{\left\|\boldsymbol{u}_k - \boldsymbol{u}^*\right\|} \leqslant \Theta < 1 \tag{3.77}$$

证毕。

3.3.5　半二次型能量泛函正则化模型在图像恢复中的应用

图 3.7（a）是原始图像，图 3.7（b）是受高斯噪声和系统模糊的图像，图像比较模糊，许多边缘丢失。图 3.7（c）是利用 deconvwnr（）函数进行恢复，其属于维纳滤波器 [24]，图像恢复效果比较差，图像的边缘几乎全部丢失。这是由于 deconvwnr（）函数利用拟合项，试图利用成像系统的逆矩阵获得理想图像，然而成像系统的条

(a) 原始图像

(b) 降质图像(25.79dB)

(c) deconvwnr(14.07dB)

(d) deconvreg(33.29dB)

(e) FISTA (34.33dB)

(f) 牛顿迭代算法 (35.62dB)

图 3.7　不同算法恢复性能对比

件数较大，造成获得的解非常不理想。图 3.7（d）是利用 deconvreg（）函数，用理想解的 L_2 范数作为正则项，将目标函数转化为由拟合项和正则项组成的能量泛函，获得的图像比较光滑。图 3.7（e）是利用 FISTA 恢复的图像，图像恢复效果好于 deconvwnr（）和 deconvreg（）函数恢复效果，这是由于 FISTA 使用有界变差范数作为正则项，其有利于描述解的奇异特征，因此获得的恢复图像比较理想。图 3.7（f）是利用牛顿迭代算法恢复的图像，图像恢复获得的 PSNR 高于 FISTA，说明牛顿迭代算法优于 FISTA。

3.4 半二次型能量泛函正则化模型交替迭代原理

一般对于二次型正则化模型，如果拟合项与正则项都是连续光滑函数，可以设计基于梯度的最速下降算法、牛顿投影迭代算法。但这要求能量泛函的梯度和海森矩阵容易计算，且规模较小，如果海森矩阵的规模较大且不具有特殊结构，那么牛顿迭代算法就比较耗时。尽管可以利用预条件原理，使得预条件矩阵与海森矩阵的乘积具有特殊结构，如形成对角矩阵、分块对角矩阵、三对角矩阵、下三角矩阵和上三角矩阵等，但在实际使用中，这对矩阵处理要求较高，往往无法获得理想的预条件矩阵。虽然利用矩阵逼近理论，如奇异值分解、主成分分析技术可以获得海森矩阵的逼近矩阵，但矩阵的截断误差造成的逼近精度往往难以达到预期效果。

在交替算法迭代过程中，能量泛函产生迭代序列 $\boldsymbol{E}(\boldsymbol{u}_k, \boldsymbol{s}_{k+1})$，给定 $\boldsymbol{u}_k$，能量泛函获得关于 $\boldsymbol{E}(\boldsymbol{u}_k)$ 的最小值，令 $\boldsymbol{E}(\boldsymbol{u}_k) = \underset{\boldsymbol{s}}{\operatorname{argmin}}\, \boldsymbol{E}(\boldsymbol{u}_k, \boldsymbol{s})$，根据交替最小化迭代原理，可知 $\boldsymbol{s}_{k+1}$ 使得能量泛函获得最小值，即 $\boldsymbol{E}(\boldsymbol{u}_k) = \boldsymbol{E}(\boldsymbol{u}_k, \boldsymbol{s}_{k+1})$。

引理 3.6 在交替算法迭代过程中，增广能量泛函是收敛的。

证明 根据交替迭代算法，$\boldsymbol{s}_{k+1}$ 使得能量泛函最小化，则 $\boldsymbol{E}(\boldsymbol{u}_k, \boldsymbol{s}_{k+1}) \leqslant \boldsymbol{E}(\boldsymbol{u}_k, \boldsymbol{s})$，同时 $\boldsymbol{u}_k$ 使得能量泛函最小化，则 $\boldsymbol{E}(\boldsymbol{u}_k, \boldsymbol{s}_k) \leqslant \boldsymbol{E}(\boldsymbol{u}, \boldsymbol{s}_k)$，表达式为

$$\boldsymbol{E}(\boldsymbol{u}_k, \boldsymbol{s}_k) - \boldsymbol{E}(\boldsymbol{u}_k, \boldsymbol{s}_{k+1}) \geqslant 0 \tag{3.78}$$

$$\boldsymbol{E}(\boldsymbol{u}_{k-1}, \boldsymbol{s}_k) - \boldsymbol{E}(\boldsymbol{u}_k, \boldsymbol{s}_k) \geqslant 0 \tag{3.79}$$

相邻两次迭代后，能量泛函的差可以表示为

$$\Delta \boldsymbol{E}(\boldsymbol{u}_k, \boldsymbol{s}_{k+1}) = \boldsymbol{E}(\boldsymbol{u}_k, \boldsymbol{s}_k) - \boldsymbol{E}(\boldsymbol{u}_k, \boldsymbol{s}_{k+1}) + \boldsymbol{E}(\boldsymbol{u}_{k-1}, \boldsymbol{s}_k) - \boldsymbol{E}(\boldsymbol{u}_k, \boldsymbol{s}_k) \tag{3.80}$$

根据式（3.78）和式（3.79），则

$$\Delta \boldsymbol{E}(\boldsymbol{u}_k, \boldsymbol{s}_{k+1}) \geqslant 0 \tag{3.81}$$

因此，增广能量泛函是单调递减的。又因为能量泛函是凸的，且下有界，故交替迭代算法使得能量泛函是收敛的。证毕。

引理 3.7 给定半二次型乘式正则项，若其四阶导数存在，则其二阶导数有界，存在常数 $C>0$，使得 $R''(\boldsymbol{s}_{k+1}) \geqslant C$。

引理 3.8 在交替迭代算法中，迭代序列的差 $\lim\limits_{k\to\infty}\{\boldsymbol{s}_{k+1}-\boldsymbol{s}_k\}\to 0$ 是收敛的。

证明 在 $\boldsymbol{s}$ 步，交替迭代算法相邻两次迭代能量之差表达式为

$$\begin{aligned}\boldsymbol{E}(\boldsymbol{u}_k,\boldsymbol{s}_k)-\boldsymbol{E}(\boldsymbol{u}_k,\boldsymbol{s}_{k+1}) =&\lambda\int_\Omega \boldsymbol{s}_k(\boldsymbol{D}\boldsymbol{u}_k)^2+\phi^*(\boldsymbol{s}_k)\,\mathrm{d}\boldsymbol{x}\\&-\int_\Omega \boldsymbol{s}_{k+1}(\boldsymbol{D}\boldsymbol{u}_k)^2+\phi^*(\boldsymbol{s}_{k+1})\,\mathrm{d}\boldsymbol{x}\end{aligned}\tag{3.82}$$

从式 (3.82) 可知，在 $\boldsymbol{s}$ 步，相邻两次迭代能量泛函的差与拟合项无关，只由正则项决定，令 $R(\boldsymbol{s}_k)=\displaystyle\int_\Omega \boldsymbol{s}_k(\boldsymbol{D}\boldsymbol{u}_k)^2+\phi^*(\boldsymbol{s}_k)\,\mathrm{d}\boldsymbol{x}$，对 $R(\boldsymbol{s}_k)$ 在 $\boldsymbol{s}_{k+1}$ 处进行泰勒展开，则有

$$R(\boldsymbol{s}_k)=R(\boldsymbol{s}_{k+1})+(\boldsymbol{s}_k-\boldsymbol{s}_{k+1})R'(\boldsymbol{s}_{k+1})+\frac{1}{2}(\boldsymbol{s}_k-\boldsymbol{s}_{k+1})^2R''(\boldsymbol{s}_{k+1})+o(\boldsymbol{s}_{k+1})\tag{3.83}$$

式中，$o(\boldsymbol{s}_{k+1})$ 是高阶无穷小，可忽略。因为 $\boldsymbol{s}_{k+1}$ 使得能量泛函最小，故 $R'(\boldsymbol{s}_{k+1})=0$。将式 (3.83) 代入式 (3.82)，则有

$$\boldsymbol{E}(\boldsymbol{u}_k,\boldsymbol{s}_k)-\boldsymbol{E}(\boldsymbol{u}_k,\boldsymbol{s}_{k+1})=\frac{\lambda}{2}\int_\Omega(\boldsymbol{s}_k-\boldsymbol{s}_{k+1})^2R''(\boldsymbol{s}_{k+1})\,\mathrm{d}\boldsymbol{x}\tag{3.84}$$

式中，$R''(\boldsymbol{s}_{k+1})=\dfrac{\mathrm{d}^2}{\mathrm{d}s^2}\phi^*(\boldsymbol{s}_k)$，由引理 3.7 可知，$R''(\boldsymbol{s}_{k+1})\geqslant C$，因此，式 (3.84) 可以转化为不等式，表达式为

$$\boldsymbol{E}(\boldsymbol{u}_k,\boldsymbol{s}_k)-\boldsymbol{E}(\boldsymbol{u}_k,\boldsymbol{s}_{k+1})\geqslant\frac{\lambda C}{2}\int_\Omega(\boldsymbol{s}_k-\boldsymbol{s}_{k+1})^2\,\mathrm{d}\boldsymbol{x}\tag{3.85}$$

由引理 3.4 可知，$\boldsymbol{E}(\boldsymbol{u}_k,\boldsymbol{s}_k)-\boldsymbol{E}(\boldsymbol{u}_k,\boldsymbol{s}_{k+1})$ 是收敛的，因此 $\lim\limits_{k\to\infty}\{\boldsymbol{s}_{k+1}-\boldsymbol{s}_k\}\to 0$。证毕。

引理 3.9 在交替迭代算法中，迭代序列 $\{\boldsymbol{u}_k\}$ 收敛到增广能量泛函的最优值 $\boldsymbol{u}_*$，即 $\{\boldsymbol{u}_k\}\xrightarrow{k\to\infty}\boldsymbol{u}_*$。

证明 当 $\boldsymbol{s}_k$ 固定时，增广能量泛函关于 $\boldsymbol{u}$ 是凸函数，在 $\boldsymbol{u}_k=\boldsymbol{u}$ 处，增广能量泛函达到最小值，则有

$$\left(\boldsymbol{A}^{\mathrm{T}}\boldsymbol{A}+2\lambda\boldsymbol{D}^{\mathrm{T}}\boldsymbol{s}_k\boldsymbol{D}\right)\boldsymbol{u}_k-\boldsymbol{A}^{\mathrm{T}}\boldsymbol{g}=0\tag{3.86}$$

此外，增广能量泛函的最小值是唯一的，满足一阶必要条件，表达式为

$$\left(\boldsymbol{A}^{\mathrm{T}}\boldsymbol{A}+2\lambda\boldsymbol{D}^{\mathrm{T}}\boldsymbol{s}_*\boldsymbol{D}\right)\boldsymbol{u}_*-\boldsymbol{A}^{\mathrm{T}}\boldsymbol{g}=0 \tag{3.87}$$

式 (3.86) 减去式 (3.85)，则有

$$\boldsymbol{A}^{\mathrm{T}}\boldsymbol{A}\left(\boldsymbol{u}_*-\boldsymbol{u}_k\right)+2\lambda\left\langle\boldsymbol{s}_*\boldsymbol{D}\boldsymbol{u}_*-\boldsymbol{s}_k\boldsymbol{D}\boldsymbol{u}_k,\boldsymbol{D}\right\rangle=0 \tag{3.88}$$

式 (3.88) 两边同时乘 $(\boldsymbol{u}_*-\boldsymbol{u}_k)^{\mathrm{T}}$，则有

$$\left(\boldsymbol{u}_*-\boldsymbol{u}_k\right)^{\mathrm{T}}\boldsymbol{A}^{\mathrm{T}}\boldsymbol{A}\left(\boldsymbol{u}_*-\boldsymbol{u}_k\right)+2\lambda\left\langle\boldsymbol{s}_*\boldsymbol{D}\boldsymbol{u}_*-\boldsymbol{s}_k\boldsymbol{D}\boldsymbol{u}_k,\boldsymbol{D}\left(\boldsymbol{u}_*-\boldsymbol{u}_k\right)\right\rangle=0 \tag{3.89}$$

利用范数的定义，则有

$$\begin{aligned}&\left\|\boldsymbol{A}\left(\boldsymbol{u}_*-\boldsymbol{u}_k\right)\ \right\|^2+2\lambda\left\langle\boldsymbol{s}_*\boldsymbol{D}\boldsymbol{u}_*-\boldsymbol{s}_{k+1}\boldsymbol{D}\boldsymbol{u}_k,\boldsymbol{D}\left(\boldsymbol{u}_*-\boldsymbol{u}_k\right)\right\rangle\\&+2\lambda\left\langle\boldsymbol{s}_{k+1}\boldsymbol{D}\boldsymbol{u}_k-\boldsymbol{s}_k\boldsymbol{D}\boldsymbol{u}_k,\boldsymbol{D}\left(\boldsymbol{u}_*-\boldsymbol{u}_k\right)\right\rangle=0\end{aligned} \tag{3.90}$$

已知 $\phi(\boldsymbol{b})=\inf\limits_{\boldsymbol{s}\in\mathbf{R}}\left\{\boldsymbol{b}^2\boldsymbol{s}+\phi^*(\boldsymbol{s})\right\}$，若其获得最小值，则 $\boldsymbol{s}=\dfrac{\phi'(\boldsymbol{b})}{2\boldsymbol{b}}$，故 $\boldsymbol{s}_{k+1}\boldsymbol{D}\boldsymbol{u}_k=\dfrac{1}{2}\phi'(\boldsymbol{D}\boldsymbol{u}_k)$，$\boldsymbol{s}_*\boldsymbol{D}\boldsymbol{u}_*=\dfrac{1}{2}\phi'(\boldsymbol{D}u_*)$。若 $\phi(\cdot)$ 是凸函数，由变分不等式，有 $\langle\phi'(\boldsymbol{u})-\phi'(\boldsymbol{v}),\boldsymbol{u}-\boldsymbol{v}\rangle\geqslant 0$，从而有

$$\left\langle\boldsymbol{s}_*\boldsymbol{D}\boldsymbol{u}_*-\boldsymbol{s}_{k+1}\boldsymbol{D}\boldsymbol{u}_k,\boldsymbol{D}\left(\boldsymbol{u}_*-\boldsymbol{u}_k\right)\right\rangle\geqslant 0 \tag{3.91}$$

因此，利用式 (3.91)，那么式 (3.90) 转化为

$$\left\|\boldsymbol{A}\left(\boldsymbol{u}_*-\boldsymbol{u}_k\right)\ \right\|^2+2\lambda\left\langle\left(\boldsymbol{s}_{k+1}-\boldsymbol{s}_k\right)\boldsymbol{D}\boldsymbol{u}_k,\boldsymbol{D}\left(\boldsymbol{u}_*-\boldsymbol{u}_k\right)\right\rangle\leqslant 0 \tag{3.92}$$

利用积的范数与范数积的关系，对不等式进行放大，则有

$$\left\|\boldsymbol{A}\left(\boldsymbol{u}_*-\boldsymbol{u}_k\right)\ \right\|^2\leqslant 2\lambda\left\|\boldsymbol{s}_{k+1}-\boldsymbol{s}_k\right\|\left\|\boldsymbol{D}\boldsymbol{u}_k\right\|\left\|\boldsymbol{D}\left(\boldsymbol{u}_*-\boldsymbol{u}_k\right)\ \right\| \tag{3.93}$$

若是 $\boldsymbol{u}$ 图像，则图像的一阶导数为边缘，幅值有限，用常数 C 作为幅值的最大值，则式 (3.93) 转化为

$$\left\|\boldsymbol{A}\left(\boldsymbol{u}_*-\boldsymbol{u}_k\right)\ \right\|^2\leqslant 2\lambda C\left\|\boldsymbol{s}_{k+1}-\boldsymbol{s}_k\right\| \tag{3.94}$$

由引理 3.8 可知，$\lim\limits_{k\to\infty}\{\boldsymbol{s}_{k+1}-\boldsymbol{s}_k\}\to 0$，则式 (4.94) 趋于零，表达式为

$$\lim_{k\to\infty}\left\|\boldsymbol{A}\left(\boldsymbol{u}_*-\boldsymbol{u}_k\right)\ \right\|^2=0 \tag{3.95}$$

若由点扩散函数形成的矩阵 $\boldsymbol{A}$ 是满秩矩阵，那么 $\lim\limits_{k\to\infty}\boldsymbol{u}_k=\boldsymbol{u}_*$。证毕。

参 考 文 献

[1] Ciuciu P, Idier J. A half-quadratic block-coordinate descent method for spectral estimation [J]. Signal Processing, 2002, 82(7):941-959.

[2] Huang Y M, Lu D Y. A preconditioned conjugate gradient method for multiplicative half -quadratic image restoration [J]. Applied Mathematics and Computation, 2013, 219(12): 6556-6564.

[3] Ibarrola F J, Spies R D. Image restoration with a half-quadratic approach to mixed weighted smooth and anisotropic bounded variation regularization [J]. Sop Transactions on Applied Mathematics, 2014, 1(3):59-75.

[4] Li W P, Wang Z M, Zhang T, et al. Vectorial additive half-quadratic minimization for isotropic regularization [J]. Journal of Computational and Applied Mathematics, 2015, 281(1):152-168.

[5] Bonettini S, Ruggiero V. An alternating extragradient method for total variation based image restoration from Poisson data [J]. Inverse Problems, 2011, 27(27): 1-28.

[6] Bouhamidi A, Enkhbat R, Jbilou K. Conditional gradient Tikhonov method for convex optimization problem in image restoration[J]. Journal of Computational and Applied Mathematics, 2014, 255(285):580-592.

[7] Li F，Shen C M，Fan J S，et al. Image restoration combining a total variational filter and a fourth-order filter [J]. Journal of Visual Communication and Image Representation, 2007, 18(4): 322-330.

[8] Chambolle A. An algorithm for total variation minimization and applications [J]. Journal of Mathematical Imaging and Vision, 2004, 20(1-2): 89-97.

[9] Beck A, Teboulle M. A fast iterative shrinkage-thresholding algorithm for linear inverse problems [J]. SIAM Journal on Imaging Sciences, 2009, 2(1): 183-202.

[10] Vogel C R. Computational Methods for Inverse Problems[M]. Philadelphia: Society for Industrial and Applied Mathematics, 2002.

[11] Labat C, Idier E O. Convergence of truncated half-quadratic algorithms, with application to image restoration[J]. SIAM Journal on Imaging Sciences, 2007, 12(1):1-15.

[12] Allain M, Idier J, Goussard Y. On global and local convergence of half-quadratic algorithms[J]. IEEE Transactions on Image Processing, 2006, 15(5):1130-1142.

[13] Champagnat F, Jerome I. A connection between half-quadratic criteria and EM algorithms[J]. IEEE Signal Processing Letters, 2004, 11(9):709-712.

[14] He R, Zheng W S, Tan T N, et al. Half-quadratic-based iterative minimization for robust sparse representation[J]. TEEE Transactions on Pattern Analysis and Machine Intelligence, 2014, 36(2): 261-275.

[15] 李旭超. 能量泛函正则化模型在图像恢复中的应用 [M]. 北京: 电子工业出版社, 2014.

[16] Bergmann R, Chan R H, Hielscher R. Restoration of manifold-valued images by half-quadratic minimization[J]. Inverse Problem and Imaging, 2017, 10(2):281-304.

[17] Teboul S, Laure B F, Aubert G, et al. Variational approach for edge preserving regularization using coupled PDE's[J]. IEEE Transactions on Image Processing, 1998, 7(3): 387-397.

[18] Aubert G, Vese L. A variational method in image recovery [J]. SIAM Journal Numerical Analysis, 1997, 34(5):1948-1979.

[19] Aubert G, Kornprobst P. Mathematical Problems in Image Processing, Partial Differential Equations and the Calculus of Variations [M]. New York: Springer-Verlag, 2006.

[20] Charbonnier P, Laure B F, Aubert G, et al. Deterministic edge-preserving regularization in computed imaging [J]. IEEE Transactions on Image Processing, 1997, 6(2): 298-311.

[21] Idier J. Convex half-quadratic criteria and interacting auxiliary variables for image restoration[J]. IEEE Transactions on Image Processing, 2001, 10(7): 1001-1009.

[22] Mohammadi M, Hodtani G A. A robust aCGH data recovery framework based on half quadratic minimization[J]. Computers in Biology and Medicine, 2016, 70(3):58-66.

[23] Nikolova M, Chan R H. The equivalence of half-quadratic minimization and the gradient linearization iteration [J]. IEEE Transactions on Image Processing, 2007, 16(6): 1623-1627.

[24] 王晓丹，吴崇明. 基于 MATLAB 的系统分析与设计——图像处理 [M]. 西安：西安电子科技大学出版社，2000.

第 4 章　能量泛函正则化模型整体处理及在图像恢复中的应用

第 3 章分析了拟合项用最小二乘的形式来描述，正则项用半二次型来刻画，利用 Fenchel 变换，提升正则项的光滑性，使得能量泛函半二次型正则化模型可微分，利用能量泛函正则化模型的梯度和海森矩阵，设计牛顿迭代算法。合理的正则化模型与求解算法有效结合是图像恢复中极其活跃的研究领域 [1]，但如何建立由保真项和正则项组成的能量泛函正则化模型，根据模型的特点，设计稳定的求解算法成为图像恢复研究的难点。

在能量泛函正则化模型的建立上，对于保真项，采用的拟合形式必须与成像过程相吻合。但在许多实际应用中，由于设备制造过程复杂，而且与电场、磁场息息相关，如核磁共振成像仪。该仪器不但具有强度较高的磁场，而且具有较强的电场，二者耦合在一起，容易受周围环境的影响。此外，由于电感、电容的时滞特性，很难准确获得实时成像系统的数学模型，因此，常常利用数学逼近论的思想，构造能体现实际成像过程的理想模型。若成像过程受高斯噪声影响，则需采用 L_2 范数进行拟合，如 ROF 模型 [2]；若成像过程受椒盐噪声影响，则常采用 L_1 范数进行拟合；若成像过程的统计分布已知，则常采用合适的概率分布函数进行拟合，如有限高斯混合分布、拉普拉斯分布、瑞利分布等 [3]；若成像过程具有马尔可夫随机场特性，则可以建立显式马尔可夫随机场模型；若成像过程与状态有关，则可以建立隐式马尔可夫随机场模型，以及时滞马尔可夫模型等。正则项的函数空间，对解的特性产生至关重要的影响。例如，经典的连续函数空间 $C^{\infty}(\Omega)$ 具有较强的光滑性，有利于描述图像的平稳区域，但很难刻画图像的奇异特征；$\mathrm{BV}(\Omega)$ 函数空间表征图像边缘的奇异特征，但容易在平坦区域产生阶梯效应；$\mathrm{BV}^2(\Omega)$ 函数空间能消除在平坦区域产生的阶梯效应，但容易使图像边缘过于光滑；小波域 Besov 函数空间能准确描述图像的结构特征，但计算比较复杂；变指数函数空间具有自适应特性，但参数很难确定，而且变指数函数空间的许多理论尚不完善。

在能量泛函正则化模型的求解上，主要有矩阵分解法和能量泛函迭代法 [4,5]。矩阵分解法利用保真项与正则项矩阵具有的特殊结构，如奇异值分解（SVD）、广义 SVD 及 QR 分解、傅里叶变换、余弦变换和正弦变换等 [6]，快速获得能量泛函的有效解。但在实际应用中，由保真项与正则项二者整体构成的矩阵一般不具有特殊结构，如对称结构，块循环结构，上、下三角结构 [7]，三对角结构，主对角结构或可分解的结构等，导致矩阵计算极其复杂，从而限制能量泛函正则化模型的应用。为摆脱由于矩阵结构引起的复杂计算，利用矩阵论，使得由拟合项和正则项组合形成的矩阵具有特殊结构，可通过快速傅里叶变换、快速余弦变换和快速正弦变换进行对角化。但是，若拟合项和正则项组合形成的矩阵是非满秩的，矩阵操作变得更复杂。为摆脱直接进行矩阵操作造成算法设计的困难，很多学者转而研究迭代求解算法。在早期的研究中，建立的能量泛函正则化模型往往具有光滑特性 [8]，而且经典光滑优化理论应用比较成熟，主要是利用能量泛函的梯度和海森矩阵，设计迭代求解算法，如 Landweber 迭代算法、最陡下降算法、梯度投影迭代算法。此类算法要求能量泛函具有一阶导数，而正则项往往不可微分，如有界变差函数的半范数的经典导数不存在 [9]。此外，该类迭代算法具有半收敛特性，很难获得有效的稳定逼近解，而且收敛速度较慢。为加快算法的收敛速度 [10]，利用能量泛函的二次可微分特性，设计牛顿迭代算法，但是，由于海森矩阵的维数较高且规模较大，直接计算海森矩阵的逆矩阵非常困难 [11]。为解决海森矩阵计算这一难题，常利用梯度、活跃集、分块矩阵和实对称矩阵，构造具有特殊结构的矩阵来逼近海森矩阵，设计拟牛顿迭代算法、拟牛顿投影迭代算法、BFGS (Broyden-Fletcher-Goldfard-Shanno) 迭代算法等 [12-15]，但图像主要由平稳区域组成，梯度幅值相对较小，造成梯度退化，导致海森矩阵是非满秩的，限制牛顿迭代算法的应用。

4.1 成像系统模型整体处理

对于成像系统，可以用第一种类的积分方程来描述，但由于成像系统是不适定的反问题 [16-18]，无法直接获得积分方程的解。目前主要采用有限体积法、有限差分法逼近成像系统，这类方法具有较好的紧支撑特性，有利于解的空间局部特性 [19]。有时也采用谱方法、有限元法逼近成像系统，这类方法有利于解的全局特性。在实际应用中，选取的逼近方法取决于信号的特点，一般说，获得的逼近模型可以用线性系统来描述，表达式为

$$\boldsymbol{A}\boldsymbol{u} = \boldsymbol{g} \tag{4.1}$$

式中，$\boldsymbol{A}$ 是由成像系统决定的，常称为点扩散函数，若是非时变的，称为定常系统，若是时变的，称为非定常系统；$\boldsymbol{u}$ 是理想目标，一般无法直接获得，如真实大脑结构、遥远天体结构和地壳结构等；$\boldsymbol{g}$ 是通过采集获得的观测数据，一般与实际目标存在较大误差。

式 (4.1) 由积分方程离散化得到，为对成像系统有一个定量的认识，下面以第一种类的 Fredholm 积分方程为例 [20] 进行说明。

例 4.1 积分方程 $g(x)=\int_0^1 a(x-x')u(x')\,\mathrm{d}x'$，$a(x)=\lambda\exp\left(-\frac{x^2}{2\sigma^2}\right)$，$g(x)$ 是采样信号，$u(x)$ 是理想信号，求该积分方程的离散化表达式。

解 将积分区间 $[0,1]$ 等间距离散化，被积函数采用矩形中点逼近法进行离散化，表达式为

$$x_i=\left(i-\frac{1}{2}\right)h,\quad h=\frac{1}{2},\quad i=1,2,\cdots,n \tag{4.2}$$

由矩形中点表达式可知

$$\begin{aligned}g(x_j)&=\int_0^1 a(x_j-x')u(x')\,\mathrm{d}x'\approx\sum_{i=1}^n a(x_j-x_i)\,u(x_i)\,h\\&=\sum_{i=1}^n a((j-i)\,h)\,u(x_i)\,h=[Au]_{ji}\end{aligned} \tag{4.3}$$

式中，$[A]_{ji}=ha((j-i)\,h)=h\lambda\exp\left(-\frac{(j-i)^2h^2}{2\sigma^2}\right)$。

下面给出仿真实验结果，取参数 $\lambda=\frac{1}{\pi\sigma}$，$n=200$。图 4.1 中，$\sigma=0.05$，图 4.2 中，$\sigma=0.02$，图 4.3 中，$\sigma=0.005$，实线表示理想目标 $\boldsymbol{u}$，点线表示观测数据 $\boldsymbol{g}$。从图 4.1 (b) 可知，对于尺度较大的点扩散函数，核函数的光滑性较强，这造成理想解比较光滑，导致观测解与目标解在跳跃点处逼近效果不理想，即观测解不能准确体现理想解的结构特征。随着核函数尺度的增大，造成理想信号越失真，曲线变得越光滑。在实验中，当 σ 超过 1 后，获得的采集解几乎是一条光滑的曲线。但当核函数的尺度较小时，由于离散化，核函数具有窗函数的特性，因此，在一定程度上，能准确反映实际信号的特征，如图 4.2 (b) 所示。从奇异点拟合效果对比可知，图 4.2 (b) 优于图 4.1 (b)。在实验中发现，随着尺度的减小，采集获得的信号质量大大改观，说明通过调节核函数的尺度有利于逼近理想解，如图 4.3 (b) 所示。从奇异点对比可知，图 4.3 (b) 优于图 4.2 (b)。图 4.1 (c)、图 4.2 (c) 和图 4.3 (c) 为局部放大表示。

由于观测值不能描述理想解的结构特征，由式 (4.3) 可知，观测值与系统矩阵息息相关，这是国内外学术界广泛关注的反问题，即如何通过系统矩阵 $\boldsymbol{A}$ 和观测矩阵 $\boldsymbol{g}$ 获得理想目标 $\boldsymbol{u}$。若矩阵 $\boldsymbol{A}$ 的规模较小，通过初等行变换，化 $\boldsymbol{A}$ 为上三角方程组求解，即 Gauss 消去法。Gauss 消去法是将 $\boldsymbol{A}$ 乘初等矩阵来实现的，也就是说，通过对矩阵 $\boldsymbol{A}$ 进行三角分解，来直接计算求解，如 LU 分解。但是当矩阵 $\boldsymbol{A}$ 的条件数较大时，需要对矩阵进行奇异值分解，利用幅值较大的奇异值，对幅值较小的特征值设置阈值，构造滤波器，从而获得理想解的逼近值。

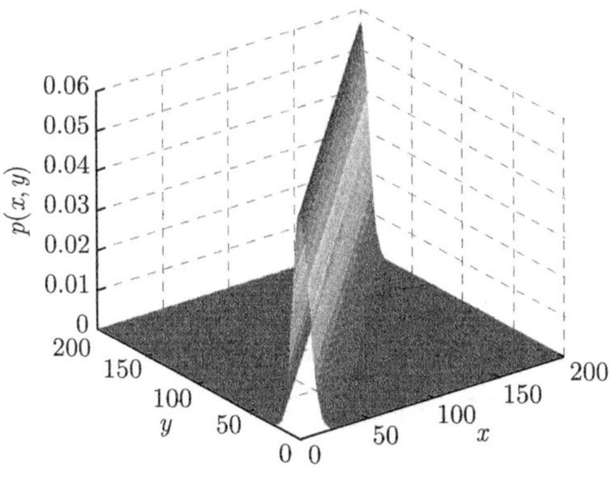

(a) 点扩散函数 $\boldsymbol{A}$

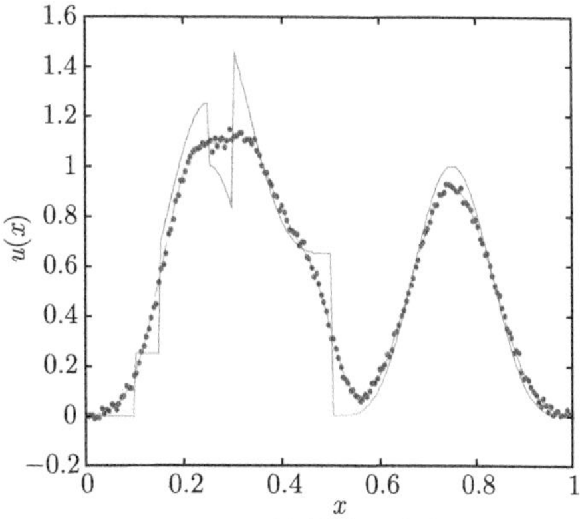

(b) 观测值与理想解

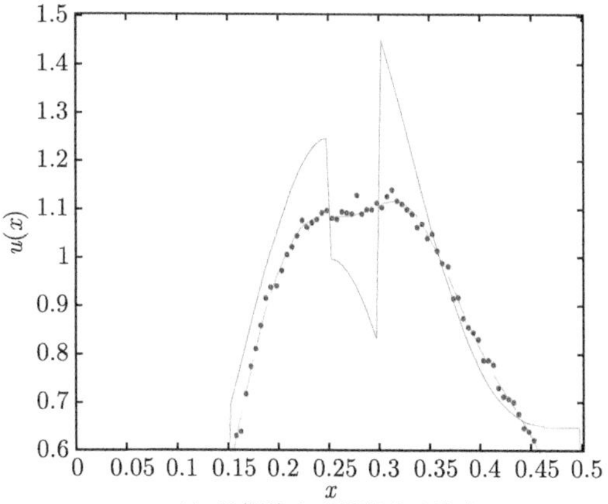

(c) 局部放大观测值与理想解

图 4.1 积分方程的观测值与理想解（$\sigma = 0.05$）

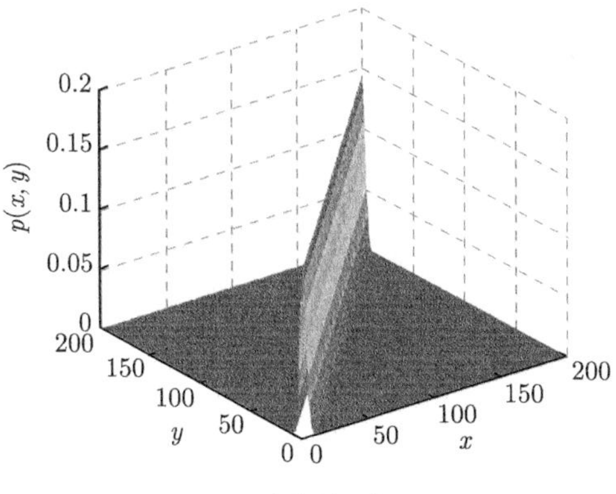

(a) 点扩散函数 $\boldsymbol{A}$

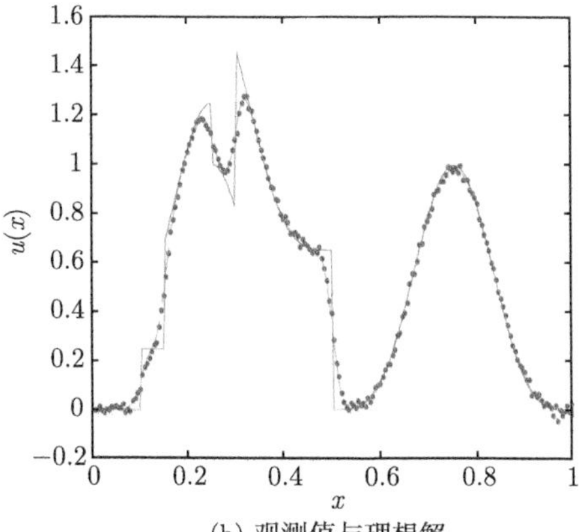

(b) 观测值与理想解

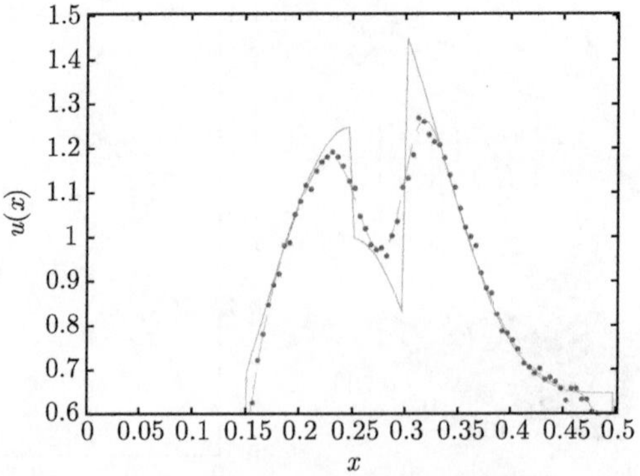

(c) 局部放大观测值与理想解

图 4.2 积分方程的观测值与理想解（$\sigma = 0.02$）

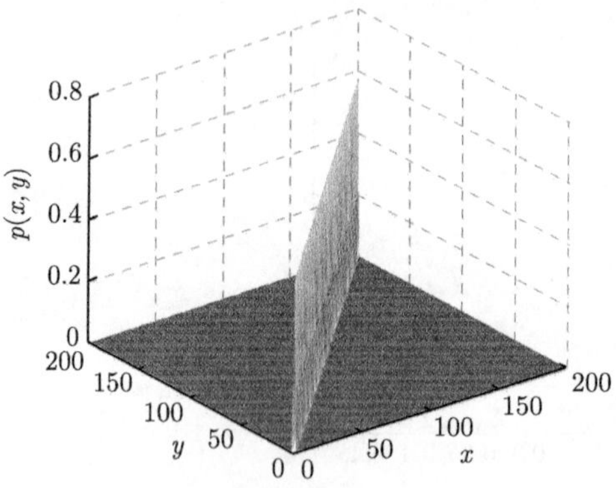

(a) 点扩散函数 $\boldsymbol{A}$

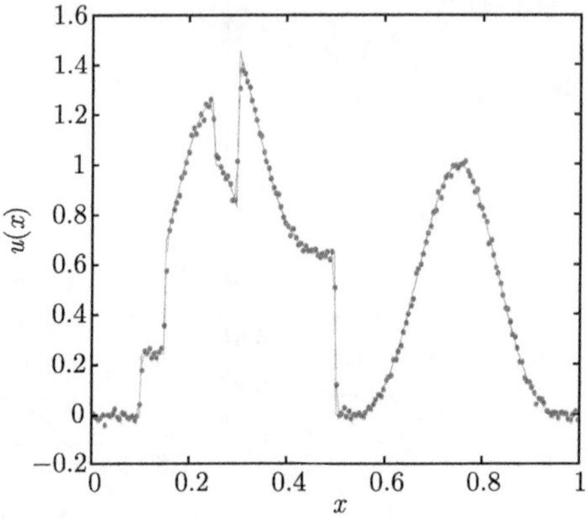

(b) 观测值与理想解

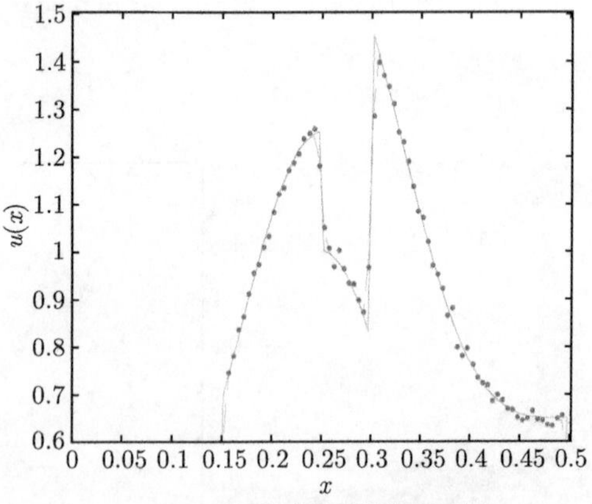

(c) 局部放大观测值与理想解

图 4.3 积分方程的观测值与理想解（$\sigma = 0.005$）

4.2　KL-TV 能量泛函正则化模型及应用

4.2.1　KL-TV 能量泛函正则化模型

第 3 章分析受高斯噪声降质图像恢复能量泛函正则化模型，保真项用最小二乘进行拟合。但是，图像由于成像过程的随机性，容易受泊松噪声的影响而降质，如核磁共振成像 [21]。在本节，构建合理的正则化模型及其算法设计，研究受泊松噪声的影响导致的图像模糊。在保真项的建立上，用 K-L 函数对采集的图像进行拟合，为体现图像的奇异特征，同时考虑算法设计的有效性，用平方根函数描述正则项。

对于医学成像，由于成像过程是放射线扫描，放射线可以看成由无数光子组成，即点扩散函数 $\boldsymbol{A}$，而每个光子经真实物体 $\boldsymbol{u}$ 获得的图像可以看作期望值为 $(\boldsymbol{Au})_i$ 的泊松随机变量。假定成像过程中理想物体与采集获得的图像是独立的且均服从泊松分布，用条件概率表示二者的关系，表达式为

$$\boldsymbol{p}(\boldsymbol{g}|\boldsymbol{u})=\prod_{i=1}^{N}\frac{(\boldsymbol{Au})_i^{\boldsymbol{g}_i}}{\boldsymbol{g}_i!}\exp\left[-(\boldsymbol{Au})_i\right] \tag{4.4}$$

式中，$\boldsymbol{p}(\boldsymbol{g}|\boldsymbol{u})$ 表示给定理想图像 $\boldsymbol{u}$ 观测图像 $\boldsymbol{g}$ 的条件概率分布。假定理想图像的先验概率已知，表达式为

$$\boldsymbol{p}(\boldsymbol{u})=\exp\left[-\alpha\boldsymbol{R}(\boldsymbol{u})\right] \tag{4.5}$$

根据贝叶斯准则，理想图像的最大后验概率表达式为

$$\boldsymbol{u}=\operatorname{argmax}\boldsymbol{p}(\boldsymbol{u}|\boldsymbol{g})=\operatorname{argmax}\boldsymbol{p}(\boldsymbol{g}|\boldsymbol{u})\,\boldsymbol{p}(\boldsymbol{u}) \tag{4.6}$$

将式 (4.4)、式 (4.5) 代入式 (4.6)，然后两边取负的 ln-似然函数，则有

$$\boldsymbol{u}=\operatorname{argmin}\left\{\sum_{i=1}^{N}\left[(\boldsymbol{Au})_i-\boldsymbol{g}_i\ln(\boldsymbol{Au})_i\right]+\alpha\boldsymbol{R}(\boldsymbol{u})\right\}$$

若 $\boldsymbol{Au}-\boldsymbol{g}\ln(\boldsymbol{Au})>0$，$\boldsymbol{u}$ 几乎处处 Lebesgue 可积，那么

$$\boldsymbol{u}=\operatorname{argmin}\{\boldsymbol{E}(\boldsymbol{u})\} \tag{4.7}$$

式中，$\boldsymbol{E}(\boldsymbol{u})=\|\boldsymbol{Au}-\boldsymbol{g}\ln(\boldsymbol{Au})\|_{L_1(\Omega)}+\alpha\boldsymbol{R}(\boldsymbol{u})$，称为能量泛函正则化模型，拟合项 $\|\boldsymbol{Au}-\boldsymbol{g}\ln(\boldsymbol{Au})\|_{L_1(\Omega)}$ 常称为 K-L 距离，$\boldsymbol{R}(\boldsymbol{u})$ 称为正则项，其具体表达式要至少体现两个原则：一是能准确描述理想成像物体的物理特性，要考虑解的有效性，即模型的解能准确刻画成像物体的特性；二是与拟合项的结合有利于算法设计，特别是对于大规模实时优化问题，要考虑计算的可行性。

有界变差函数能准确地描述图像的奇异特征，允许图像存在不连续的间断点，表达式为

$$|\boldsymbol{u}|_{\mathrm{BV}(\Omega)} = \sup\left\{\int_\Omega \boldsymbol{u}\mathrm{div}\varphi : \|\varphi\|_\infty \leqslant 1, \varphi \in C_0^\infty(\Omega)\right\} \tag{4.8}$$

式中，div 表示散度。但式（4.8）是非光滑函数，从而限制基于梯度投影算法的应用。由于正则项是理想图像的先验信息，即为体现图像的不连续特性，又使得基于梯度投影算法得以实现，用可微分的平方根复合函数作为正则项，表达式为

$$\boldsymbol{R}(\boldsymbol{u}) = \int_\Omega \sqrt{|\boldsymbol{\nabla u}|^2 + \beta}\mathrm{d}\boldsymbol{x} \tag{4.9}$$

式中，β 为数值很小的正常数。当 $\beta = 0$ 时，式（4.9）中的被积函数变为 ROF 模型的正则项。将式（4.9）代入式（4.7），图像恢复问题可以表述为下列最小化能量泛函，表达式为

$$\begin{aligned}\boldsymbol{u} &= \mathrm{argmin}\boldsymbol{E}(\boldsymbol{u}) = \mathrm{argmin}\left\{\boldsymbol{E}_0(\boldsymbol{u}) + \alpha\boldsymbol{R}(\boldsymbol{u})\right\} \\ &= \mathrm{argmin}\left\{\|\boldsymbol{Au} - \boldsymbol{g}\ln(\boldsymbol{Au})\|_{L_1(\Omega)} + \alpha\int_\Omega \sqrt{|\boldsymbol{\nabla u}|^2 + \beta}\mathrm{d}\boldsymbol{x}\right\}\end{aligned} \tag{4.10}$$

式（4.10）中的保真项与正则项是关于 $\boldsymbol{u}$ 的凸函数，且是强制的（coercive），由直接变分原理可知，其解一定存在。由于式（4.10）的二阶导数是正定的，因此能量泛函具有唯一解 [22]。

4.2.2 KL-TV 能量泛函正则化模型的经典牛顿迭代算法

能量泛函式（4.10）具有连续的二阶导数，因此可以采用依线性收敛的最速下降法来求解，但算法收敛速度较慢，特别是当点扩散函数 $\boldsymbol{A}$ 是病态的，算法收敛更慢 [23]。为加速算法收敛，采用依二次收敛的牛顿迭代算法求解，对式（4.10）进行二阶泰勒展开，表达式为

$$\boldsymbol{Q}_\tau(\boldsymbol{s}) = \boldsymbol{E}(\boldsymbol{u}_\tau) + \langle\boldsymbol{\nabla E}(\boldsymbol{u}_\tau, \boldsymbol{s})\rangle + \frac{1}{2}\langle\mathbf{Hess}\boldsymbol{E}(\boldsymbol{u}_\tau)\boldsymbol{s}, \boldsymbol{s}\rangle + o(\boldsymbol{s}^2) \tag{4.11}$$

式中，$\langle\cdot,\cdot\rangle$ 表示内积；$o(\boldsymbol{s}^2)$ 表示无穷小量；$\boldsymbol{\nabla}$ 表示梯度；**Hess** 表示海森矩阵，表达式分别为

$$\boldsymbol{\nabla E}(\boldsymbol{u}_\tau) = \boldsymbol{A}^{\mathrm{T}}(\boldsymbol{Au}_\tau - \boldsymbol{g}) + \alpha\boldsymbol{R}(\boldsymbol{u}_\tau)\boldsymbol{u}_\tau \tag{4.12}$$

$$\mathbf{Hess}\boldsymbol{E}(\boldsymbol{u}_\tau) = \boldsymbol{A}^{\mathrm{T}}\boldsymbol{A} + \alpha\left[\boldsymbol{R}(\boldsymbol{u}_\tau) + \boldsymbol{R}'(\boldsymbol{u}_\tau)\boldsymbol{u}_\tau\right] \tag{4.13}$$

由于能量泛函式（4.10）有唯一最小值，因此式（4.11）满足下列关系：

$$\boldsymbol{\nabla E}(\boldsymbol{u}_\tau) + \mathbf{Hess}\boldsymbol{E}(\boldsymbol{u}_\tau)\boldsymbol{s} = 0 \tag{4.14}$$

取 $\boldsymbol{u}_{\tau+1}=\boldsymbol{u}_{\tau}+\boldsymbol{\nu}s$ 作为下一次迭代能量泛函的最小值，从而有下列牛顿迭代算法：

$$\boldsymbol{u}_{\tau+1}=\boldsymbol{u}_{\tau}-\boldsymbol{\nu}\left[\mathbf{Hess}\boldsymbol{E}\left(\boldsymbol{u}_{\tau}\right)\right]^{-1}\boldsymbol{\nabla}\boldsymbol{E}\left(\boldsymbol{u}_{\tau}\right) \tag{4.15}$$

若式（4.15）中的 $\mathbf{Hess}\boldsymbol{E}\left(\boldsymbol{u}_{\tau}\right)=\boldsymbol{I}$，$\boldsymbol{I}$ 为单位阵，则上述算法变为 Landweber 迭代算法；若选取搜索步长 $\boldsymbol{\nu}_{\tau}=\operatorname{argmin}\boldsymbol{E}\left(\boldsymbol{u}_{\tau}+\boldsymbol{\nu}s\right)$，选取海森矩阵为单位阵，上述算法变为最速下降算法；若用前后两次迭代残差构造式（4.15）的海森矩阵，算法变为 BFGS 算法，但是此算法要求梯度非退化，若能量泛函的梯度退化，BFGS 算法将失效 [24]。

由于图像的像素幅值大于等于零，也就是说，方程式（4.10）的解是非负的，根据这一先验知识，将式（4.10）转化为有约束条件的最优化问题，表达式为

$$\boldsymbol{u}=\min\boldsymbol{E}\left(\boldsymbol{u}\right),\quad \boldsymbol{u}\geqslant 0 \tag{4.16}$$

由式（4.16）可知，限制条件 $\boldsymbol{c}\left(\boldsymbol{u}\right)=\boldsymbol{u}$，其导数为

$$\boldsymbol{\nabla}\boldsymbol{c}_i=\boldsymbol{e}_i \tag{4.17}$$

$\boldsymbol{e}_i$ 表示第 i 个标准单位矢量；$\boldsymbol{\nabla}$ 表示梯度。式（4.17）表明，能量泛函可行解的限制条件是相互独立的，若式（4.16）具有最优解，则必须满足 KKT 条件 [25]：

$$\frac{\partial\boldsymbol{E}}{\partial\boldsymbol{u}_i}\left(\boldsymbol{u}^*\right)\geqslant 0,\quad \lambda_i^*\geqslant 0,\quad \boldsymbol{u}_i^*\geqslant 0 \tag{4.18}$$

$$\boldsymbol{u}_i^*\frac{\partial\boldsymbol{E}}{\partial\boldsymbol{u}_i}\left(\boldsymbol{u}^*\right)=0 \tag{4.19}$$

式中，λ^* 称为拉格朗日乘子，式（4.19）称为互补条件。根据互补条件，若 $\boldsymbol{u}_i^*=0$，则 $\dfrac{\partial\boldsymbol{E}}{\partial\boldsymbol{u}_i}\left(\boldsymbol{u}^*\right)>0$；若 $\boldsymbol{u}_i^*>0$，则 $\dfrac{\partial\boldsymbol{E}}{\partial\boldsymbol{u}_i}\left(\boldsymbol{u}^*\right)=0$，这表明，能量泛函的梯度可能为零，即梯度是退化的，导致式（4.14）的海森矩阵是非满秩的，造成式（4.15）无法更新迭代算法的解。如果能量泛函的梯度不为零，由于矩阵的规模较大，计算海森矩阵的逆比较困难。

4.2.3 改进的牛顿迭代算法在 KL-TV 模型中的应用

图像往往由平滑区域组成，正则化模型的梯度幅值很小，导致基于梯度的迭代算法收敛较慢。尽管牛顿投影算法能加快收敛速度，但由于梯度退化，造成不能获得海森矩阵的逆，即使海森矩阵的逆可以计算，由于该模型的海森矩阵由正则项与保真项决定，若不具有特殊结构，计算海森矩阵的逆比较困难 [26]。针对模型求解存在的问题，利用退化梯度幅值作为约束集，建立可对角化和容易求逆的海森矩阵，提出改进的牛顿投影迭代算法。为防止梯度退化导致海森矩阵的逆不存在，引

入活跃集，构建容易计算可对角化的海森矩阵，然后利用此矩阵计算搜索方向，剔除梯度退化对算法搜索方向造成的不利影响。为将梯度退化和海森矩阵的构造有机地联系在一起，提出改进的牛顿投影迭代算法。将式（4.15）表示成投影的形式，表达式为

$$\boldsymbol{u}_{\tau+1}=\boldsymbol{P}\left(\boldsymbol{u}_{\tau}-\boldsymbol{\nu}\boldsymbol{D}_{\tau}\boldsymbol{\nabla}\boldsymbol{E}\left(\boldsymbol{u}_{\tau}\right)\right) \tag{4.20}$$

式中，$\boldsymbol{P}(\cdot)$ 表示能量泛函式（4.16）的解在闭凸集 $C=\left\{\boldsymbol{u}\in\mathbf{R}^{d}|\boldsymbol{u}\geqslant 0\right\}$ 上的投影；$\boldsymbol{D}_{\tau}$ 表示可对角化的海森矩阵。

为区别梯度退化与非退化，引入表征梯度退化部分的指标集，表达式为

$$\pi_{\varepsilon}(\boldsymbol{u})=\left\{i|0\leqslant\boldsymbol{u}_{\tau}^{i}\leqslant\varepsilon_{\tau}\right\} \tag{4.21}$$

式中，$\varepsilon_{\tau}=\min\left\{\varepsilon,\gamma_{\tau}\right\}$，$\gamma_{\tau}=\left\|\boldsymbol{u}_{\tau}-\left[\boldsymbol{u}_{\tau}-\boldsymbol{\nabla}\boldsymbol{E}\left(\boldsymbol{u}_{\tau}\right)\right]^{+}\right\|$，$\lim\limits_{\tau\to\infty}\gamma_{\tau}=0$，$\varepsilon$ 是非常小的正数。

梯度非退化部分用式（4.10）的二阶导数逼近海森矩阵 $\boldsymbol{D}_{\tau}$ 非满秩部分，而海森矩阵 $\boldsymbol{D}_{\tau}$ 其余部分用谱特性聚集在 1 附近的单位阵来逼近，表达式为

$$\boldsymbol{\varGamma}_{\tau}=\begin{cases}\boldsymbol{\delta}_{ij}, & i,j\in\pi_{\varepsilon}(\boldsymbol{u})\\ \left[\mathrm{Hess}\boldsymbol{E}\left(\boldsymbol{u}_{\tau}\right)\right]_{ij}, & i,j\notin\pi_{\varepsilon}(\boldsymbol{u})\end{cases} \tag{4.22}$$

当 $\boldsymbol{u}_{\tau}^{i}$ 的值都较大且都相同时，图像变为单值图像，$i,j\notin\pi_{\varepsilon}(\boldsymbol{u})$，若 $\boldsymbol{\varGamma}_{\tau}$ 还取 $\left[\mathrm{Hess}\boldsymbol{E}\left(\boldsymbol{u}_{\tau}\right)\right]_{ij}$，此时出现 $\boldsymbol{\varGamma}_{\tau}$ 不可逆的情况，为防止此情况的发生，用块循环–循环块矩阵逼近 $\left[\mathrm{Hess}\boldsymbol{E}\left(\boldsymbol{u}_{\tau}\right)\right]_{ij}$，表达式为

$$\left[\mathrm{Hess}\boldsymbol{E}\left(\boldsymbol{u}_{\tau}\right)\right]_{ij}=\boldsymbol{\varLambda}_{\tau}\boldsymbol{A}^{\mathrm{T}}\boldsymbol{A}+\alpha \tag{4.23}$$

式中，$\boldsymbol{\varLambda}_{\tau}=\mu\left(\dfrac{\boldsymbol{g}_{ij}}{\left(\boldsymbol{A}\boldsymbol{u}_{\tau}+\xi\right)_{ij}^{2}}\right)$，$\mu(\cdot)$ 表示均值。

式（4.20）中的海森逼近矩阵 $\boldsymbol{D}_{\tau}$ 表示为

$$\boldsymbol{D}_{\tau}=\boldsymbol{M}_{\tau}\boldsymbol{\varGamma}_{\tau}\boldsymbol{M}_{\tau}+\boldsymbol{N}_{\tau} \tag{4.24}$$

式中，$\boldsymbol{M}_{\tau}$ 和 $\boldsymbol{N}_{\tau}$ 都是对角矩阵。$\boldsymbol{M}_{\tau}$ 和 $\boldsymbol{N}_{\tau}$ 都由能量泛函的梯度产生与指标集式（4.21）有关，表示为

$$\boldsymbol{M}_{\tau}=\begin{cases}1, & i\notin\pi_{\varepsilon}(\boldsymbol{u})\\ 0, & i\in\pi_{\varepsilon}(\boldsymbol{u})\end{cases},\quad \boldsymbol{N}_{\tau}=\boldsymbol{I}-\boldsymbol{M}_{\tau} \tag{4.25}$$

由式（4.24）可知，矩阵 $\boldsymbol{D}_{\tau}$ 是对角矩阵。将式（4.24）代入式（4.20），获得牛顿投影算法的搜索方向，表达式为

$$\boldsymbol{d}_{\tau}=-\boldsymbol{D}_{\tau}\boldsymbol{\nabla}\boldsymbol{E}\left(\boldsymbol{u}_{\tau}\right)=-\boldsymbol{M}_{\tau}\boldsymbol{\varGamma}_{\tau}\boldsymbol{M}_{\tau}\boldsymbol{\nabla}\boldsymbol{E}\left(\boldsymbol{u}_{\tau}\right)-\boldsymbol{N}_{\tau}\boldsymbol{\nabla}\boldsymbol{E}\left(\boldsymbol{u}_{\tau}\right) \tag{4.26}$$

令

$$\boldsymbol{\theta}_\tau = -\boldsymbol{\Gamma}_\tau \boldsymbol{M}_\tau \nabla \boldsymbol{E}(\boldsymbol{u}_\tau) \tag{4.27}$$

由于引入的矩阵 $\boldsymbol{\Gamma}_\tau$ 是可逆的，则 $\boldsymbol{\theta}_\tau$ 是下列线性系统方程的解：

$$\boldsymbol{\Gamma}_\tau^{-1}\boldsymbol{\theta}_\tau = -\boldsymbol{M}_\tau \nabla \boldsymbol{E}(\boldsymbol{u}_\tau) \tag{4.28}$$

而式（4.28）可以通过共轭梯度算法来求解。

4.2.4 改进的牛顿迭代算法收敛性

已知 $r>0$，$\eta>0$，$\rho(\boldsymbol{u}_*, r)$ 表示以 $\boldsymbol{u}_*$ 为圆心，r 为半径的球。$\boldsymbol{u}_*$ 为式（4.10）的最优解，能量泛函的迭代解 $\forall \boldsymbol{u}_\tau \in \rho(\boldsymbol{u}_*, r) \subset \Omega$，$\tau = 1, 2, \cdots$。

定理 4.1 若 $\boldsymbol{u}_*$ 为式（4.10）的最优解，$\nabla \boldsymbol{E}(\boldsymbol{u}_*) = 0$，那么海森矩阵的逆矩阵 $\boldsymbol{D}_\tau^{-1}$ 是 Lipschitz 连续的，表达式为

$$\left\|\boldsymbol{D}^{-1}(\boldsymbol{u}+\boldsymbol{h}) - \boldsymbol{D}^{-1}(\boldsymbol{u})\right\| \leqslant \eta \|\boldsymbol{h}\| \tag{4.29}$$

式中，η 是 Lipschitz 常数。

定理 4.2 若能量泛函 $\boldsymbol{E}(\boldsymbol{u})$ 是二阶连续、可微分的，对任意 $\boldsymbol{u}_0 \in \rho(\boldsymbol{u}_*, r) \subset \Omega$，$\forall \boldsymbol{y} \in \Omega$，存在常数 $\theta > 0$，使得

$$\boldsymbol{y}^{\mathrm{T}} \boldsymbol{D}^{-1}(\boldsymbol{u}) \boldsymbol{y} \geqslant \theta \|\boldsymbol{y}\|^2 \tag{4.30}$$

式中，$\boldsymbol{u} \in \boldsymbol{L}(\boldsymbol{u}_0)$，$\boldsymbol{L}(\boldsymbol{u}_0)$ 为水平集，表达式为

$$\boldsymbol{L}(\boldsymbol{u}_0) = \{\boldsymbol{u} | \boldsymbol{E}(\boldsymbol{u}) \leqslant \boldsymbol{E}(\boldsymbol{u}_0)\} \tag{4.31}$$

定理 4.3 若能量泛函式（4.10）满足定理 4.1 和定理 4.2，由式（4.20）产生的点列 $\{\boldsymbol{u}_\tau\}$ 收敛于 $\boldsymbol{E}(\boldsymbol{u})$ 的极小点。

证明 由于式（4.31）为有界闭凸集，$\nabla \boldsymbol{E}(\boldsymbol{u})$ 在 $\boldsymbol{L}(\boldsymbol{u}_0)$ 上一致连续。由定理 4.1，$\boldsymbol{D}^{-1}(\boldsymbol{u})$ 连续，$\boldsymbol{L}(\boldsymbol{u}_0)$ 是有界闭集，存在常数 $\Theta > \theta$，$\forall \boldsymbol{u} \in \boldsymbol{L}(\boldsymbol{u}_0)$，使得

$$\left\|\boldsymbol{D}^{-1}(\boldsymbol{u})\right\| \leqslant \Theta \tag{4.32}$$

由式（4.26），则有

$$\boldsymbol{D}_\tau^{-1} \boldsymbol{d}_\tau = \nabla \boldsymbol{E}(\boldsymbol{u}_\tau) \tag{4.33}$$

式（4.33）两边取范数，则有

$$\|\nabla \boldsymbol{E}(\boldsymbol{u}_\tau)\| = \left\|\boldsymbol{D}_\tau^{-1} \boldsymbol{d}_\tau\right\| \leqslant \Theta \|\boldsymbol{d}_\tau\| \tag{4.34}$$

记 ϕ_τ 为搜索方向 $\boldsymbol{d}_\tau$ 与负梯度 $\boldsymbol{\nabla E}(\boldsymbol{u}_\tau)$ 夹角，则

$$\cos\phi_\tau = \frac{-\left[\boldsymbol{\nabla E}(\boldsymbol{u}_\tau)\right]^{\mathrm{T}}\boldsymbol{d}_\tau}{\|\boldsymbol{\nabla E}(\boldsymbol{u}_\tau)\|\,\|\boldsymbol{d}_\tau\|} \tag{4.35}$$

将式（4.33）代入式（4.35），则有

$$\cos\phi_\tau = \frac{\boldsymbol{d}_\tau^{\mathrm{T}}\boldsymbol{D}_\tau^{-1}\boldsymbol{d}_\tau}{\|\boldsymbol{\nabla E}(\boldsymbol{u}_\tau)\|\,\|\boldsymbol{d}_\tau\|} \geqslant \frac{\theta}{\Theta} \tag{4.36}$$

因为 $\dfrac{\theta}{\Theta} \leqslant \cos\phi_\tau = \sin\left(\dfrac{\pi}{2}-\phi_\tau\right) \leqslant \dfrac{\pi}{2}-\phi_\tau$，所以 $\phi_\tau \leqslant \dfrac{\pi}{2}-\dfrac{\theta}{\Theta}$。

因为 $\boldsymbol{E}(\boldsymbol{u})$ 具有唯一最小值，那么

$$\lim_{\tau\to\infty}\left[\boldsymbol{E}(\boldsymbol{u}_{\tau+1})-\boldsymbol{E}(\boldsymbol{u}_\tau)\right]=0 \tag{4.37}$$

下面用反证法证明迭代算法的收敛性。假设 $\lim\limits_{\tau\to\infty}\boldsymbol{\nabla E}(\boldsymbol{u}_\tau)\neq 0$，则存在常数 $\eta_1>0$ 和子序列 $\{\boldsymbol{u}_\tau\}$，使得 $\|\boldsymbol{\nabla E}(\boldsymbol{u}_\tau)\|\geqslant\eta_1$。由式（4.35），有

$$-\left[\nabla \boldsymbol{E}(\boldsymbol{u}_\tau)\right]^{\mathrm{T}}\frac{\boldsymbol{d}_\tau}{\|\boldsymbol{d}_\tau\|} = \|\boldsymbol{\nabla E}(\boldsymbol{u}_\tau)\|\cos\phi_\tau \geqslant \eta_1\cos\left(\frac{\pi}{2}-\frac{\theta}{\Theta}\right) = \eta_1\sin\left(\frac{\theta}{\Theta}\right)\neq 0 \tag{4.38}$$

由中值定理，有

$$\begin{aligned}\boldsymbol{E}(\boldsymbol{u}_\tau+\boldsymbol{\nu}d_\tau) &= \boldsymbol{E}(\boldsymbol{u}_\tau)+\boldsymbol{\nu}\boldsymbol{\nabla E}^{\mathrm{T}}(\boldsymbol{\xi}_\tau)\,\boldsymbol{d}_\tau\\ &= \boldsymbol{E}(\boldsymbol{u}_\tau)+\boldsymbol{\nu}\boldsymbol{\nabla E}^{\mathrm{T}}(\boldsymbol{u}_\tau)\,\boldsymbol{d}_\tau+\boldsymbol{\nu}\left(\boldsymbol{\nabla E}(\boldsymbol{\xi}_\tau)-\boldsymbol{\nabla E}(\boldsymbol{u}_\tau)\right)^{\mathrm{T}}\boldsymbol{d}_\tau\\ &\leqslant \boldsymbol{E}(\boldsymbol{u}_\tau)+\boldsymbol{\nu}\|\boldsymbol{d}_\tau\|\left(\frac{\boldsymbol{\nabla E}^{\mathrm{T}}(\boldsymbol{u}_\tau)\,\boldsymbol{d}_\tau}{\|\boldsymbol{d}_\tau\|}+\|\boldsymbol{\nabla E}(\boldsymbol{\xi}_\tau)-\boldsymbol{\nabla E}(\boldsymbol{u}_\tau)\|\right)\end{aligned} \tag{4.39}$$

式中，$\boldsymbol{\xi}_\tau=\boldsymbol{u}_\tau+\varsigma\boldsymbol{\nu}\boldsymbol{d}_\tau$，$0<\varsigma<1$。因为 $\boldsymbol{E}(\boldsymbol{u})$ 在水平集式（4.31）一致连续，所以存在 $\eta_2>0$，使得当 $0\leqslant\boldsymbol{\nu}\|\boldsymbol{d}_\tau\|\leqslant\eta_2$ 时，则有

$$\|\boldsymbol{\nabla E}(\boldsymbol{\xi}_\tau)-\boldsymbol{\nabla E}(\boldsymbol{u}_\tau)\|\leqslant\frac{1}{2}\eta_1\sin\left(\frac{\theta}{\Theta}\right) \tag{4.40}$$

根据式（4.38）~式（4.40），有

$$\begin{aligned}&\boldsymbol{E}\left(\boldsymbol{u}_\tau+\frac{\eta_2}{\|\boldsymbol{d}_\tau\|}\boldsymbol{d}_\tau\right)\leqslant\boldsymbol{E}(\boldsymbol{u}_\tau)+\eta_2\left(\frac{\boldsymbol{\nabla E}^{\mathrm{T}}(\boldsymbol{u}_\tau)\,\boldsymbol{d}_\tau}{\|\boldsymbol{d}_\tau\|}+\frac{1}{2}\eta_1\sin\left(\frac{\theta}{\Theta}\right)\right)\\ &\leqslant\boldsymbol{E}(\boldsymbol{u}_\tau)+\eta_2\left(\frac{\boldsymbol{\nabla E}^{\mathrm{T}}(\boldsymbol{u}_\tau)\,\boldsymbol{d}_\tau}{\|\boldsymbol{d}_\tau\|}+\frac{1}{2}\eta_1\sin\left(\frac{\theta}{\Theta}\right)\right)\leqslant\boldsymbol{E}(\boldsymbol{u}_\tau)-\frac{1}{2}\eta_2\eta_1\sin\left(\frac{\theta}{\Theta}\right)\end{aligned} \tag{4.41}$$

若 $\boldsymbol{\nu}_\tau$ 由线性搜索确定，那么有

$$\begin{aligned}\boldsymbol{E}(\boldsymbol{u}_{\tau+1}) = \boldsymbol{E}(\boldsymbol{u}_\tau + \boldsymbol{\nu}_\tau \boldsymbol{d}_\tau) &\leqslant \boldsymbol{E}\left(\boldsymbol{u}_\tau + \frac{\eta_2}{\|\boldsymbol{d}_\tau\|}\boldsymbol{d}_\tau\right) \\ &\leqslant \boldsymbol{E}(\boldsymbol{u}_\tau) - \frac{1}{2}\eta_2\eta_1 \sin\left(\frac{\theta}{\Theta}\right)\end{aligned} \tag{4.42}$$

这与式(4.37)相矛盾，说明假设 $\lim\limits_{\tau\to\infty} \nabla\boldsymbol{E}(\boldsymbol{u}_\tau) \neq 0$是错误的，因此 $\lim\limits_{\tau\to\infty} \nabla\boldsymbol{E}(\boldsymbol{u}_\tau)=0$，故改进的牛顿迭代算法是收敛的。证毕。

4.3 改进的牛顿迭代算法在图像恢复中的应用

改进的牛顿迭代算法具体步骤如下所示。

初始化：用被泊松噪声退化的图像作为初始值 $\boldsymbol{g}_0$，设置正则项中的 β 和权系数 α_0。

迭代算法：设置算法最大迭代数值 $\tau = \text{num}$。

步骤 1 计算式（4.12）获得梯度 $\nabla\boldsymbol{E}(\boldsymbol{u}_\tau)$，根据指标集式（4.21），计算式（4.25）获得对角矩阵 $\boldsymbol{M}_\tau$ 和 $\boldsymbol{N}_\tau$；根据指标集和式（4.13）获得对角矩阵 $\boldsymbol{\varGamma}_\tau$；根据式（4.24）获得对角化海森矩阵。

步骤 2 计算式（4.26）获得搜索方向 $\boldsymbol{d}_\tau$。

步骤 3 使能量泛函式（4.16）最小化，获得牛顿迭代算法搜索步长，表达式为

$$\boldsymbol{\nu}_\tau = \underset{\boldsymbol{\nu}>0}{\operatorname{argmin}}\, \boldsymbol{E}\left[\boldsymbol{P}\left(\boldsymbol{u}_\tau - \boldsymbol{\nu}\boldsymbol{D}_\tau \nabla\boldsymbol{E}(\boldsymbol{u}_\tau)\right)\right] \tag{4.43}$$

步骤 4 计算能量泛函的解，表达式为

$$\boldsymbol{u}_{\tau+1} = \boldsymbol{P}\left(\boldsymbol{u}_\tau - \boldsymbol{\nu}_\tau \boldsymbol{D}_\tau \nabla\boldsymbol{E}(\boldsymbol{u}_\tau)\right) \tag{4.44}$$

步骤 5 若 $\tau > \text{num}$ 或相邻两次迭代能量泛函的差 $\|\boldsymbol{E}(\boldsymbol{u}_{\tau+1}) - \boldsymbol{E}(\boldsymbol{u}_\tau)\| \leqslant t$，转输出。否则，$\tau = \tau + 1$，返回步骤 1。

输出：优化后恢复图像 $\boldsymbol{u}_{\tau+1}$。

改进的牛顿迭代算法流程如图 4.4 所示。

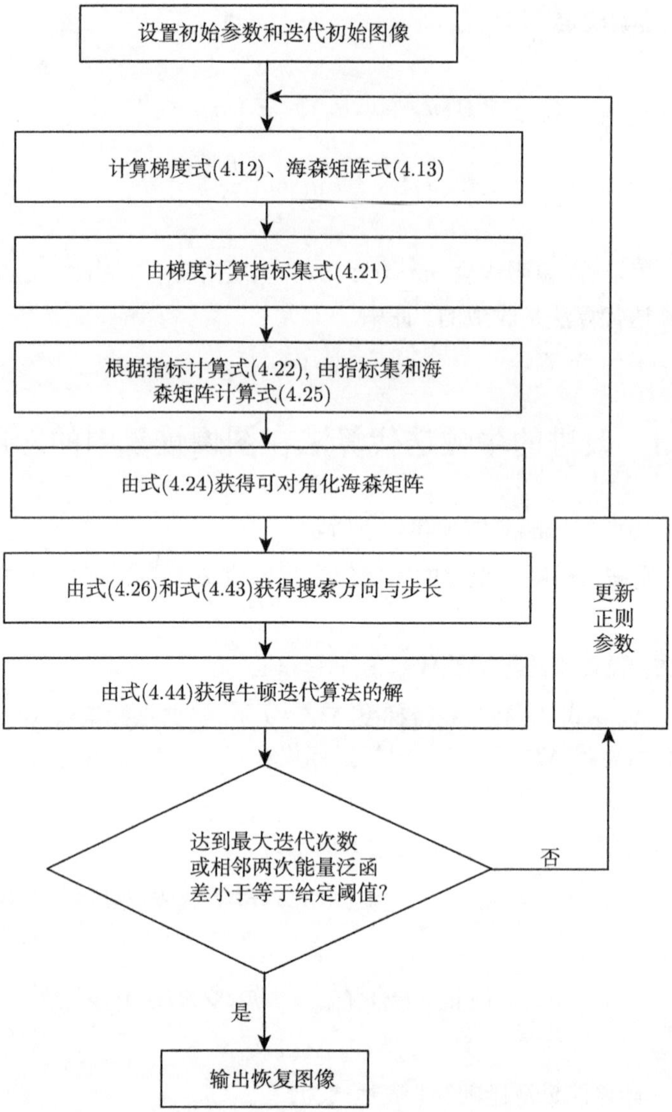

图 4.4　改进的牛顿迭代算法流程

4.3.1　实验测试

为测试改进的牛顿迭代算法的性能，同时进行仿真图像和真实核磁共振图像恢复实验。下面给出改进的牛顿迭代算法（算法 1），FISTA[27] 和改进的尺度梯度投影 (improved scale gradient projection, ISGP) 算法处理结果比较，用 Canny 算子检测不同算法恢复图像的边缘，对部分细节进行放大。

实验采用 psfGauss 函数分别生成尺度为 256×256 和 128×128 的点扩散函数，如图 4.5（a）、（b）所示。点扩散函数形成式（4.10）中的矩阵 $\boldsymbol{A}$，图 4.5(c) 表示图 4.5（a）和图 4.5（b）形成矩阵的奇异值分解。由图 4.5(c) 可知，点扩散函数形成矩阵的特征值幅值变化较大，即矩阵 $\boldsymbol{A}$ 是“病态”的。

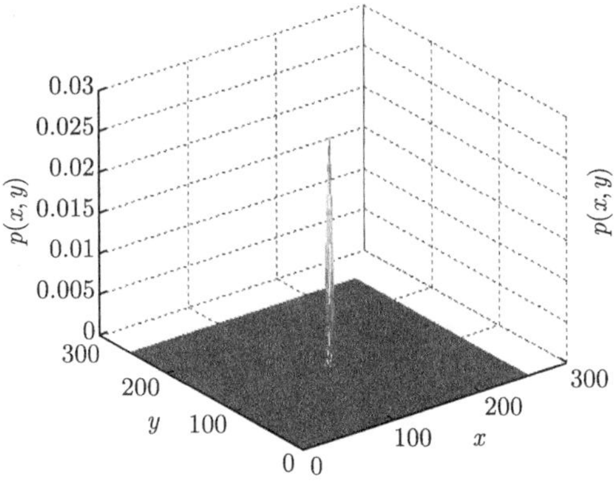

(a) 尺寸为 256×256 的点扩散函数

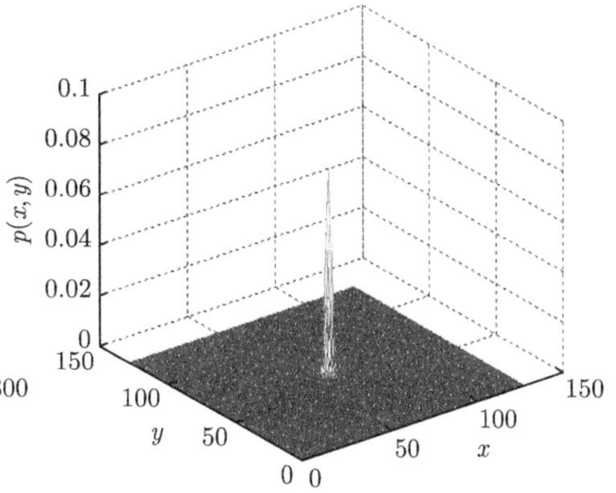

(b) 尺寸为 128×128 的点扩散函数

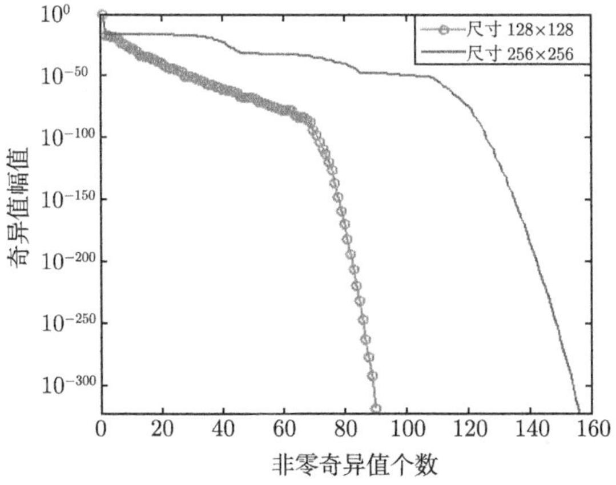

(c) 点扩散函数产生矩阵奇异值分解

图 4.5 点扩散函数

4.3.2 图像恢复仿真实验

选取四幅图像，如图 4.6 所示。Pears 图像，物体间有遮挡，处理不当容易产生边缘丢失；Spine 图像，由较多平坦区域组成，轮廓简单，处理不当容易产生阶梯效应；Eye 图像，细节较多，容易造成边缘模糊；Woman 图像，细节和平坦区域都形成较大区域，细节不易恢复且平坦区域容易产生阶梯效应。图 4.7~图 4.10 为不同算法恢复的仿真结果，表 4.1 和表 4.2 为不同算法恢复的定量评价指标，表 4.3 为不同算法的执行效率。

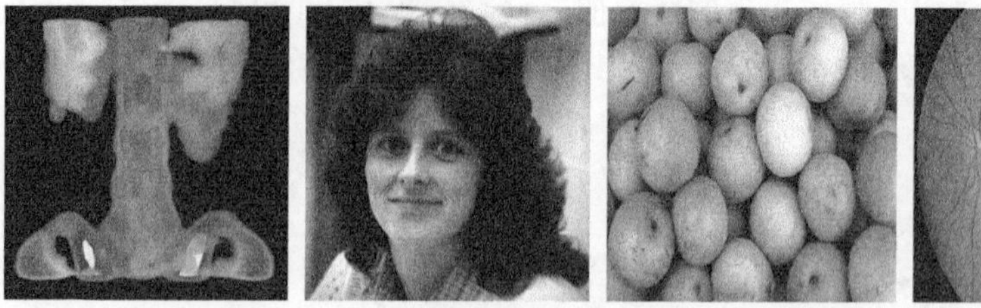

(a) Spine　(b) Woman　(c) Pears　(d) Eye

图 4.6　原始图像

图 4.7 为 Spine 图像，从图 4.7 的恢复视觉效果来看，改进的牛顿迭代算法与原始图像最接近，说明改进的牛顿迭代算法用复合函数作为正则项更能体现图像边缘与平稳区域特征。从边缘检测结果图 4.7(e)~(h) 对比可以看出，FISTA 在平坦区

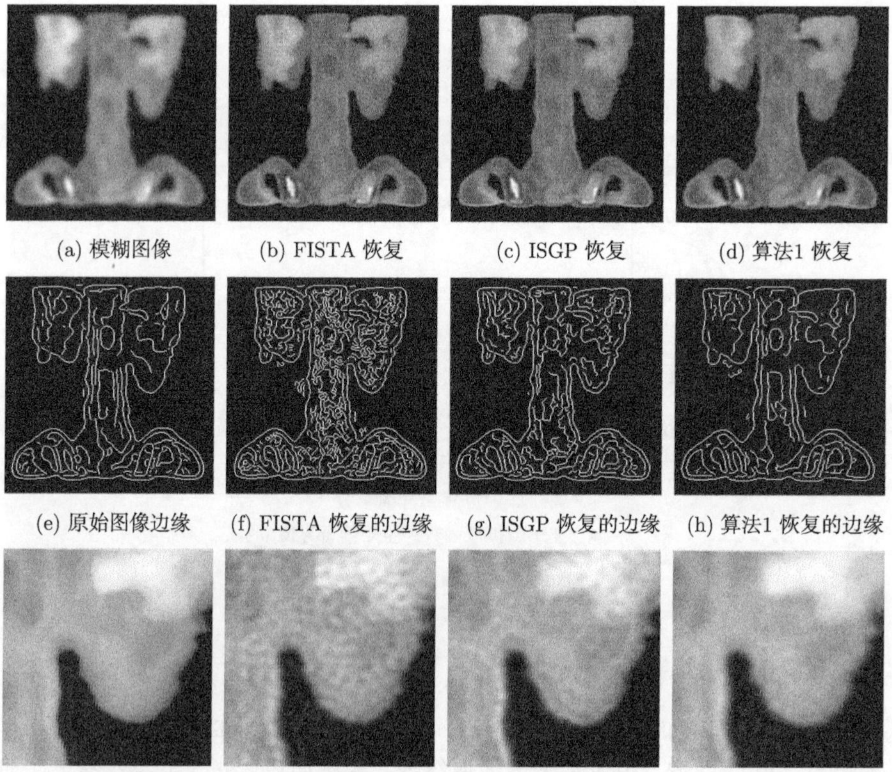

(a) 模糊图像　(b) FISTA 恢复　(c) ISGP 恢复　(d) 算法1 恢复

(e) 原始图像边缘　(f) FISTA 恢复的边缘　(g) ISGP 恢复的边缘　(h) 算法1 恢复的边缘

(i) 原始图像局部　(j) FISTA 恢复的局部　(k) ISGP 恢复的局部　(l) 算法1 恢复的局部

图 4.7　Spine 图像不同算法复原对比

域产生更多虚假边缘，ISGP 算法产生的虚假边缘多于改进的牛顿迭代算法，这是由于 Spine 图像主要由平稳区域组成，用有界变差函数作为正则项容易在平稳区域产生阶梯效应。从局部放大图 4.7(i)~(l) 对比可以看出，FISTA 产生更多的伪痕，ISGP 算法图像的细节信息恢复不太明显。

图 4.8 为 Woman 图像，从恢复的局部放大图，如图 4.8(i)~(l) 对比可知，FISTA 使图像的边缘模糊，这是由于 FISTA 用最小二乘作为保真项，不能准确拟合图像非平稳统计分布。ISGP 算法使图像在平稳区域产生很多伪痕，说明有界变差函数容易在平稳区域产生阶梯效应。改进的牛顿迭代算法恢复图像的视觉效果最接近原始图像。

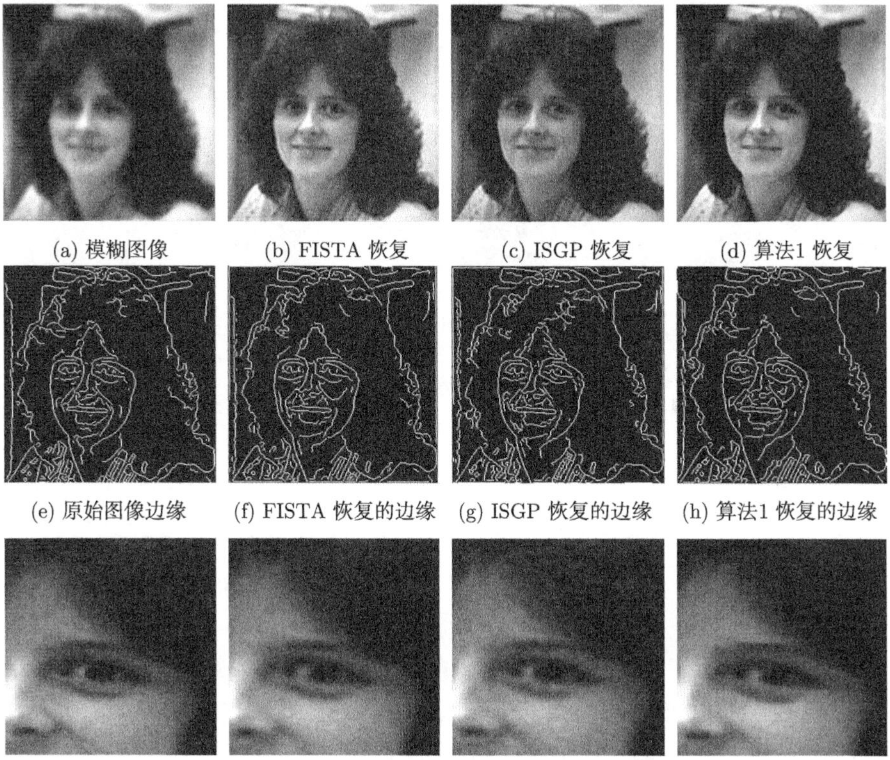

(a) 模糊图像 (b) FISTA 恢复 (c) ISGP 恢复 (d) 算法1 恢复

(e) 原始图像边缘 (f) FISTA 恢复的边缘 (g) ISGP 恢复的边缘 (h) 算法1 恢复的边缘

(i) 原始图像局部 (j) FISTA 恢复的局部 (k) ISGP 恢复的局部 (l) 算法1 恢复的局部

图 4.8 Woman 图像不同算法复原对比

图 4.9 为 Pears 图像，从局部放大图 4.9(i)~(l) 和边缘检测图 4.9(e)~(h) 对比可知，FISTA 和 ISGP 算法都在 Pears 表面产生虚假边缘，说明用有界变差函数作为正则项不利于平稳区域恢复，而改进的牛顿迭代算法有效地抑制虚假边缘的产生，这说明用复合平方根函数作为正则项更能体现图像的特征。

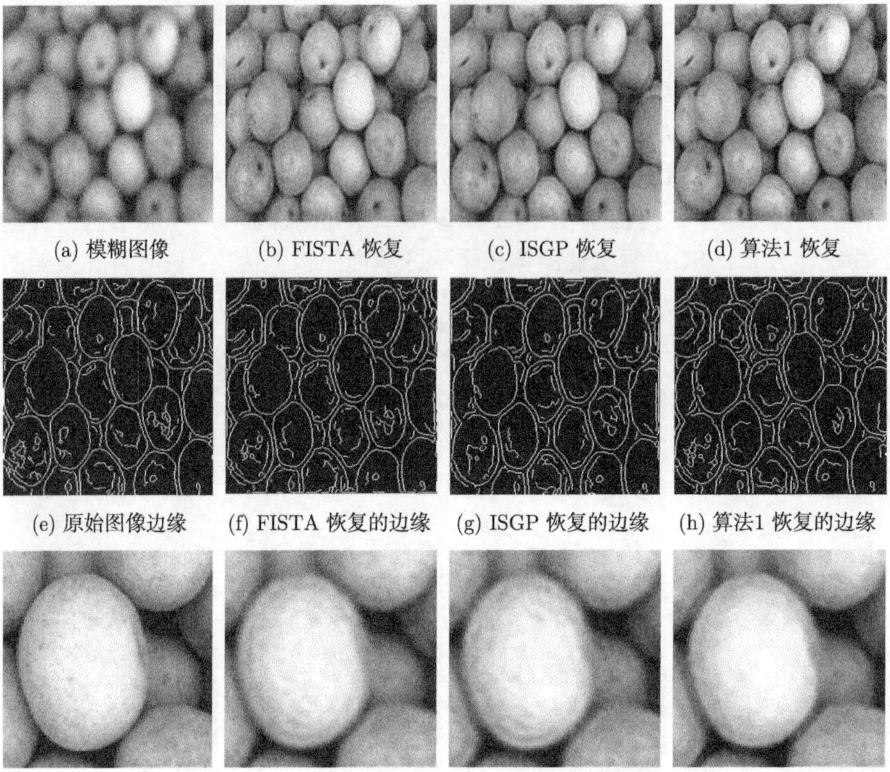

(a) 模糊图像　(b) FISTA 恢复　(c) ISGP 恢复　(d) 算法1 恢复

(e) 原始图像边缘　(f) FISTA 恢复的边缘　(g) ISGP 恢复的边缘　(h) 算法1 恢复的边缘

(i) 原始图像局部　(j) FISTA 恢复的局部　(k) ISGP 恢复的局部　(l) 算法1 恢复的局部

图 4.9　Pears 图像不同算法复原对比

图 4.10 为 Eye 视网膜图像，由图 4.10(e)~(h) 最右边的边缘对比可知，FISTA 在图像的边缘外侧和内侧产生一条很长的虚假边缘，说明 FISTA 不利于恢复图像的平稳区域，这是由于 FISTA 的逼近项与保真项不当。ISGP 算法在原始边缘的内侧产生一条虚假边缘，说明 ISGP 算法的正则项不能准确反映图像的平稳区域。而改进的牛顿迭代算法产生的边缘和平稳区域几乎与原始图像相吻合，说明改进的牛顿迭代算法在保护图像细节信息的同时有利于平稳区域恢复。

表 4.1 和表 4.2 分别为使用点扩散函数图 4.5(a) 和图 4.5(b) 对图 4.6 中的原始图像进行模糊，表中的第三列为模糊图像定量性能指标，第四列、第五列和第六列分别为用 FISTA、ISGP 算法和改进的牛顿迭代算法获得的定量性能指标。由表 4.1 和表 4.2 定量评价指标可知，改进的牛顿迭代算法获得的 RE 和 MAE 数值最小，说明对图像的结构保持较好，PSNR 最高，说明图像恢复整体效果较好，这与图像恢复视觉效果相吻合。对于由大块平稳区域组成的图像，改进的牛顿迭代算法能有效地抑制恢复过程产生的阶梯效应，如 Spine 图像；对于由较多细节组成的

图像，如 Eye 图像，改进的牛顿迭代算法能有效地保护图像的边缘信息。

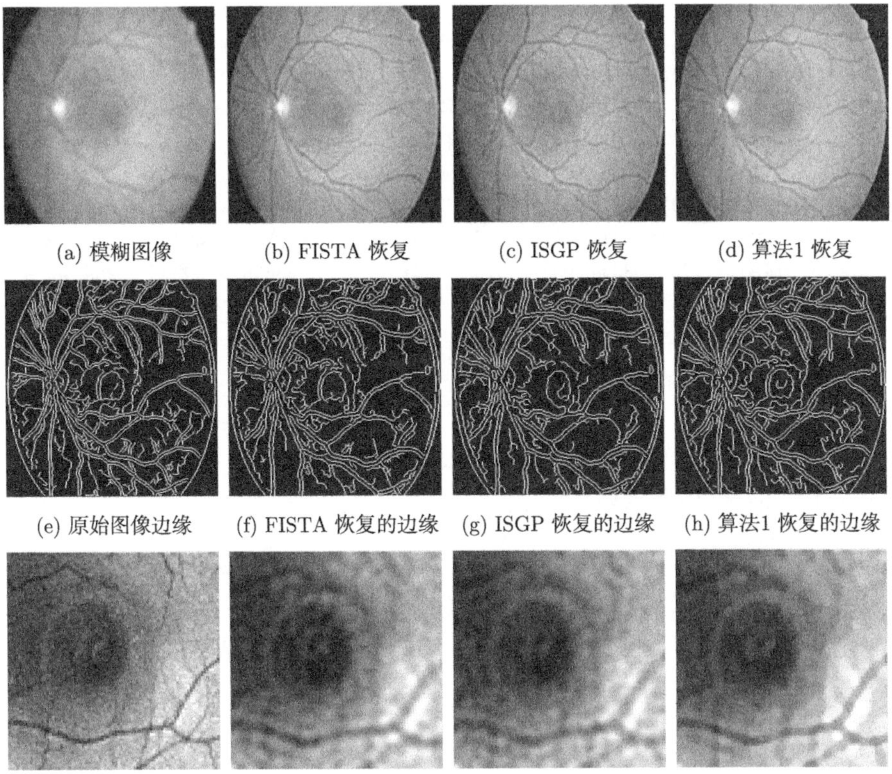

(a) 模糊图像 (b) FISTA 恢复 (c) ISGP 恢复 (d) 算法1 恢复

(e) 原始图像边缘 (f) FISTA 恢复的边缘 (g) ISGP 恢复的边缘 (h) 算法1 恢复的边缘

(i) 原始图像局部 (j) FISTA 恢复的局部 (k) ISGP 恢复的局部 (l) 算法1 恢复的局部

图 4.10 Eye 图像不同算法复原对比

表 4.1 不同算法恢复 256×256 图像性能比较

原始图像	指标	模糊图像，图 (a)	FISTA，图 (b)	ISGP，图 (c)	算法 1，图 (d)
	RE	1.096822e−001	6.269439e−002	5.561939e−002	5.537319e−002
Spine	MAE	5.152978e−003	3.583251e−003	2.916055e−003	2.622704e−003
	PSNR	2.800272e+001	3.347082e+001	3.450521e+001	3.455941e+001
	RE	8.141608e−002	4.337530e−002	4.411570e−002	3.385874e−002
Woman	MAE	2.251072e−002	1.244560e−002	1.361843e−002	1.001345e−002
	PSNR	2.807959e+001	3.350415e+001	3.437088e+001	3.584024e+001
	RE	6.881248e−002	4.003289e−002	4.151488e−002	3.618604e−002
Pears	MAE	2.590700e−002	1.573616e−002	1.627043e−002	1.437035e−002
	PSNR	2.705758e+001	3.176446e+001	3.147015e+001	3.250390e+001
	RE	7.391912e−002	5.305966e−002	5.301539e−002	4.779962e−002
Eye	MAE	2.488828e−002	1.997103e−002	1.987081e−002	1.829160e−002
	PSNR	2.758433e+001	3.033452e+001	3.046935e+001	3.113018e+001

表 4.2　不同算法恢复 128×128 图像性能比较

原始图像	指标	模糊图像，图 (a)	FISTA，图 (b)	ISGP，图 (c)	算法 1，图 (d)
Spine	RE	1.151137e−001	8.749910e−002	7.115908e−002	6.181855e−002
	MAE	5.639436e−003	5.085648e−003	3.949175e−003	3.080841e−003
	PSNR	2.771290e+001	3.047273e+001	3.256440e+001	3.320672e+001
Woman	RE	8.445651e−002	4.033775c−002	4.157535e−002	3.202544e−002
	MAE	2.367734e−002	1.329638e−002	1.403205e−002	1.056919e−002
	PSNR	2.794082e+001	3.413979e+001	3.461558e+001	3.652200e+001
Pears	RE	6.832837e−002	3.374670e−002	3.745934e−002	3.061050e−002
	MAE	2.589334e−002	1.433993e−002	1.636589e−002	1.259046e−002
	PSNR	2.704708e+001	3.331548e+001	3.244131e+001	3.406964e+001
Eye	RE	6.136251e−002	3.701983e−002	3.715966e−002	3.470719e−002
	MAE	1.944259e−002	1.467336e−002	1.490336e−002	1.329390e−002
	PSNR	2.912102e+001	3.349406e+001	3.354849e+001	3.395265e+001

4.3.3　真实 MRI 恢复实验

为进一步验证算法的有效性，使用 3 特斯拉（3T）MAGNETOM Trio 系统获得 MRI 三维人头数据。图 4.11 为理想数据经投影后获得的 MRI。图 4.12 为用不同算法对 MRI 进行恢复获得的实验结果。表 4.3 为不同算法重构 MRI 获得定量评价指标。

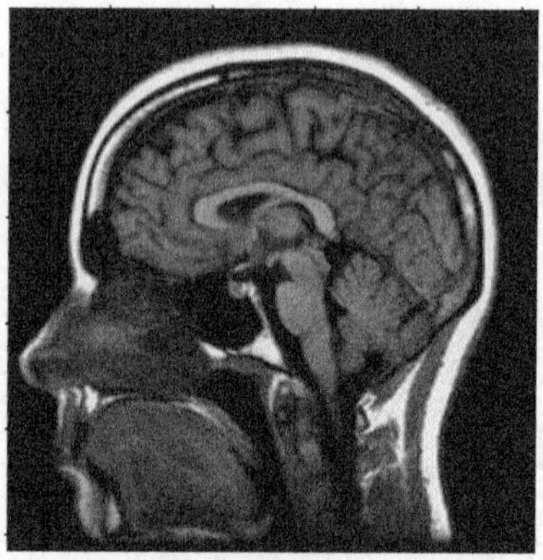

图 4.11　理想图像

从图 4.12(a) 可知，采样获得的图像比较模糊，造成图 4.12(a) 脑组织结构不容易区分。用 FISTA 和 ISGP 算法获得恢复图像，产生边缘丢失现象，如图 4.12(f) 和图 4.12(g) 嘴巴的上方，同时产生边缘误检情况，图 4.12(f) 和图 4.12(g) 鼻腔的内测，是 FISTA 的逼近项和 ISGP 算法的正则项不当所致。从边缘检测图 4.12(h) 与图 4.12(e) 对比可知，改进的牛顿迭代算法恢复图像的边缘与理想图像的边缘几乎吻合，说明改进的牛顿迭代算法恢复的图像接近理想图像，更能准确描述图像的特征。

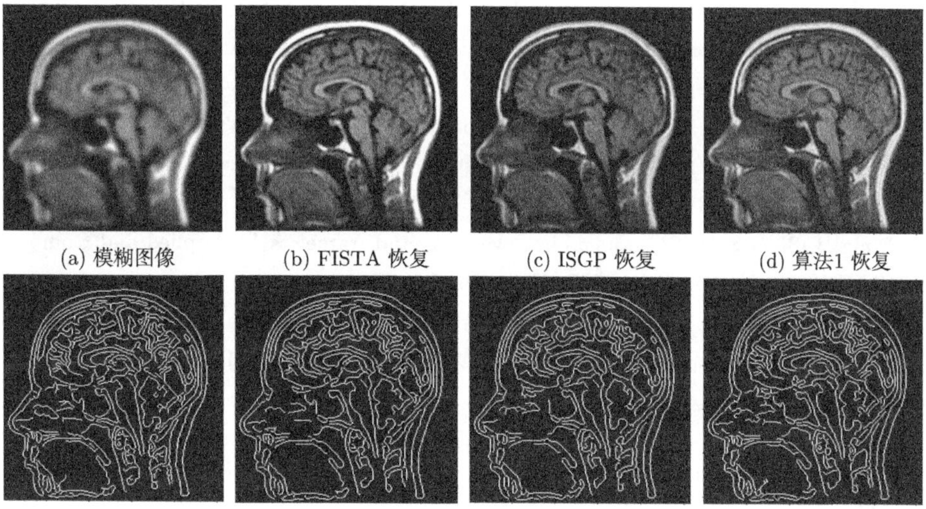

(a) 模糊图像　(b) FISTA 恢复　(c) ISGP 恢复　(d) 算法1 恢复

(e) 理想图像边缘　(f) FISTA 恢复的边缘　(g) ISGP 恢复的边缘　(h) 算法1 恢复的边缘

图 4.12　Brain 图像不同算法复原对比

从表 4.3 定量评价指标可知，用改进的牛顿迭代算法恢复图像的 PSNR 数值高于 FISTA 和 ISGP 算法，说明改进的牛顿迭代算法能同时表征图像非平稳与平稳区域的特征。

表 4.3　不同算法恢复 MRI 性能比较

Brain 图像	指标	模糊图像，图 (a)	FISTA，图 (b)	ISGP，图 (c)	算法 1，图 (d)
256×256	RE	2.595861e−001	1.009464e−001	1.275203e−001	8.963052e−002
	MAE	5.378606e−002	2.075034e−002	2.552935e−002	2.063065e−002
	PSNR	2.133497e+001	2.906273e+001	2.868744e+001	3.135890e+001
128×128	RE	2.697832e−001	8.856192e−002	1.159481e−001	1.013726e−001
	MAE	5.622634e−002	1.870299e−002	2.328369e−002	2.307287e−002
	PSNR	20.96827e+001	3.026199e+001	2.935690e+001	3.192266e+001

参 考 文 献

[1] Du X , Zhang P, Ma W Y. Some modified conjugated gradient methods for unconstrained optimization [J]. Journal of Computational and Applied Mathematics, 2016, 305(1): 92-114.

[2] Lu Z B, Ling Q, Li H Q. Video restoration based on a novel second order nonlocal total

variation model [J]. Signal Processing, 2017, 133(1): 79-96.

[3] 盛骤, 谢式千, 潘承毅. 概率论与数理统计 [M]. 北京: 高等教育出版社, 2000.

[4] Huang Y, Jia Z X. On regularizing effects of MINRES and MR-II for large scale symmetric discrete ill-posed problems [J]. Journal of Computational and Applied Mathematics, 2017, 320(8): 145-163.

[5] Qiao B J, Zhang X W, Gao J W, et al. Sparse deconvolution for the large-scale ill-posed inverse problem of impact factor reconstruction [J]. Mechanical Systems and Signal Processing, 2017, 83(1): 93-115.

[6] Dong B, Shen Z W. Pseudo-splines, wavelets and framelets[J]. Applied and Computational Harmonic Analysis, 2007, 22(1): 78-104.

[7] Nagy J G, Palmer K, Perrone L. Iterative methods for image deblurring: A matlab object- oriented approach [J]. Numerical Algorithms, 2004, 36(1): 73-93.

[8] Aubert G, Hamidi A E I, Ghannam C, et al. On a class of ill-posed minimization problems in image processing [J]. Journal of Mathematical Analysis and Applications, 2009, 352(1): 380-399.

[9] Wen Y W, Chan R H. Parameter selection for total variation based image restoration using discrepancy principle [J]. IEEE Transactions on Image Processing, 2011, 21(4): 1770-1780.

[10] Rudin L I, Osher S, Fatemi E. Nonlinear total variation based noise removal algorithms [J]. Physical D: Nonlinear Phenomena, 1992, 60(1-4): 259-268.

[11] Hintermuller M, Langer A. Subspace correction methods for a class of non-smooth and non-additive convex variation problems with mixed L1/L2 data-fidelity in image processing [J]. SIAM Journal on Image Sciences, 2013, 6(4): 1851-2739.

[12] 童基均, 刘进, 蔡强. 基于全变差的加全最小二乘法 PET 图像重建 [J]. 电子学报, 2013, 41(4): 787-790.

[13] Liu X W, Huang L H, Guo Z Y. Adaptive fourth-order partial differential equation filter for image denoising [J]. Applied Mathematics Letters, 2011, 24(8): 1282-1288.

[14] Dykes L, Reichel L. Simplified GSVD computations for the solution of linear discrete ill-posed problems[J]. Journal of Computational and Applied Mathematics, 2014, 255(1): 15-27.

[15] Beck A, Teboulle M. A fast dual proximal gradient algorithm for convex minimization and applications [J]. Operations Research Letters, 2014, 42(1): 1-6.

[16] Duran J, Coll B, Sbert C. Chambolle's projection algorithm for total variation denoising [J]. Image Processing on Line, 2013, 2013(3): 301-321.

[17] Bouhamidi A, Enkhbat R, Jbilou K. Conditional gradient Tikhonov method for convex optimization problem in image restoration[J]. Journal of Computational and Applied Mathematics, 2014, 255(1): 580-592.

[18] Dai Y H, Kou C X. A nonlinear conjugate gradient algorithm with an optimal property and an improved wolfe line search [J]. SIAM Journal on Optimization, 2013, 23(1): 296-320.

[19] Dennis J E, Schnabel R B. Numerical Methods for Unconstrained Optimization and Nonlinear Equations[M]. Philadelphia: Society for Industrial and Applied Mathematics, 1996.

[20] Vogel C R. Computational Methods for Inverse Problems [M]. Philadelphia: Society for Industrial and Applied Mathematics, 2002.

[21] Landi G, Piccolomini E L. An efficient method for nonnegatively constrained total variation -based of medical images corrupted by poisson noise [J]. Computerized Medical Imaging and Graphics, 2012, 36(1): 38-46.

[22] Aubert G, Kornprobst P. Mathematical Problems in Image Processing, Partial Differential Equations and the Calculus of Variations [M]. 2nd ed. New York: Springer-Verlag, 2006.

[23] Sun W Y, Yuan Y X. Optimization Theory and Methods Nonlinear Programming [M]. New York: Springer Science Business Media, 2006.

[24] Boyd S, Vandenberghe L. Convex Optimization [M]. Cambridge: Cambridge University Press, 2004.

[25] Luenberger D G, Ye Y Y. Linear and Nonlinear Programming [M]. 3rd ed. New York: Springer Science Business Media, LLC, 2007.

[26] Bai Z J, Donatelli M, Capizzano S S. Fast preconditioners for total variation deblurring with anti-reflective boundary conditions [J]. SIAM Journal on Matrix Analysis and Applications, 2011, 32(3): 785-805.

[27] Beck A, Teboulle M. A fast iterative shrinkage-thresholding for linear inverse problems [J]. SIAM Journal on Imaging Science, 2009, 2(1): 183-202.

第 5 章　原始能量泛函正则化模型分裂原理及在图像恢复中的应用

在第 3 章，对保真项是 L_2 型、正则项是半二次型的正则化模型进行分析，对其进行 Fenchel 变换，使保真项具有光滑的拟合特性，设计牛顿迭代算法。在第 4 章中，对保真项是 K-L 函数、正则项是非光滑型一阶有界变差函数的半范数进行分析，由于正则项的非光滑特性，无法利用经典迭代算法进行处理，采用对正则项进行光滑逼近，设计牛顿迭代算法。从第 3、4 章可知，在进行算法设计时，计算能量泛函的梯度和海森矩阵是关键。若海森矩阵具有特殊结构，如块循环–循环块结构（block circulant with circulant block，BCCB）、Toeplitz+Hankel 矩阵结构、块 Toeplitz-Toeplitz 块矩阵（block Toeplitz with Toeplitz block，BTTB）结构，通过快速傅里叶变换（fast Fourier transform，FFT）、快速余弦变换（fast cosine transform，FCT）、快速正弦变换（fast sine transform，FST）对海森矩阵进行对角化，获得收敛速度较快的牛顿迭代算法。反之，若海森矩阵不具有特殊结构，造成计算海森矩阵的逆矩阵比较耗时，导致牛顿迭代算法收敛较慢。同时海森矩阵由拟合项和正则项共同决定，由于所研究的问题往往是大规模的，获得的海森矩阵规模比较大，计算其逆矩阵非常困难。尽管可以利用奇异值分解对海森矩阵进行分析，但由于矩阵的非适定（ill-posed）特性，即获得的海森矩阵往往是病态的（ill-conditioned），如图 4.5 所示。若想获得目标函数的有效解，必须对海森矩阵中特征值较小的部分进行逼近，而且要求逼近矩阵具有较好的条件数，且具有特殊结构，能够快速进行对角化，使计算海森矩阵的逆变得非常容易，如第 4 章中改进的牛顿迭代算法中的式 (4.24)，其对角矩阵具有特殊结构。但构造理想的逼近矩阵具有一定的难度，而且逼近矩阵对计算结果产生的影响，却是无法估量的，一般说，容易造成图像或信号的奇异、突变和跳跃等信息丢失。

总体来说，能量泛函正则化模型由光滑的保真项与非光滑的正则项组成，在极端的情况下，光滑的保真项可能为零，能量泛函正则化模型全部由非光滑函数组成，该类非线性、非光滑、大规模目标函数能描述大量实际工程问题，如核磁共振成像、反导系统、地质勘测及最优控制等，迫于巨大的市场需求，引起人们的广泛关注。但由于目标函数的非光滑、大规模特性，利用经典优化理论设计基于梯度和海森矩阵的迭代算法，很难获得目标函数的有效解 [1]。随着非线性系统优化理论的发展 [2]，特别是次微分和迫近算子的广泛应用 [3]，为非线性、非光滑、大规模目标函数优化理论的发展注入新的活力。利用迫近算子将复杂的大规模问题分解为几个小的子问题，而小的子问题尽管是非光滑的，但其次微分存在，通过提升模型的阶次，能够形成迫近算子，而且所获得的迫近算子具有封闭表达式，即使没有封闭表达式，但是非常容易进行计算 [4]。正是由于此方面的优点，近年来，迫近算子和次微分在实际非线性、非光滑、大规模工程应用中，呈现迅猛发展的态势 [5]。

目前，针对拟合项和正则项的特性设计分裂迭代算法，主要有两种发展趋势。一种是利用拟合项的可微分特性，将非光滑的能量泛函正则化模型表示成迫近算子的形式，设计基于拟合项和正则项的分裂迭代算法 [6]；另一种是利用朗格朗日乘子 [7]，提升能量泛函的光滑性，将目标函数分裂为基于拟合项子问题和基于正则项子问题，这两个子问题容易计算，一般说，分裂获得的拟合项子问题具有光滑性，可以利用经典迭代算法进行处理 [8,9]，而正则项子问题一般不具有光滑性，但可以用迫近算子来描述，且迫近算子容易计算，两个子问题交替迭代形成乘子交替方向算法（ADMM）[10]。

5.1 迫近算子及其特性

5.1.1 迫近算子

在凸集中，投影算子类似于经典优化理论中的梯度，表示最速下降的方向，而迫近算子是投影算子的延拓，在非线性能量泛函正则化模型数值解的计算中得到广泛应用。迫近算子为一大类凸目标函数的优化提供统一架构，如在信号和图像处理的逆问题研究中，常用的阈值迭代算法 [11]、投影 Landweber 迭代算法、投影梯度迭代算法 [12]、ADMM[13] 和分裂 Bregman 迭代算法 [14] 等，都是迫近算子应用的特殊情况。迫近算子的最大优点是将多项由非光滑、大规模凸函数的和组成的能量泛函表达式，分裂为几个迫近算子表达式，也称为子问题，每个子问题的迫近算子都具有封闭形式或容易计算，交替迭代子问题，形成快速迫近迭代算法。该算子的最大作用是将无法直接计算的非线性能量泛函，分裂为几个容易处理的子问题，使得复杂的大规模、非线性凸优化问题分裂为几个容易处理的子问题，形成高效、快速、有效的迭代算法。

定义 5.1 (Moreau Envelop)[15]　假设 $\boldsymbol{R}(\cdot) \in \Gamma_0(\Omega)$，$\Omega$ 表示希尔伯特空间，若常数 $c>0$，$\boldsymbol{z}$，$\boldsymbol{u} \in \Omega$，映射 $\boldsymbol{R}(\boldsymbol{u}):\Omega \to r$，$r$ 表示实数，则 Moreau Envelop 表达式为

$$\boldsymbol{R}_c(\boldsymbol{z}) = \min_{\boldsymbol{u}\in\Omega}\left\{\boldsymbol{R}(\boldsymbol{u}) + \frac{c}{2}\|\boldsymbol{u}-\boldsymbol{z}\|^2\right\} \tag{5.1}$$

定义 5.2 (迫近算子)　若映射 $\mathrm{prox}_{\boldsymbol{R}}:\Omega \to \Omega$ 存在，式 (5.1) 有唯一最小值且

$c=1$，则 $\boldsymbol{R}(\boldsymbol{u})$ 的追近算子表达式为

$$\operatorname{prox}_{\boldsymbol{R}}(\boldsymbol{z})=\underset{\boldsymbol{u}\in\Omega}{\operatorname{argmin}}\left\{\boldsymbol{R}(\boldsymbol{u})+\frac{1}{2}\|\boldsymbol{u}-\boldsymbol{z}\|^{2}\right\} \tag{5.2}$$

一般说，式 (5.2) 中 $\boldsymbol{R}(\boldsymbol{u})$ 的经典导数不存在，因此，常用次微分 (subgradient) 描述其导数特性，而次微分的值域对应的是集值 [16]。

定义 5.3 (尺度 Moreau Envelop)　假设 $\boldsymbol{R}(\cdot)\in\Gamma_0(\Omega)$，$\Omega$ 表示希尔伯特空间，若常数 $c>0$，$\boldsymbol{z}$，$\boldsymbol{u}\in\Omega$，映射 $\boldsymbol{R}(\boldsymbol{u}):\Omega\to r$，$r$ 表示实数，$\boldsymbol{H}$ 为正定对称矩阵，则尺度 Moreau Envelop 表达式为

$$R_c^{\boldsymbol{H}}(\boldsymbol{z})=\min_{u\in\Omega}\left\{\boldsymbol{R}(\boldsymbol{u})+\frac{c}{2}\|\boldsymbol{u}-\boldsymbol{z}\|_{\boldsymbol{H}}^{2}\right\} \tag{5.3}$$

定义 5.4 (尺度追近算子)　若映射 $\operatorname{prox}_{\boldsymbol{R}}^{\boldsymbol{H}}:\Omega\to\Omega$ 存在，$\boldsymbol{H}$ 为正定对称矩阵，式 (5.3) 有唯一最小值且 $c=1$，则 $\boldsymbol{R}(\boldsymbol{u})$ 的尺度追近算子表达式为

$$\operatorname{prox}_{\boldsymbol{R}}^{\boldsymbol{H}}(\boldsymbol{z})=\underset{\boldsymbol{u}\in\Omega}{\operatorname{argmin}}\left\{\boldsymbol{R}(\boldsymbol{u})+\frac{1}{2}\|\boldsymbol{u}-\boldsymbol{z}\|_{\boldsymbol{H}}^{2}\right\} \tag{5.4}$$

定义 5.5 (次微分)　若 $\boldsymbol{R}(\boldsymbol{u})$ 是真 (proper)、凸、下半连续函数，$\boldsymbol{y}$，$\boldsymbol{u}\in\Omega$，$\forall\boldsymbol{x}\in\Omega$，则 $\boldsymbol{R}(\boldsymbol{u})$ 的次微分表达式为

$$\partial\boldsymbol{R}(\boldsymbol{u})=\{\boldsymbol{y}\in H|\boldsymbol{R}(\boldsymbol{x})\geqslant\boldsymbol{R}(\boldsymbol{u})+\langle\boldsymbol{y},\boldsymbol{x}-\boldsymbol{u}\rangle\} \tag{5.5}$$

式中，$\langle\cdot,\cdot\rangle$ 表示内积。在经典微分理论中，若 $\boldsymbol{R}(\boldsymbol{u})$ 的导数存在，那么 $\boldsymbol{R}(\boldsymbol{u})$ 的次微分等价梯度，即 $\partial\boldsymbol{R}(\boldsymbol{u})=\boldsymbol{\nabla}\boldsymbol{R}(\boldsymbol{u})$，则式 (5.2) 获得极值的最优条件是一阶导数为零；若 $\boldsymbol{R}(\boldsymbol{u})$ 的经典导数不存在，但其次微分存在，根据次微分是集值映射的特性，式 (5.2) 右边获得最小值条件是其一阶次微分属于零，对应的表达式为

$$0\in\partial\left(\boldsymbol{R}+\frac{1}{2}\|\cdot-\boldsymbol{z}\|^{2}\right)(\boldsymbol{u})\Leftrightarrow 0\in\partial\boldsymbol{R}(\boldsymbol{u})+\boldsymbol{u}-\boldsymbol{z} \tag{5.6}$$

对式 (5.6) 整理有

$$\boldsymbol{z}\in\partial\boldsymbol{R}(\boldsymbol{u})+\boldsymbol{u}\Leftrightarrow\boldsymbol{u}=(\boldsymbol{I}+\partial\boldsymbol{R})^{-1}(\boldsymbol{z}) \tag{5.7}$$

式中，映射 $(\boldsymbol{I}+\partial\boldsymbol{R})^{-1}(\boldsymbol{z})$ 称为追近算子，记为 $\operatorname{prox}_{\boldsymbol{R}}(\boldsymbol{z})$，即 $\operatorname{prox}_{\boldsymbol{R}}(\boldsymbol{z})=(\boldsymbol{I}+\partial\boldsymbol{R})^{-1}(\boldsymbol{z})$。为了对式 (5.5) 次微分的定义有一个直观的认识，下面用图形的渐变过程来进行说明 (图 5.1~图 5.6)。

同理，式 (5.4) 右边获得极值条件是一阶次微分属于零，对应的表达式为

$$\boldsymbol{H}(\boldsymbol{z}-\boldsymbol{u})\in\partial\boldsymbol{R}(\boldsymbol{u}) \tag{5.8}$$

对式 (5.8) 整理有

$$\boldsymbol{z} \in \boldsymbol{H}^{-1}\partial \boldsymbol{R}(\boldsymbol{u}) + \boldsymbol{u} \Rightarrow \boldsymbol{u} = \left(\boldsymbol{I} + \boldsymbol{H}^{-1}\partial \boldsymbol{R}\right)^{-1}(\boldsymbol{z}) \tag{5.9}$$

式中，映射$\left(\boldsymbol{I}+\boldsymbol{H}^{-1}\partial \boldsymbol{R}\right)^{-1}(\boldsymbol{z})$称为尺度迫近算子，即$\mathrm{prox}_{\boldsymbol{R}}^{\boldsymbol{H}}(\boldsymbol{z})=\left(\boldsymbol{I}+\boldsymbol{H}^{-1}\partial \boldsymbol{R}\right)^{-1}(\boldsymbol{z})$，记为 $\mathrm{prox}_{\boldsymbol{R}}^{\boldsymbol{H}}(\boldsymbol{z})$。

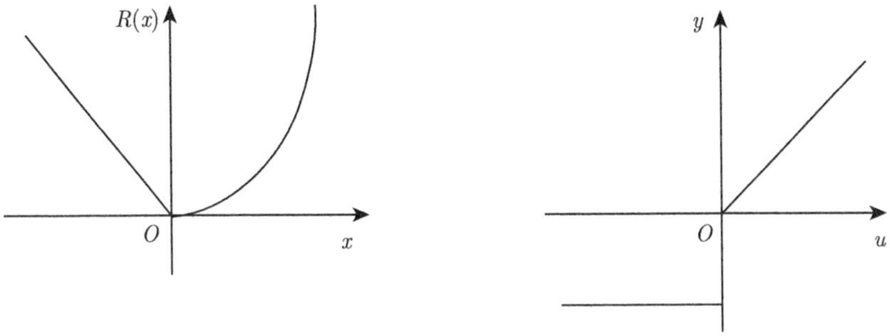

(a) 函数$R(x)$　　(b) 函数$R(x)$的次微分

图 5.1　函数 $R(x)$ 及整体次微分

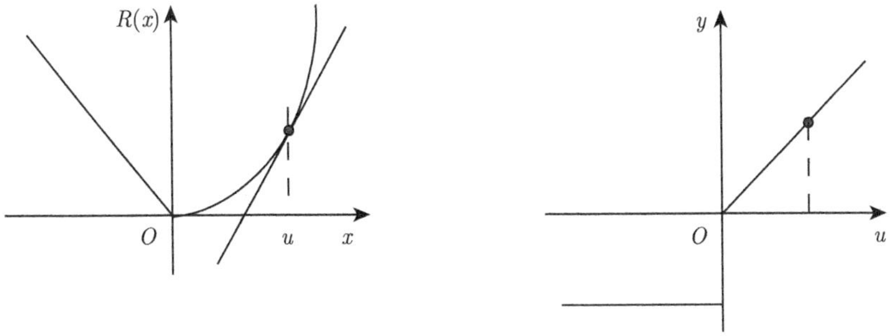

(a) 函数$R(x)$在x点处切线　　(b) 函数$R(x)$在x点的次微分

图 5.2　函数 $R(x)$ 及 x 点处次微分

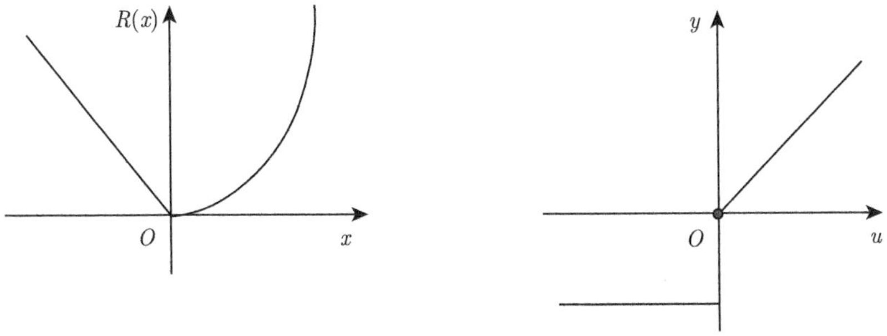

(a) 函数$R(x)$在原点处水平切线　　(b) 函数$R(x)$在原点处水平的次微分

图 5.3　函数 $R(x)$ 及原点处水平次微分

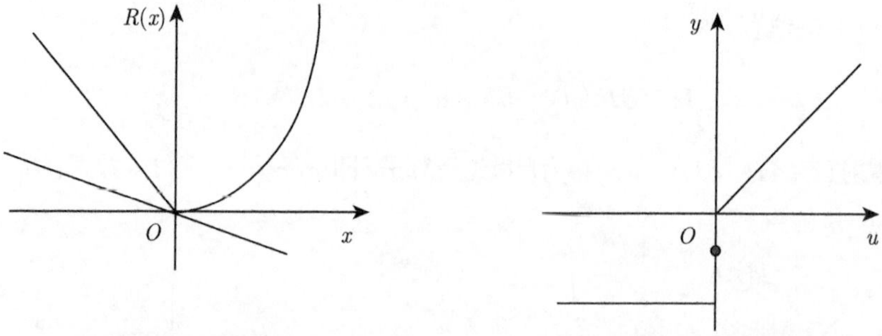

(a) 函数$R(x)$在原点处切线　　(b) 函数$R(x)$在原点处的次微分

图 5.4　函数 $R(x)$ 及原点处次微分

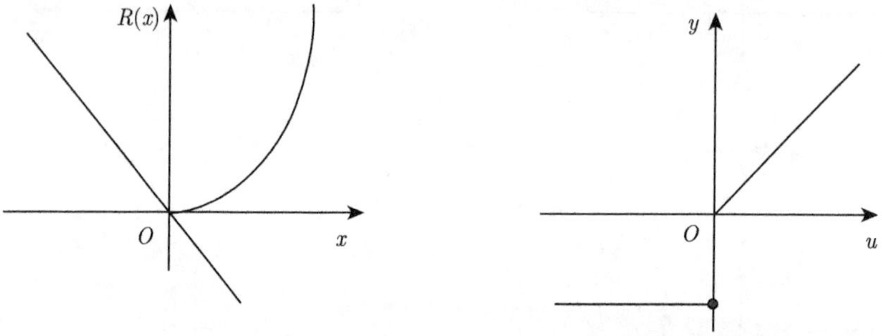

(a) 在原点处切线与$R(x)$重合　　(b) 原点处切线与函数$R(x)$重合时的次微分

图 5.5　在原点处切线与函数 $R(x)$ 重合及其次微分

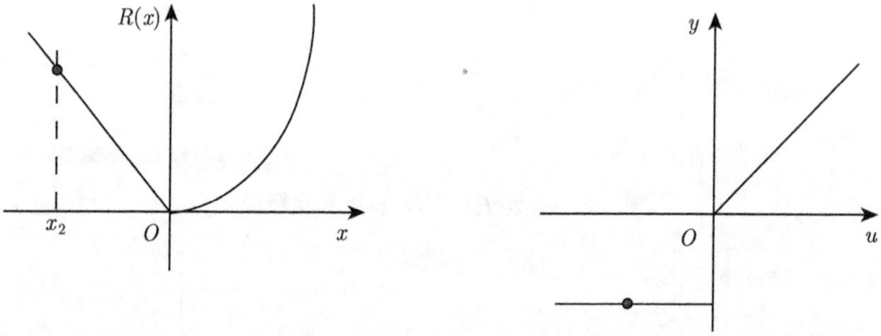

(a) 函数$R(x)$在x_2处的切线　　(b) 函数$R(x)$在x_2点处的次微分

图 5.6　函数 $R(x)$ 及 x_2 点处次微分

5.1.2　迫近算子的特性

命题 5.1 (迫近算子的等价特性)　若 $\boldsymbol{z} \in \Omega$，$\boldsymbol{u} \in \Omega$，则 $\forall \boldsymbol{x} \in \Omega$，迫近算子 $\boldsymbol{u} = \mathrm{prox}_{\boldsymbol{R}}(\boldsymbol{z})$ 的等价表达式为

$$\langle \boldsymbol{x} - \boldsymbol{u}, \boldsymbol{y} - \boldsymbol{u} \rangle + \boldsymbol{R}(\boldsymbol{u}) \leqslant \boldsymbol{R}(\boldsymbol{x}) \tag{5.10}$$

证明 从条件证结论，即需证明：$\boldsymbol{u}=\operatorname{prox}_{\boldsymbol{R}}(\boldsymbol{z})\Rightarrow\langle\boldsymbol{x}-\boldsymbol{u},\boldsymbol{y}-\boldsymbol{u}\rangle+\boldsymbol{R}(\boldsymbol{u})\leqslant\boldsymbol{R}(\boldsymbol{x})$。当 $\boldsymbol{u}=\operatorname{prox}_{\boldsymbol{R}}(\boldsymbol{z})$ 时，令 $\boldsymbol{u}_\lambda=\lambda\boldsymbol{x}+(1-\lambda)\boldsymbol{u}$，$\lambda\in[0,1]$，则有

$$\begin{aligned}\boldsymbol{R}(\boldsymbol{u})+\frac{1}{2}\|\boldsymbol{u}-\boldsymbol{y}\|^2&\leqslant\boldsymbol{R}(\boldsymbol{u}_\lambda)+\frac{1}{2}\|\boldsymbol{u}_\lambda-\boldsymbol{y}\|^2\\&\leqslant\lambda\boldsymbol{R}(\boldsymbol{x})+(1-\lambda)\boldsymbol{R}(\boldsymbol{u})+\frac{1}{2}\|\boldsymbol{u}-\boldsymbol{y}+\lambda(\boldsymbol{x}-\boldsymbol{u})\|^2\end{aligned}\tag{5.11}$$

因此，则有

$$\boldsymbol{R}(\boldsymbol{u})\leqslant\lambda\boldsymbol{R}(\boldsymbol{x})+(1-\lambda)\boldsymbol{R}(\boldsymbol{u})+\lambda\langle\boldsymbol{x}-\boldsymbol{u},\boldsymbol{u}-\boldsymbol{y}\rangle+\frac{\lambda^2}{2}\|\boldsymbol{x}-\boldsymbol{u}\|^2\tag{5.12}$$

经整理，式（5.12）的等价表达式为

$$\langle\boldsymbol{x}-\boldsymbol{u},\boldsymbol{y}-\boldsymbol{u}\rangle+\boldsymbol{R}(\boldsymbol{u})\leqslant\boldsymbol{R}(\boldsymbol{x})+\frac{\lambda}{2}\|\boldsymbol{x}-\boldsymbol{u}\|^2\tag{5.13}$$

因为 $\lim\limits_{\lambda\to0}\boldsymbol{u}_\lambda\to\boldsymbol{u}$，$\lim\limits_{\lambda\to0}\frac{\lambda}{2}\|\boldsymbol{x}-\boldsymbol{u}\|^2\to0$，所以式（5.10）成立。

从结论推条件，即需证明：$\boldsymbol{u}=\operatorname{prox}_{\boldsymbol{R}}(\boldsymbol{z})\Leftarrow\langle\boldsymbol{x}-\boldsymbol{u},\boldsymbol{y}-\boldsymbol{u}\rangle+\boldsymbol{R}(\boldsymbol{u})\leqslant\boldsymbol{R}(\boldsymbol{x})$。

$\forall\boldsymbol{x}\in\Omega$，对式（5.10）移项，两边加上 $\frac{1}{2}\|\boldsymbol{u}-\boldsymbol{y}\|^2$，则有

$$\boldsymbol{R}(\boldsymbol{u})+\frac{1}{2}\|\boldsymbol{u}-\boldsymbol{y}\|^2\leqslant\boldsymbol{R}(\boldsymbol{x})+\langle\boldsymbol{x}-\boldsymbol{u},\boldsymbol{u}-\boldsymbol{y}\rangle+\frac{1}{2}\|\boldsymbol{u}-\boldsymbol{y}\|^2\tag{5.14}$$

$$\begin{aligned}&\boldsymbol{R}(\boldsymbol{x})+\langle\boldsymbol{x}-\boldsymbol{u},\boldsymbol{u}-\boldsymbol{y}\rangle+\frac{1}{2}\|\boldsymbol{u}-\boldsymbol{y}\|^2\\&=\boldsymbol{R}(\boldsymbol{x})+\frac{1}{2}\|\boldsymbol{x}-\boldsymbol{u}+\boldsymbol{u}-\boldsymbol{y}\|^2-\frac{1}{2}\|\boldsymbol{u}-\boldsymbol{y}\|^2\leqslant\boldsymbol{R}(\boldsymbol{x})+\frac{1}{2}\|\boldsymbol{x}-\boldsymbol{y}\|^2\end{aligned}$$

从而有

$$\boldsymbol{R}(\boldsymbol{u})+\frac{1}{2}\|\boldsymbol{u}-\boldsymbol{y}\|^2\leqslant\boldsymbol{R}(\boldsymbol{x})+\frac{1}{2}\|\boldsymbol{x}-\boldsymbol{y}\|^2\tag{5.15}$$

由 $\boldsymbol{x}$ 的任意性，从而命题成立。证毕。

命题 5.2 (追近算子的可分离特性) 若 $\{\boldsymbol{u}_i\}_{i=1,2,\cdots,n}\in\Omega$，函数 $\boldsymbol{R}(\boldsymbol{u}_1,\boldsymbol{u}_2,\cdots,\boldsymbol{u}_n)$ 可分，即 $\boldsymbol{R}(\boldsymbol{u}_1,\boldsymbol{u}_2,\cdots,\boldsymbol{u}_n)=\sum\limits_{i=1}^{n}\boldsymbol{R}_i(\boldsymbol{u}_i)$，$\boldsymbol{R}(\boldsymbol{u}_1,\boldsymbol{u}_2,\cdots,\boldsymbol{u}_n)$ 和 $\boldsymbol{R}_i(\boldsymbol{u}_i)$ 的追近算子存在，那么

$$\operatorname{prox}_{\boldsymbol{R}}(\boldsymbol{u}_1,\boldsymbol{u}_2,\cdots,\boldsymbol{u}_n)=\sum_{i=1}^{n}\operatorname{prox}_{\boldsymbol{R}_i}(\boldsymbol{u}_i)\tag{5.16}$$

命题 5.3 若 $\boldsymbol{u}\in\Omega$，$\{\varphi_i\}_{i=1,2,\cdots,n}$ 为标准小波基或紧框架，$\boldsymbol{R}(\boldsymbol{u})=\sum\limits_{i=1}^{n}\boldsymbol{R}_i\langle u,\varphi_i\rangle\varphi_i$，$\boldsymbol{R}(\boldsymbol{u})$ 和 $\boldsymbol{R}_i\langle\boldsymbol{u},\varphi_i\rangle$ 的追近算子存在 [17-21]，那么

$$\operatorname{prox}_{\boldsymbol{R}}(\boldsymbol{u})=\sum_{i=1}^{n}\operatorname{prox}_{\boldsymbol{R}_i}\langle\boldsymbol{u},\varphi_i\rangle\varphi_i\tag{5.17}$$

从式（5.5）可知，迫近算子在进行算法迭代时，为保证算法的收敛，其应为紧算子 [22,23]，即迫近算子应具有非扩张特性。迫近算子的非扩张特性特别适合于迭代最小化算法，其不动点集恰好是目标函数的最小值。

定义 5.6 (非扩张算子)　若算子 $\boldsymbol{T}:\Omega\to\Omega$ 是严格非扩张的，$\forall \boldsymbol{u},\boldsymbol{z}\in\Omega$，那么，非扩张算子 $\boldsymbol{T}$ 满足的表达式为

$$\|\boldsymbol{T}(\boldsymbol{u})-\boldsymbol{T}(\boldsymbol{z})\|\leqslant\|\boldsymbol{u}-\boldsymbol{z}\| \tag{5.18}$$

定义 5.7　若算子 $\boldsymbol{T}$ 是严格非扩张的，那么下列两个条件是等价的：

（1）$\|\boldsymbol{T}(\boldsymbol{u})-\boldsymbol{T}(\boldsymbol{z})\|^2\leqslant\langle\boldsymbol{T}(\boldsymbol{u})-\boldsymbol{T}(\boldsymbol{z}),\boldsymbol{u}-\boldsymbol{z}\rangle$；　(5.19)

（2）$\|\boldsymbol{T}(\boldsymbol{u})-\boldsymbol{T}(\boldsymbol{z})\|^2+\|(\boldsymbol{I}-\boldsymbol{T})(\boldsymbol{u}-\boldsymbol{z})\|^2\leqslant\|\boldsymbol{u}-\boldsymbol{z}\|^2$。　(5.20)

由式（5.19），若将算子 $\boldsymbol{T}$ 用迫近算子取代，则有命题 5.4。

命题 5.4　若 $\forall\boldsymbol{z}\in\Omega$，$\forall\boldsymbol{u}\in\Omega$，迫近算子是非扩张的，那么有

$$\|\mathrm{prox}_{\boldsymbol{R}}(\boldsymbol{u})-\mathrm{prox}_{\boldsymbol{R}}(\boldsymbol{z})\|^2\leqslant\langle\mathrm{prox}_{\boldsymbol{R}}(\boldsymbol{u})-\mathrm{prox}_{\boldsymbol{R}}(\boldsymbol{z}),\boldsymbol{u}-\boldsymbol{z}\rangle \tag{5.21}$$

证明　利用式（5.5）次微分的定义，则有

$$\langle\mathrm{prox}_{\boldsymbol{R}}(\boldsymbol{u})-\mathrm{prox}_{\boldsymbol{R}}(\boldsymbol{z}),\boldsymbol{z}-\mathrm{prox}_{\boldsymbol{R}}(\boldsymbol{z})\rangle+\boldsymbol{R}(\mathrm{prox}_{\boldsymbol{R}}(\boldsymbol{z}))\leqslant\boldsymbol{R}(\mathrm{prox}_{\boldsymbol{R}}(\boldsymbol{u})) \tag{5.22}$$

$$\langle\mathrm{prox}_{\boldsymbol{R}}(\boldsymbol{z})-\mathrm{prox}_{\boldsymbol{R}}(\boldsymbol{u}),\boldsymbol{u}-\mathrm{prox}_{\boldsymbol{R}}(\boldsymbol{u})\rangle+\boldsymbol{R}(\mathrm{prox}_{\boldsymbol{R}}(\boldsymbol{u}))\leqslant\boldsymbol{R}(\mathrm{prox}_{\boldsymbol{R}}(\boldsymbol{z})) \tag{5.23}$$

将式（5.22）与式（5.23）相加，经整理，则有式（5.21）。证毕。

由式（5.20），若将算子 $\boldsymbol{T}$ 用迫近算子取代，则有命题 5.5。

命题 5.5　下列表达式

$$\|\mathrm{prox}_{\boldsymbol{R}}(\boldsymbol{u})-\mathrm{prox}_{\boldsymbol{R}}(\boldsymbol{z})\|^2+\|(\boldsymbol{u}-\mathrm{prox}_{\boldsymbol{R}}(\boldsymbol{u}))-(\boldsymbol{z}-\mathrm{prox}_{\boldsymbol{R}}(\boldsymbol{z}))\|^2\leqslant\|\boldsymbol{u}-\boldsymbol{z}\|^2 \tag{5.24}$$

与迫近算子的非扩张特性等价。

证明　将式（5.24）移项，展开并整理有

$$\begin{aligned}&\|\mathrm{prox}_{\boldsymbol{R}}(\boldsymbol{u})-\mathrm{prox}_{\boldsymbol{R}}(\boldsymbol{z})\|^2+\|(\boldsymbol{u}-\mathrm{prox}_{\boldsymbol{R}}(\boldsymbol{u}))-(\boldsymbol{z}-\mathrm{prox}_{\boldsymbol{R}}(\boldsymbol{z}))\|^2-\|\boldsymbol{u}-\boldsymbol{z}\|^2\\&=2\left(\|\mathrm{prox}_{\boldsymbol{R}}(\boldsymbol{u})-\mathrm{prox}_{\boldsymbol{R}}(\boldsymbol{z})\|^2-\langle\mathrm{prox}_{\boldsymbol{R}}(\boldsymbol{u})-\mathrm{prox}_{\boldsymbol{R}}(\boldsymbol{z}),\boldsymbol{u}-\boldsymbol{z}\rangle\right)\end{aligned}$$

由式（5.21）可知：

$$\|\mathrm{prox}_{\boldsymbol{R}}(\boldsymbol{u})-\mathrm{prox}_{\boldsymbol{R}}(\boldsymbol{z})\|^2-\langle\mathrm{prox}_{\boldsymbol{R}}(\boldsymbol{u})-\mathrm{prox}_{\boldsymbol{R}}(\boldsymbol{z}),\boldsymbol{u}-\boldsymbol{z}\rangle\leqslant 0$$

命题成立。证毕。

命题 5.6 若 $\forall \boldsymbol{z} \in \Omega$, $\forall \boldsymbol{u} \in \Omega$，尺度迫近算子是非扩张的，那么

$$\left\|\operatorname{prox}_{\boldsymbol{R}}^{\boldsymbol{H}}(\boldsymbol{u})-\operatorname{prox}_{\boldsymbol{R}}^{\boldsymbol{H}}(\boldsymbol{z})\right\|_{\boldsymbol{H}}^{2} \leqslant\left\langle\operatorname{prox}_{\boldsymbol{R}}^{\boldsymbol{H}}(\boldsymbol{u})-\operatorname{prox}_{\boldsymbol{R}}^{\boldsymbol{H}}(\boldsymbol{z}), \boldsymbol{H}(\boldsymbol{u}-\boldsymbol{z})\right\rangle \tag{5.25}$$

证明 从式（5.4）可知，尺度迫近算子是强凸函数，令 $\boldsymbol{\xi}_{\boldsymbol{u}}=\operatorname{prox}_{\boldsymbol{R}}^{\boldsymbol{H}}(\boldsymbol{u})$，$\boldsymbol{\xi}_{\boldsymbol{v}}=\operatorname{prox}_{\boldsymbol{R}}^{\boldsymbol{H}}(\boldsymbol{v})$，利用式（5.20），则有 $\boldsymbol{H}(\boldsymbol{\xi}_{\boldsymbol{u}}-\boldsymbol{u}) \in \partial \boldsymbol{R}(\boldsymbol{u})$，$\boldsymbol{H}(\boldsymbol{\xi}_{\boldsymbol{v}}-\boldsymbol{v}) \in \partial \boldsymbol{R}(\boldsymbol{v})$，由于 $\boldsymbol{R}(\boldsymbol{u})$ 是凸函数，则

$$\left[\boldsymbol{H}(\boldsymbol{\xi}_{\boldsymbol{u}}-\boldsymbol{u})-\boldsymbol{H}(\boldsymbol{\xi}_{\boldsymbol{v}}-\boldsymbol{v})\right]^{\mathrm{T}}(\boldsymbol{\xi}_{\boldsymbol{u}}-\boldsymbol{\xi}_{\boldsymbol{v}}) \leqslant 0 \tag{5.26}$$

对式（5.26）移项，整理有

$$(\boldsymbol{H}\boldsymbol{\xi}_{\boldsymbol{u}}-\boldsymbol{H}\boldsymbol{\xi}_{\boldsymbol{v}})^{\mathrm{T}}(\boldsymbol{\xi}_{\boldsymbol{u}}-\boldsymbol{\xi}_{\boldsymbol{v}}) \leqslant(\boldsymbol{H}\boldsymbol{u}-\boldsymbol{H}\boldsymbol{v})^{\mathrm{T}}(\boldsymbol{\xi}_{\boldsymbol{u}}-\boldsymbol{\xi}_{\boldsymbol{v}}) \tag{5.27}$$

$$(\boldsymbol{\xi}_{\boldsymbol{u}}-\boldsymbol{\xi}_{\boldsymbol{v}})^{\mathrm{T}}\boldsymbol{H}(\boldsymbol{\xi}_{\boldsymbol{u}}-\boldsymbol{\xi}_{\boldsymbol{v}}) \leqslant(\boldsymbol{\xi}_{\boldsymbol{u}}-\boldsymbol{\xi}_{\boldsymbol{v}})^{\mathrm{T}}\boldsymbol{H}(\boldsymbol{u}-\boldsymbol{v}) \tag{5.28}$$

将 $\boldsymbol{\xi}_{\boldsymbol{u}}$、$\boldsymbol{\xi}_{\boldsymbol{v}}$ 代入式（5.28），从而有

$$\begin{aligned}&\left\|\operatorname{prox}_{\boldsymbol{R}}^{\boldsymbol{H}}(\boldsymbol{u})-\operatorname{prox}_{\boldsymbol{R}}^{\boldsymbol{H}}(\boldsymbol{z})\right\|_{\boldsymbol{H}}^{2}\\ \leqslant&\left\langle\operatorname{prox}_{\boldsymbol{R}}^{\boldsymbol{H}}(\boldsymbol{u})-\operatorname{prox}_{\boldsymbol{R}}^{\boldsymbol{H}}(\boldsymbol{z}), \boldsymbol{H}(\boldsymbol{u}-\boldsymbol{z})\right\rangle\end{aligned}$$

命题成立。证毕。

5.1.3 常用函数的迫近算子

在实际使用中，如图像恢复、医学图像断层重构、合成孔径雷达成像、最优控制和 Fredholm 第一类积分方程等 [24] 这类反问题，目标函数的解往往是不适定的，无法直接获得具有实际应用价值的有效解，即获得的解不能准确描述反问题的奇异性、间断性和有效性等。例如，在控制系统中，控制阀门的开度是有限量，不能为无穷大，然而，实际离散化获得的控制系统矩阵往往条件数较大，造成控制系统不稳定，严重时，导致控制装置失效，这是由于控制系统的系统矩阵具有不适定特性，导致获得的解是非有效解。为获得具有明确物理意义的理想解，需要使用较复杂的凸函数作为正则项，但容易导致迫近算子不具有封闭解或计算比较困难，这将对算法设计造成十分不利的影响。为权衡计算的精度和算法的效率，常常使用一阶、二阶有界变差函数 [25,26]、变指数函数 [27,28]、对数函数、示性函数和二次函数等作为能量泛函的正则项，构成容易计算的迫近算子，有时也利用上述函数的平移、伸缩和镜像等特性形成容易计算的迫近算子。常用函数的迫近算子如表 5.1 所示。

表 5.1　常用函数的迫近算子

常用函数	$\boldsymbol{R}(\boldsymbol{u})$	$\mathrm{prox}_{\boldsymbol{R}}(\boldsymbol{z})$
平移函数	$\boldsymbol{R}(\boldsymbol{u}-\boldsymbol{x})$	$\boldsymbol{x}+\mathrm{prox}_{\boldsymbol{R}}(\boldsymbol{z}-\boldsymbol{x})$
伸缩函数	$\boldsymbol{R}\left(\dfrac{\boldsymbol{u}}{s}\right)$	$s\cdot\mathrm{prox}_{\frac{\boldsymbol{R}}{s^2}}\left(\dfrac{\boldsymbol{z}}{s}\right)$
镜像函数	$\boldsymbol{R}(-\boldsymbol{u})$	$-\mathrm{prox}_{\boldsymbol{R}}(-\boldsymbol{z})$
示性函数	$\boldsymbol{R}_{\Omega}(\boldsymbol{u})=\begin{cases}0, & \boldsymbol{u}\in\Omega\\+\infty, & \boldsymbol{u}\notin\Omega\end{cases}$	$\boldsymbol{P}_{\boldsymbol{R}_{\Omega}}(\boldsymbol{z})$
支撑函数	$\delta_{\Omega}(\boldsymbol{u})$	$\mathrm{prox}_{\boldsymbol{R}}(\boldsymbol{z})=\begin{cases}\boldsymbol{z}-\delta_1, & \boldsymbol{z}<\delta_1\\0, & \boldsymbol{z}\in\Omega\\\boldsymbol{z}-\delta_2 & \boldsymbol{z}>\delta_2\end{cases}$
共轭函数	$\boldsymbol{R}^*(\boldsymbol{u})$	$\boldsymbol{z}-\mathrm{prox}_{\boldsymbol{R}}(\boldsymbol{z})$
二次函数	$\dfrac{\lambda}{2}\Vert\boldsymbol{A}\boldsymbol{u}-\boldsymbol{y}\Vert^2$	$\left(\boldsymbol{I}+\lambda\boldsymbol{A}^{\mathrm{T}}\boldsymbol{A}\right)^{-1}\left(\boldsymbol{z}+\lambda\boldsymbol{A}^{\mathrm{T}}\boldsymbol{y}\right)$
二次扰动函数	$\boldsymbol{R}(\boldsymbol{u})+\dfrac{\lambda}{2}\Vert\boldsymbol{u}\Vert^2+\boldsymbol{B}^{\mathrm{T}}\boldsymbol{u}+\beta$	$\mathrm{prox}_{\frac{\boldsymbol{R}}{\lambda+1}}\left(\dfrac{\boldsymbol{z}-\boldsymbol{B}}{\lambda+1}\right)$
开平方函数	$\lambda\Vert\boldsymbol{u}\Vert_{L_2}$	$\max\{\boldsymbol{z}-\lambda,0\}\cdot\dfrac{\boldsymbol{z}}{\Vert\boldsymbol{z}\Vert_{L_2}}$
变指数函数	$\lambda\vert\boldsymbol{u}\vert^p,p\geqslant1$	$\begin{cases}\mathrm{sgn}(\boldsymbol{z})\ \max\{\vert\boldsymbol{z}\vert-\lambda,0\}, & p=1\\\dfrac{\boldsymbol{z}}{1+2\lambda}, & p=2\\\mathrm{sgn}(\boldsymbol{z})\ \dfrac{\sqrt{1+12\lambda\vert\boldsymbol{z}\vert}-1}{6\lambda}, & p=3\end{cases}$
对数函数	$-\lambda\ln\boldsymbol{u}+\beta\boldsymbol{u}$	$\dfrac{\boldsymbol{z}-\beta+\sqrt{\vert\boldsymbol{z}-\beta\vert^2+4\lambda}}{2}$

为明确迫近算子的计算过程，下面举几个例子阐述迫近算子的求解过程。

例 5.1　若 $\boldsymbol{R}(\boldsymbol{u})$ 的平移函数为 $\boldsymbol{R}(\boldsymbol{u}-\boldsymbol{x})$，求平移函数的迫近算子。

解　对于 $\boldsymbol{R}(\boldsymbol{u})$ 的迫近算子 $\boldsymbol{u}=\mathrm{prox}_{\boldsymbol{R}}(\boldsymbol{z})$，下列表达式是等价的：

$$\boldsymbol{z}-\boldsymbol{u}\in\partial\boldsymbol{R}(\boldsymbol{u})\Leftrightarrow\boldsymbol{z}-\boldsymbol{u}\in\partial\boldsymbol{R}(\boldsymbol{u}-\boldsymbol{x}) \tag{5.29}$$

为利用迫近算子的定义，对式（5.29）增加减项，从而有

$$\boldsymbol{z}-\boldsymbol{x}-(\boldsymbol{u}-\boldsymbol{x})\in\partial\boldsymbol{R}(\boldsymbol{u}-\boldsymbol{x})\Leftrightarrow\boldsymbol{u}-\boldsymbol{x}=\mathrm{prox}_{\boldsymbol{R}}(\boldsymbol{z}-\boldsymbol{x})\Leftrightarrow\boldsymbol{u}=\boldsymbol{x}+\mathrm{prox}_{\boldsymbol{R}}(\boldsymbol{z}-\boldsymbol{x}) \tag{5.30}$$

例 5.2　若 $\boldsymbol{R}(\boldsymbol{u})$ 的伸缩函数为 $\boldsymbol{R}\left(\dfrac{\boldsymbol{u}}{s}\right)$，求伸缩函数的迫近算子。

解 由迫近算子的定义，则有

$$\boldsymbol{z}-\boldsymbol{u}\in\partial\boldsymbol{R}(\boldsymbol{u})\Leftrightarrow\boldsymbol{z}-\boldsymbol{u}\in\frac{1}{s}\partial\boldsymbol{R}\left(\frac{\boldsymbol{u}}{s}\right)\Leftrightarrow\frac{\boldsymbol{z}}{s}-\frac{\boldsymbol{u}}{s}\in\frac{1}{s^2}\partial\boldsymbol{R}\left(\frac{\boldsymbol{u}}{s}\right)\Leftrightarrow u=s\cdot\operatorname{prox}_{\frac{\boldsymbol{R}}{s^2}}\left(\frac{\boldsymbol{z}}{s}\right) \tag{5.31}$$

式中，$\operatorname{prox}_{\frac{\boldsymbol{R}}{s^2}}\left(\frac{\boldsymbol{z}}{s}\right)=\underset{\boldsymbol{u}\in H}{\operatorname{argmin}}\left\{\frac{\boldsymbol{R}\left(\frac{\boldsymbol{u}}{s}\right)}{s^2}+\frac{1}{2}\left\|\frac{\boldsymbol{u}}{s}-\frac{\boldsymbol{z}}{s}\right\|^2\right\}=\underset{\boldsymbol{u}\in H}{\operatorname{argmin}}\left\{\boldsymbol{R}\left(\frac{\boldsymbol{u}}{s}\right)+\frac{1}{2}\|\boldsymbol{u}-\boldsymbol{z}\|^2\right\}$。

例 5.3 若 $\boldsymbol{R}(\boldsymbol{u})$ 的镜像函数为 $\boldsymbol{R}(-\boldsymbol{u})$，求镜像函数的迫近算子。

解 令 $s=-1$，将其代入式（5.31）中，则有

$$\boldsymbol{u}=s\cdot\operatorname{prox}_{\frac{\boldsymbol{R}}{s^2}}\left(\frac{\boldsymbol{z}}{s}\right)\Leftrightarrow\boldsymbol{u}=-\operatorname{prox}_{\boldsymbol{R}}(-\boldsymbol{z}) \tag{5.32}$$

例 5.4 若 $\boldsymbol{R}(\boldsymbol{u})$ 的示性函数为 $\boldsymbol{R}_\Omega(\boldsymbol{u})=\begin{cases}0, & \boldsymbol{u}\in\Omega\\+\infty, & \boldsymbol{u}\notin\Omega\end{cases}$，求示性函数的迫近算子。

解 由迫近算子的定义，有

$$\operatorname{prox}_{\boldsymbol{R}_\Omega}(\boldsymbol{z})=\underset{\boldsymbol{u}\in\Omega}{\operatorname{argmin}}\left\{\boldsymbol{R}_\Omega(\boldsymbol{u})+\frac{1}{2}\|\boldsymbol{u}-\boldsymbol{z}\|^2\right\}=\underset{\boldsymbol{u}\in\Omega}{\operatorname{argmin}}\left\{\frac{1}{2}\|\boldsymbol{u}-\boldsymbol{z}\|^2\right\}=\boldsymbol{P}_{\boldsymbol{R}_\Omega}(\boldsymbol{z}) \tag{5.33}$$

例 5.5 对于支撑函数 $\boldsymbol{R}(\boldsymbol{u})=\delta_\Omega(\boldsymbol{u})=\begin{cases}\delta_1\boldsymbol{u}, & \boldsymbol{u}<0\\0, & \boldsymbol{u}=0\\\delta_2\boldsymbol{u}, & \boldsymbol{u}>0\end{cases}$，求其迫近算子表达式。

解 对于 $\boldsymbol{u}<0$，由迫近算子的定义，$\operatorname{prox}_{\boldsymbol{R}}(\boldsymbol{z})=\underset{\boldsymbol{u}}{\operatorname{argmin}}\left\{\delta_1\boldsymbol{u}+\frac{1}{2}\|\boldsymbol{u}-\boldsymbol{z}\|^2\right\}$，若 $\boldsymbol{z}<\delta_1$，并对右端求次微分，则有 $\operatorname{prox}_{\boldsymbol{R}}(\boldsymbol{z})=\boldsymbol{z}-\delta_1$；对于 $\boldsymbol{u}=0$，由迫近算子的定义，$\operatorname{prox}_{\boldsymbol{R}}(\boldsymbol{z})=\underset{\boldsymbol{u}\in\Omega}{\operatorname{argmin}}\left\{\frac{1}{2}\|\boldsymbol{u}-\boldsymbol{z}\|^2\right\}$，若 $\boldsymbol{z}\in\Omega$，并对右端求次微分则有 $\operatorname{prox}_{\boldsymbol{R}}(\boldsymbol{z})=0$；对于 $\boldsymbol{u}>0$，由迫近算子的定义，$\operatorname{prox}_{\boldsymbol{R}}(\boldsymbol{z})=\underset{\boldsymbol{u}}{\operatorname{argmin}}\left\{\delta_2\boldsymbol{u}+\frac{1}{2}\|\boldsymbol{u}-\boldsymbol{z}\|^2\right\}$，若 $\boldsymbol{z}>\delta_2$，并对右端求次微分则有 $\operatorname{prox}_{\boldsymbol{R}}(\boldsymbol{z})=\boldsymbol{z}-\delta_2$。综合上述 3 种情况，则支撑函数迫近算子表达式为

$$\operatorname{prox}_{\boldsymbol{R}}(\boldsymbol{z})=\begin{cases}\boldsymbol{z}-\delta_1, & \boldsymbol{z}<\delta_1\\0, & \boldsymbol{z}\in\Omega\\\boldsymbol{z}-\delta_2, & \boldsymbol{z}>\delta_2\end{cases} \tag{5.34}$$

例 5.6　若 $\boldsymbol{R}(\boldsymbol{u})$ 为绝对值函数，即 $\boldsymbol{R}(\boldsymbol{u})=\lambda\|\boldsymbol{u}\|_{L_1}$，求其迫近算子表达式。

解　由于 $\boldsymbol{R}(\boldsymbol{u})=\lambda\|\boldsymbol{u}\|_{L_1}$ 的非可微分特性，利用迫近算子的定义，则有

$$\operatorname{prox}_{\boldsymbol{R}}(\boldsymbol{z})=\underset{\boldsymbol{u}\in\Omega}{\operatorname{argmin}}\left\{\lambda\|\boldsymbol{u}\|_{L_1}+\frac{1}{2}\|\boldsymbol{u}-\boldsymbol{z}\|^2\right\} \tag{5.35}$$

对式（5.35）的右边求次微分，则有 $0\in\{\lambda\operatorname{sgn}(\boldsymbol{u})+\boldsymbol{u}-\boldsymbol{z}\}\Rightarrow\boldsymbol{z}\in\lambda\operatorname{sgn}(\boldsymbol{u})+\boldsymbol{u}$，若 $\boldsymbol{u}>0$，表明 $\boldsymbol{z}\in\{\lambda+\boldsymbol{u}\}\Rightarrow\boldsymbol{u}\in\{\boldsymbol{z}-\lambda\}\Rightarrow\boldsymbol{z}>\lambda$；若 $\boldsymbol{u}=0$，表明 $\boldsymbol{z}\in\lambda[-1,1]=[-\lambda,\lambda]$；若 $\boldsymbol{u}<0$，表明 $\boldsymbol{z}=-\lambda+\boldsymbol{u}\Rightarrow\boldsymbol{u}=\boldsymbol{z}+\lambda\Rightarrow\boldsymbol{z}<-\lambda$；综合上述 3 种情况，则绝对值函数的迫近算子表达式为

$$\operatorname{prox}_{\boldsymbol{R}}(\boldsymbol{z})=(1+\lambda\operatorname{sgn})^{-1}(\boldsymbol{z})=\max(\boldsymbol{z}-\boldsymbol{\lambda},0)\cdot\operatorname{sgn}(\boldsymbol{z})=\begin{cases}\boldsymbol{z}-\lambda, & \boldsymbol{z}>\lambda\\ 0, & \boldsymbol{z}\in[-\lambda,\lambda]\\ \boldsymbol{z}+\lambda, & \boldsymbol{z}<\lambda\end{cases} \tag{5.36}$$

式（5.36）常称为软阈值算子，在图像恢复、最优控制和信号处理等反问题中得到广泛应用。

例 5.7　若 $\boldsymbol{R}(\boldsymbol{u})$ 用 L_1 范数描述，即 $\boldsymbol{R}(\boldsymbol{u})=\lambda\|\boldsymbol{u}-\boldsymbol{b}\|_{L_1}$，求其迫近算子表达式。

解　由于 $\boldsymbol{R}(\boldsymbol{u})=\lambda\|\boldsymbol{u}-\boldsymbol{b}\|_{L_1}$ 的非可微分特性，利用迫近算子的定义，则有

$$\operatorname{prox}_{\boldsymbol{R}}(\boldsymbol{z})=\underset{\boldsymbol{u}\in\Omega}{\operatorname{argmin}}\left\{\lambda\|\boldsymbol{u}-\boldsymbol{b}\|_{L_1}+\frac{1}{2}\|\boldsymbol{u}-\boldsymbol{z}\|^2\right\} \tag{5.37}$$

令 $\boldsymbol{u}-\boldsymbol{b}=\boldsymbol{y}$，则式（5.37）最小化问题转化为下列表达式：

$$\underset{\boldsymbol{y}\in\Omega}{\operatorname{argmin}}\left\{\lambda\|\boldsymbol{y}\|_{L_1}+\frac{1}{2}\|\boldsymbol{y}+\boldsymbol{b}-\boldsymbol{z}\|^2\right\}=\underset{\boldsymbol{y}\in\Omega}{\operatorname{argmin}}\left\{\lambda\|\boldsymbol{y}\|_{L_1}+\frac{1}{2}\|\boldsymbol{y}-(\boldsymbol{z}-\boldsymbol{b})\|^2\right\} \tag{5.38}$$

式（5.38）转化为式（5.35）的形式，从而可知式（5.38）的迫近算子表达式为

$$\operatorname{prox}_{\boldsymbol{R}}(\boldsymbol{z})=\max(|\boldsymbol{z}-\boldsymbol{b}|-\lambda,0)\cdot\operatorname{sgn}(\boldsymbol{z}-\boldsymbol{b}) \tag{5.39}$$

例 5.8　若 $\boldsymbol{R}(\boldsymbol{u})$ 为二次函数，即 $\boldsymbol{R}(\boldsymbol{u})=\dfrac{\lambda}{2}\|\boldsymbol{u}-\boldsymbol{b}\|_{L_2}^2$，求其迫近算子表达式。

解　由迫近算子的定义，有

$$\operatorname{prox}_{\boldsymbol{R}}(\boldsymbol{z})=\underset{\boldsymbol{u}\in\Omega}{\operatorname{argmin}}\left\{\frac{\lambda}{2}\|\boldsymbol{u}-\boldsymbol{b}\|_{L_2}^2+\frac{1}{2}\|\boldsymbol{u}-\boldsymbol{z}\|^2\right\} \tag{5.40}$$

式（5.40）获得最小值的一阶最优条件表达式为

$$\lambda(\boldsymbol{u}-\boldsymbol{b})+\boldsymbol{u}-\boldsymbol{z}=0\Rightarrow\boldsymbol{u}=\frac{\boldsymbol{z}-\lambda\boldsymbol{b}}{1+\lambda}\Rightarrow\operatorname{prox}_{\boldsymbol{R}}(\boldsymbol{z})=\frac{\boldsymbol{z}-\lambda\boldsymbol{b}}{1+\lambda} \tag{5.41}$$

例 5.9 若 $\boldsymbol{R}(\boldsymbol{u})$ 为平方根函数，即 $\boldsymbol{R}(\boldsymbol{u})=\lambda\|\boldsymbol{u}-\boldsymbol{b}\|_{L_2}$，求其迫近算子表达式。

解 由迫近算子的定义，有

$$\operatorname{prox}_{\boldsymbol{R}}(\boldsymbol{z})=\underset{\boldsymbol{u}\in\Omega}{\operatorname{argmin}}\left\{\lambda\|\boldsymbol{u}-\boldsymbol{b}\|_{L_2}+\frac{1}{2}\|\boldsymbol{u}-\boldsymbol{z}\|^2\right\} \tag{5.42}$$

令 $\boldsymbol{u}-\boldsymbol{b}=\boldsymbol{y}$，则式 (5.42) 最小化问题转化为下列表达式：

$$\underset{\boldsymbol{y}\in\Omega}{\operatorname{argmin}}\left\{\lambda\|\boldsymbol{y}\|_{L_2}+\frac{1}{2}\|\boldsymbol{y}+\boldsymbol{b}-\boldsymbol{z}\|^2\right\}=\underset{\boldsymbol{y}\in\Omega}{\operatorname{argmin}}\left\{\lambda\|\boldsymbol{y}\|_{L_2}+\frac{1}{2}\|\boldsymbol{y}-(\boldsymbol{z}-\boldsymbol{b})\|^2\right\} \tag{5.43}$$

式 (5.43) 转化为开平方函数迫近算子的标准形式，见表 5.1，从而可知式 (5.43) 的迫近算子表达式为

$$\operatorname{prox}_{\boldsymbol{R}}(\boldsymbol{z})=\boldsymbol{b}+\max\left\{\|\boldsymbol{z}-\boldsymbol{b}\|_{L_2}-\lambda,0\right\}\cdot\frac{\boldsymbol{z}-\boldsymbol{b}}{\|\boldsymbol{z}-\boldsymbol{b}\|_{L_2}} \tag{5.44}$$

例 5.10 若 $\boldsymbol{R}(\boldsymbol{u})$ 的共轭函数为 $\boldsymbol{R}^*(\boldsymbol{u})$，求其迫近算子表达式。

解 $\boldsymbol{R}(\boldsymbol{u})$ 的共轭函数 $\boldsymbol{R}^*(\boldsymbol{u})$ 的表达式为

$$\boldsymbol{R}^*(\boldsymbol{x})=-\inf_{\boldsymbol{u}\in\Omega}\{\boldsymbol{R}(\boldsymbol{u})-\langle\boldsymbol{u},\boldsymbol{x}\rangle\} \tag{5.45}$$

由迫近算子的定义，则有下列最小化表达式：

$$\underset{\boldsymbol{x}\in\Omega}{\operatorname{argmin}}\left\{-\inf_{\boldsymbol{u}\in\Omega}\{\boldsymbol{R}(\boldsymbol{u})-\langle\boldsymbol{u},x\rangle\}+\frac{1}{2}\|\boldsymbol{x}-\boldsymbol{z}\|^2\right\}=\boldsymbol{z}-\operatorname{prox}_{\boldsymbol{R}}(\boldsymbol{z}) \tag{5.46}$$

5.2 原始能量泛函正则化模型分裂原理

给定原始能量泛函正则化模型，若拟合项与正则项的一阶 [29]、二阶导数存在，常采用牛顿迭代算法、拟牛顿迭代算法来对模型进行求解。但当正则项或拟合项的经典导数不存在时，就无法直接利用经典牛顿迭代算法进行求解。

5.2.1 Bregman 距离及其特性

对于非可微分的正则项，如一阶、二阶有界变差函数的半范数、变指数有界变差函数的半范数、用 L_1 范数描述的正则项等，由于其非可微分特性，利用经典微分理论，无法直接进行优化算法设计，而 Bregman 距离的提出，为非线性、非光滑能量泛函正则化模型优化理论的发展注入新的活力。利用 Bregman 距离 [30] 进行分裂迭代算法设计，与利用能量泛函进行变分获得的发展型偏微分方程进行算法设计对比可知，分裂 Bregman 迭代算法获得能量泛函正则化模型的解更有效。目前 Bregman 距离在偏微分方程、最优控制、反问题中得到广泛应用。

定义 5.8 (Bregman 距离)　若目标函数 $\boldsymbol{E}(\boldsymbol{u})$ 是严格的凸函数，$\partial\boldsymbol{E}(\boldsymbol{v})$ 表示目标函数在 $\boldsymbol{v}$ 点处的次微分，$\boldsymbol{p}\in\partial\boldsymbol{E}(\boldsymbol{v})$，则 Bregman 距离表达式为

$$\boldsymbol{B}_{\boldsymbol{E}}^{\boldsymbol{p}}(\boldsymbol{u},\boldsymbol{v})=\boldsymbol{E}(\boldsymbol{u})-\boldsymbol{E}(\boldsymbol{v})-\langle\boldsymbol{p},\boldsymbol{u}-\boldsymbol{v}\rangle \tag{5.47}$$

从物理含义上来说，Bregman 距离表示目标函数与切平面 $\boldsymbol{E}(\boldsymbol{v})+\langle\boldsymbol{p},\boldsymbol{u}-\boldsymbol{v}\rangle$ 的距离，如图 5.7 所示。

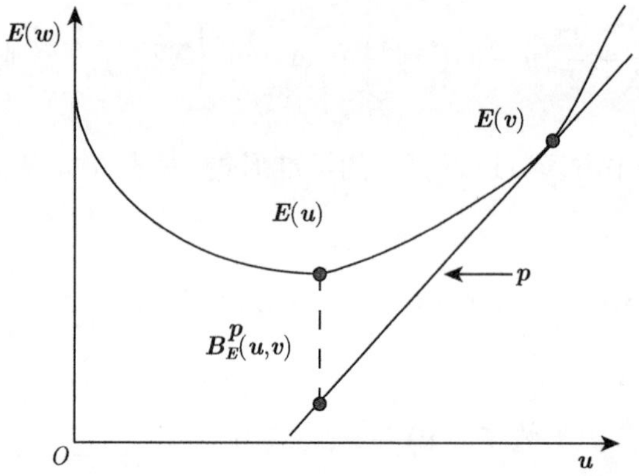

图 5.7　函数 $\boldsymbol{E}(\boldsymbol{u})$ 与 $\boldsymbol{E}(\boldsymbol{v})$ 的 Bregman 距离

在图 5.7 中，$\boldsymbol{p}$ 指向的斜线是切平面 $\boldsymbol{E}(\boldsymbol{v})+\langle\boldsymbol{p},\boldsymbol{u}-\boldsymbol{v}\rangle$，虚线表示的是 Bregman 距离。从狭义上来说，Bregman 距离不是距离；从广义上来说，Bregman 距离具有类似距离的特性，如非负性。

定理 5.1　Bregman 距离 $\boldsymbol{B}_{\boldsymbol{E}}^{\boldsymbol{p}}(\boldsymbol{u},\boldsymbol{v})$ 的特性：

(1) 任意一点 Bregman 距离为零，即 $\boldsymbol{p}\in\partial\boldsymbol{E}(\boldsymbol{u}),\boldsymbol{p}\in\partial\boldsymbol{E}(\boldsymbol{v})$，则 $\boldsymbol{B}_{\boldsymbol{E}}^{\boldsymbol{p}}(\boldsymbol{v},\boldsymbol{v})=0$；

(2) 非负性，$\boldsymbol{B}_{\boldsymbol{E}}^{\boldsymbol{p}}(\boldsymbol{u},\boldsymbol{v})\geqslant 0$，若 $\boldsymbol{E}(\boldsymbol{u})$ 是严格凸的，则 $\boldsymbol{B}_{\boldsymbol{E}}^{\boldsymbol{p}}(\boldsymbol{u},\boldsymbol{v})>0$；

(3) 三点等式，若函数 $\boldsymbol{E}(\boldsymbol{u})$ 是强凸函数，则有

$$\boldsymbol{B}_{\boldsymbol{E}}(\boldsymbol{u},\boldsymbol{v})+\boldsymbol{B}_{\boldsymbol{E}}(\boldsymbol{v},\boldsymbol{w})-\boldsymbol{B}_{\boldsymbol{E}}(\boldsymbol{u},\boldsymbol{w})=\langle\boldsymbol{u}-\boldsymbol{v},\partial\boldsymbol{E}(\boldsymbol{w})-\partial\boldsymbol{E}(\boldsymbol{v})\rangle \tag{5.48}$$

(4) 对称 Bregman 距离，即 $\boldsymbol{B}_{\boldsymbol{E}}(\boldsymbol{u},\boldsymbol{v})+\boldsymbol{B}_{\boldsymbol{E}}(\boldsymbol{v},\boldsymbol{u})=\langle\boldsymbol{u}-\boldsymbol{v},\partial\boldsymbol{E}(\boldsymbol{u})-\partial\boldsymbol{E}(\boldsymbol{v})\rangle$；

(5) 若 $\boldsymbol{E}(\boldsymbol{v})$ 是凸函数，$\boldsymbol{p}\in\partial\boldsymbol{E}(\boldsymbol{v})$，那么 $\partial_{\boldsymbol{u}}\boldsymbol{B}_{\boldsymbol{E}}^{\boldsymbol{p}}(\boldsymbol{u},\boldsymbol{v})=\partial\boldsymbol{E}(\boldsymbol{u})-\boldsymbol{p}$。

在能量泛函正则化模型处理中，由于目标函数是非光滑的，或者是部分光滑的，即拟合项是光滑的，而正则项是非光滑的，即能量泛函正则化模型经典导数不存在，为处理这类优化问题，常常利用 Bregman 距离进行算法设计。为了对 Bregman 距离及其特性的理解和认识，同时分析 Bregman 距离与其他测度（如 Boltzmann 熵、K-L 距离）之间的关系，下面举几个例子进行说明。

例 5.11　若 $\boldsymbol{v}\in\Omega$，求函数 $\boldsymbol{E}(\boldsymbol{v})=\dfrac{1}{2}\|\boldsymbol{v}\|_{L_2}^2$ 的 Bregman 距离。

解 函数 $\boldsymbol{E}(\boldsymbol{v})$ 的次微分为 $\partial\boldsymbol{E}(\boldsymbol{v})=\partial\left(\frac{1}{2}\|\boldsymbol{v}\|_{L_2}^2\right)=\{\boldsymbol{v}\}$，由 Bregman 距离的定义式（5.47），则有

$$\begin{aligned}\boldsymbol{B}_{\boldsymbol{E}}^{\boldsymbol{p}}(\boldsymbol{u},\boldsymbol{v})&=\boldsymbol{E}(\boldsymbol{u})-\boldsymbol{E}(\boldsymbol{v})-\langle\boldsymbol{v},\boldsymbol{u}-\boldsymbol{v}\rangle\\&=\frac{1}{2}\|\boldsymbol{u}\|_{L_2}^2-\frac{1}{2}\|\boldsymbol{v}\|_{L_2}^2-\langle\boldsymbol{v},\boldsymbol{u}-\boldsymbol{v}\rangle=\frac{1}{2}\|\boldsymbol{u}-\boldsymbol{v}\|_{L_2}^2\end{aligned}\tag{5.49}$$

例 5.12 若 $\boldsymbol{v}\in\Omega$，求函数 $\boldsymbol{E}(\boldsymbol{v})=\|\boldsymbol{v}\|_{L_1}$ 的 Bregman 距离。

解 $\boldsymbol{E}(\boldsymbol{v})$ 的次微分为 $\partial\boldsymbol{E}(\boldsymbol{v})=\partial\left(\|\boldsymbol{v}\|_{L_1}\right)=\operatorname{sgn}(\boldsymbol{v})=\begin{cases}-1, & \boldsymbol{v}<0\\ [-1,1], & \boldsymbol{v}=0\\ 1, & \boldsymbol{v}>0\end{cases}$，由 Bregman 距离的定义式（5.47），则有

$$\boldsymbol{B}_{\boldsymbol{E}}^{\boldsymbol{p}}(\boldsymbol{u},\boldsymbol{v})=\boldsymbol{E}(\boldsymbol{u})-\boldsymbol{E}(\boldsymbol{v})-\langle\boldsymbol{v},\boldsymbol{u}-\boldsymbol{v}\rangle=\|\boldsymbol{u}\|_{L_1}-\|\boldsymbol{v}\|_{L_1}-\langle\operatorname{sgn}(\boldsymbol{v}),\boldsymbol{u}-\boldsymbol{v}\rangle\tag{5.50}$$

例 5.13 若 $\boldsymbol{v}\in\Omega$ 上半空间，求 Boltzmann 熵 $\boldsymbol{E}(\boldsymbol{v})=\sum_{i=1}^{n}v_i\ln v_i+1-v_i$ 的离散形式的 Bregman 距离。

解 $\boldsymbol{E}(\boldsymbol{v})$ 的次微分为 $\partial\boldsymbol{E}(\boldsymbol{v})=\sum_{i=1}^{n}\ln v_i$，由 Bregman 距离的定义式（5.47），则有

$$\begin{aligned}B_E^{p_i}(u_i,v_i)&=E(u_i)-E(v_i)-\left\langle\sum_{i=1}^{n}\ln v_i,u_i-v_i\right\rangle\\&=\sum_{i=1}^{n}u_i\ln u_i+1-u_i-\sum_{i=1}^{n}v_i\ln v_i-1+v_i-\left\langle\sum_{i=1}^{n}\ln v_i,u_i-v_i\right\rangle\\&=\sum_{i=1}^{n}u_i\ln u_i-u_i+v_i-\sum_{i=1}^{n}u_i\ln v_i=\sum_{i=1}^{n}u_i\ln\frac{u_i}{v_i}-u_i+v_i\end{aligned}\tag{5.51}$$

例 5.14 若 $\boldsymbol{A}$ 线性算子、$\boldsymbol{v}\in\Omega$、$\boldsymbol{A}\boldsymbol{v}\in\Omega$ 都属于上半平面，且对受泊松过程降质的图像，常用连续的 K-L 泛函 $\boldsymbol{E}(\boldsymbol{v})=\int_{\Omega}\boldsymbol{A}\boldsymbol{v}\cdot\ln\boldsymbol{A}\boldsymbol{v}+1-\boldsymbol{A}\boldsymbol{v}\mathrm{d}\boldsymbol{x}$ 描述拟合项，求其 Bregman 距离。

解 $\boldsymbol{E}(\boldsymbol{v})$ 的次微分为 $\partial\boldsymbol{E}(\boldsymbol{v})=[\ln\boldsymbol{A}\boldsymbol{v}]\,\boldsymbol{A}^{\mathrm{T}}$，由 Bregman 距离的定义式（5.47），有

$$\begin{aligned}\boldsymbol{B}_{\boldsymbol{E}}^{\boldsymbol{p}}(\boldsymbol{u},\boldsymbol{v})&=\boldsymbol{E}(\boldsymbol{u})-\boldsymbol{E}(\boldsymbol{v})-\left\langle[\ln\boldsymbol{A}\boldsymbol{v}]\,\boldsymbol{A}^{\mathrm{T}},\boldsymbol{u}-\boldsymbol{v}\right\rangle\\&=\boldsymbol{A}\boldsymbol{u}\ln\boldsymbol{A}\boldsymbol{u}+1-\boldsymbol{A}\boldsymbol{u}-\boldsymbol{A}\boldsymbol{v}\ln\boldsymbol{A}\boldsymbol{v}-1+\boldsymbol{A}\boldsymbol{v}-\boldsymbol{A}(\boldsymbol{u}-\boldsymbol{v})\ln\boldsymbol{A}\boldsymbol{v}\\&=\boldsymbol{A}\boldsymbol{u}\ln\boldsymbol{A}\boldsymbol{u}-\boldsymbol{A}\boldsymbol{u}+\boldsymbol{A}\boldsymbol{v}-\boldsymbol{A}\boldsymbol{u}\ln\boldsymbol{A}\boldsymbol{v}=\boldsymbol{A}\boldsymbol{u}\ln\frac{\boldsymbol{A}\boldsymbol{u}}{\boldsymbol{A}\boldsymbol{v}}-\boldsymbol{A}\boldsymbol{u}+\boldsymbol{A}\boldsymbol{v}\end{aligned}\tag{5.52}$$

5.2.2 分裂 Bregman 迭代算法

在凸优化理论中，主要有有约束条件的目标函数优化、无约束条件的目标函数优化。而基于 Bregman 距离的迭代算法适用于有约束条件的目标函数优化，是一种解有条件限制的凸能量泛函最优化技术，在图像恢复、图像降噪和压缩传感中得到广泛应用。该类迭代算法的特点是，通过引入辅助变量，将无约束条件的最优化能量泛函正则化模型转化为有约束条件的最优化问题，然后将目标函数分裂为几个容易处理的子问题，形成交替迭代算法。

若 $\boldsymbol{u} \in \Omega$，$\Omega$ 表示 Hilbert 空间上，等式 $\boldsymbol{E}(\boldsymbol{u}) = 0$ 为约束条件，求凸能量泛函

$$\boldsymbol{u} = \underset{\boldsymbol{u}}{\operatorname{argmin}} \{\boldsymbol{R}(\boldsymbol{u})\} \tag{5.53}$$

的最优解，目标函数 $\boldsymbol{E}(\boldsymbol{u})$ 和限制条件 $\boldsymbol{R}(\boldsymbol{u})$ 可能都不可微分。

当 $\boldsymbol{E}(\boldsymbol{u})$、$\boldsymbol{R}(\boldsymbol{u})$ 是可微分时，此种情况下的最优化问题可以利用经典优化理论来解决，如应用基于梯度、海森矩阵的牛顿迭代算法和拟牛顿迭代算法等。但当目标函数的经典导数不存在，即不可微分时，而约束条件是可微分的。利用拉格朗日乘子原理，将条件限制最优化问题转化为无约束条件的最优化问题，表达式为

$$\boldsymbol{u} = \underset{\boldsymbol{u}}{\operatorname{argmin}} \{\lambda \boldsymbol{E}(\boldsymbol{u}) + \boldsymbol{R}(\boldsymbol{u})\} \tag{5.54}$$

将非可微分的目标函数 $\boldsymbol{R}(\boldsymbol{u})$ 用 Bregman 距离取代，则有

$$\boldsymbol{u}^{k+1} = \underset{\boldsymbol{u}}{\operatorname{argmin}} \left\{\boldsymbol{R}(\boldsymbol{u}) - \boldsymbol{R}\left(\boldsymbol{u}^k\right) - \left\langle \boldsymbol{p}^k, \boldsymbol{u} - \boldsymbol{u}^k \right\rangle + \lambda \boldsymbol{E}(\boldsymbol{u})\right\} \tag{5.55}$$

式中，$\boldsymbol{R}(\boldsymbol{u}) - \boldsymbol{R}\left(\boldsymbol{u}^k\right) - \left\langle \boldsymbol{p}^k, \boldsymbol{u} - \boldsymbol{u}^k \right\rangle = \boldsymbol{B}_{\boldsymbol{R}}^{\boldsymbol{p}^k}\left(\boldsymbol{u}, \boldsymbol{u}^k\right)$ 表示 Bregman 距离，$\boldsymbol{u}^k$ 表示上次迭代获得的优化解，$\boldsymbol{p}^k \in \partial \boldsymbol{R}\left(\boldsymbol{u}^k\right)$。因为 $\boldsymbol{u}^{k+1}$ 使式（5.55）达到最小值，从而有

$$\boldsymbol{B}_{\boldsymbol{R}}^{\boldsymbol{p}^{k+1}}\left(\boldsymbol{u}^{k+1}, \boldsymbol{u}^k\right) + \lambda \boldsymbol{E}\left(\boldsymbol{u}^{k+1}\right) \leqslant \boldsymbol{B}_{\boldsymbol{R}}^{\boldsymbol{p}^k}\left(\boldsymbol{u}^k, \boldsymbol{u}^k\right) + \lambda \boldsymbol{E}\left(\boldsymbol{u}^k\right) \tag{5.56}$$

由迭代的特性，则有

$$\lambda \boldsymbol{E}\left(\boldsymbol{u}^{k+1}\right) \leqslant \boldsymbol{B}_{\boldsymbol{R}}^{\boldsymbol{p}^{k+1}}\left(\boldsymbol{u}^{k+1}, \boldsymbol{u}^k\right) + \lambda \boldsymbol{E}\left(\boldsymbol{u}^{k+1}\right) \leqslant \boldsymbol{B}_{\boldsymbol{R}}^{\boldsymbol{p}^{k+1}}\left(\boldsymbol{u}^k, \boldsymbol{u}^k\right) + \lambda \boldsymbol{E}\left(\boldsymbol{u}^k\right) = \lambda \boldsymbol{E}\left(\boldsymbol{u}^k\right) \tag{5.57}$$

因此，约束条件 $\boldsymbol{E}(\boldsymbol{u})$ 具有的特性，如单调性、光滑性和弱导数存在等，对 Bregman 迭代算法的收敛特性产生重要影响。为使式（5.55）获得能量泛函最小，应用一阶 KKT 条件，则有

$$\partial_{\boldsymbol{u}}\left(\boldsymbol{R}(\boldsymbol{u}) - \boldsymbol{R}\left(\boldsymbol{u}^k\right) - \left\langle \boldsymbol{p}^k, \boldsymbol{u} - \boldsymbol{u}^k \right\rangle + \lambda \boldsymbol{E}(\boldsymbol{u})\right) = \partial \boldsymbol{R}(\boldsymbol{u}) - \boldsymbol{p}^k + \lambda \nabla \boldsymbol{E}(\boldsymbol{u}) \tag{5.58}$$

由于 $\boldsymbol{u}^{k+1}$ 使能量泛函 $\boldsymbol{B}_{\boldsymbol{R}}^{\boldsymbol{p}^k}\left(\boldsymbol{u},\boldsymbol{u}^k\right)+\lambda\boldsymbol{E}\left(\boldsymbol{u}\right)$ 取得最小值，则式（5.58）转化为

$$0\in\partial\boldsymbol{R}\left(\boldsymbol{u}^{k+1}\right)-\boldsymbol{p}^k+\lambda\boldsymbol{\nabla}\boldsymbol{E}\left(\boldsymbol{u}^{k+1}\right)\Leftrightarrow\boldsymbol{p}^k-\lambda\boldsymbol{\nabla}\boldsymbol{E}\left(\boldsymbol{u}^{k+1}\right)\in\partial\boldsymbol{R}\left(\boldsymbol{u}^{k+1}\right)\tag{5.59}$$

因为 $\boldsymbol{p}^{k+1}\in\partial\boldsymbol{R}\left(\boldsymbol{u}^{k+1}\right)$，由式（5.59），所以有

$$\boldsymbol{p}^{k+1}=\boldsymbol{p}^k-\lambda\boldsymbol{\nabla}\boldsymbol{E}\left(\boldsymbol{u}^{k+1}\right)\tag{5.60}$$

能量泛函式（5.53）的 Bregman 迭代算法为

$$\begin{cases}\boldsymbol{u}^{k+1}=\underset{\boldsymbol{u}}{\operatorname{argmin}}\left\{\boldsymbol{B}_{\boldsymbol{R}}^{\boldsymbol{p}^k}\left(\boldsymbol{u},\boldsymbol{u}^k\right)+\lambda\boldsymbol{E}\left(\boldsymbol{u}\right)\right\}\\ \boldsymbol{p}^{k+1}=\boldsymbol{p}^k-\lambda\boldsymbol{\nabla}\boldsymbol{E}\left(\boldsymbol{u}^{k+1}\right)\end{cases}\tag{5.61}$$

为使上述推导具有普适性，假定拟合项经典导数不存在，则有如下定理。

定理 5.2 若 $\boldsymbol{E}(\boldsymbol{u})$ 和 $\boldsymbol{R}(\boldsymbol{u})$ 是非负、真和凸函数，且二者的共同内点至少有一个，$\boldsymbol{u}^{k+1}$ 使式（5.55）取得最小值，那么下列条件成立：

（1）存在 $\boldsymbol{p}^{k+1}\in\partial\boldsymbol{R}\left(\boldsymbol{u}^{k+1}\right)$，$\boldsymbol{q}^{k+1}\in\partial\boldsymbol{E}\left(\boldsymbol{u}^{k+1}\right)$，使得

$$\boldsymbol{p}^{k+1}=\boldsymbol{p}^k-\lambda\boldsymbol{q}^{k+1}\tag{5.62}$$

（2）迭代序列 $\left\{\boldsymbol{E}\left(\boldsymbol{u}^{k+1}\right)\right\}$ 是单调非递增的，即

$$\boldsymbol{E}\left(\boldsymbol{u}^{k+1}\right)\leqslant\frac{1}{\lambda}\boldsymbol{B}_{\boldsymbol{R}}^{\boldsymbol{p}^{k+1}}\left(\boldsymbol{u}^{k+1},\boldsymbol{u}^k\right)+\boldsymbol{E}\left(\boldsymbol{u}^{k+1}\right)\leqslant\boldsymbol{E}\left(\boldsymbol{u}^k\right)\tag{5.63}$$

（3）若存在 $\boldsymbol{u}^{k+1}$，使得 $\boldsymbol{R}\left(\boldsymbol{u}^{k+1}\right)$ 有界，则有

$$\boldsymbol{B}_{\boldsymbol{R}}^{\boldsymbol{p}^{k+1}}\left(\boldsymbol{u},\boldsymbol{u}^{k+1}\right)+\boldsymbol{B}_{\boldsymbol{R}}^{\boldsymbol{p}^k}\left(\boldsymbol{u}^{k+1},\boldsymbol{u}^k\right)+\lambda\boldsymbol{E}\left(\boldsymbol{u}^{k+1}\right)\leqslant\boldsymbol{B}_{\boldsymbol{R}}^{\boldsymbol{p}^k}\left(\boldsymbol{u},\boldsymbol{u}^k\right)+\lambda\boldsymbol{E}\left(\boldsymbol{u}\right)\tag{5.64}$$

（4）若 $\boldsymbol{u}^*$ 是拟合项 $\boldsymbol{E}(\boldsymbol{u})$ 的最小值，正则项 $\boldsymbol{R}(\boldsymbol{u})$ 有界，那么

$$\boldsymbol{B}_{\boldsymbol{R}}^{\boldsymbol{p}^{k+1}}\left(\boldsymbol{u}^*,\boldsymbol{u}^{k+1}\right)\leqslant\boldsymbol{B}_{\boldsymbol{R}}^{\boldsymbol{p}^k}\left(\boldsymbol{u}^*,\boldsymbol{u}^k\right)\tag{5.65}$$

$$\boldsymbol{E}\left(\boldsymbol{u}^{k+1}\right)\leqslant\boldsymbol{E}\left(\boldsymbol{u}^*\right)+\frac{\boldsymbol{R}\left(\boldsymbol{u}^*\right)-\boldsymbol{R}\left(\boldsymbol{u}^0\right)}{\lambda\left(k+1\right)}\tag{5.66}$$

证明

（1）若 $\boldsymbol{u}^{k+1}$ 使得能量泛函式（5.54）取得最小值，根据一阶 KKT 条件，则有

$$0\in\partial\boldsymbol{R}\left(\boldsymbol{u}^{k+1}\right)-\boldsymbol{p}^k+\lambda\partial\boldsymbol{E}\left(\boldsymbol{u}^{k+1}\right)\Leftrightarrow\boldsymbol{p}^k-\lambda\partial\boldsymbol{E}\left(\boldsymbol{u}^{k+1}\right)\in\partial\boldsymbol{R}\left(\boldsymbol{u}^{k+1}\right)\tag{5.67}$$

由于 $\boldsymbol{p}^{k+1}\in\partial\boldsymbol{R}\left(\boldsymbol{u}^{k+1}\right)$，$\boldsymbol{q}^{k+1}\in\partial\boldsymbol{E}\left(\boldsymbol{u}^{k+1}\right)$，则有 $\boldsymbol{p}^{k+1}=\boldsymbol{p}^k-\lambda\boldsymbol{q}^{k+1}$。

（2）记 $\boldsymbol{Q}^k\left(\boldsymbol{u},\boldsymbol{p}^k\right)=\boldsymbol{B}_{\boldsymbol{R}}^{\boldsymbol{p}^k}\boldsymbol{R}\left(\boldsymbol{u},\boldsymbol{u}^k\right)+\lambda\boldsymbol{E}\left(\boldsymbol{u}\right)$，由定理 5.1 的特性，则 $\boldsymbol{B}_{\boldsymbol{R}}^{\boldsymbol{p}^k}\left(\boldsymbol{u}^k,\boldsymbol{u}^k\right)=0$，故 $\boldsymbol{Q}^k\left(\boldsymbol{u}^k,\boldsymbol{p}^k\right)=\lambda\boldsymbol{E}\left(\boldsymbol{u}^k\right)$，$\boldsymbol{B}_{\boldsymbol{R}}^{\boldsymbol{p}^k}\left(\boldsymbol{u}^{k+1},\boldsymbol{u}^k\right)\geqslant 0$，因为 $\boldsymbol{u}^{k+1}$ 使得 $\boldsymbol{Q}^k\left(\boldsymbol{u},\boldsymbol{p}^k\right)$ 取得最小值，从而有

$$\lambda\boldsymbol{E}\left(\boldsymbol{u}^{k+1}\right)\leqslant\boldsymbol{B}_{\boldsymbol{R}}^{\boldsymbol{p}^{k+1}}\left(\boldsymbol{u}^{k+1},\boldsymbol{u}^k\right)+\lambda\boldsymbol{E}\left(\boldsymbol{u}^{k+1}\right)\leqslant\lambda\boldsymbol{E}\left(\boldsymbol{u}^k\right)\tag{5.68}$$

（3）由定理 5.1 的三点特性式（5.48），若 $\boldsymbol{p}^{k+1}\in\partial\boldsymbol{R}\left(\boldsymbol{u}^{k+1}\right)$，$\boldsymbol{p}^k\in\partial\boldsymbol{R}\left(\boldsymbol{u}^k\right)$，则

$$\boldsymbol{B}_{\boldsymbol{R}}^{\boldsymbol{p}^{k+1}}\left(\boldsymbol{u},\boldsymbol{u}^{k+1}\right)+\boldsymbol{B}_{\boldsymbol{R}}^{\boldsymbol{p}^k}\left(\boldsymbol{u}^{k+1},\boldsymbol{u}^k\right)-\boldsymbol{B}_{\boldsymbol{R}}^{\boldsymbol{p}^k}\left(\boldsymbol{u},\boldsymbol{u}^k\right)=\left\langle\boldsymbol{u}^{k+1}-\boldsymbol{u},\boldsymbol{p}^{k+1}-\boldsymbol{p}^k\right\rangle\tag{5.69}$$

利用式（5.62），那么 $\boldsymbol{p}^{k+1}-\boldsymbol{p}^k=-\lambda\boldsymbol{q}^{k+1}\in-\lambda\partial\boldsymbol{E}\left(\boldsymbol{u}^{k+1}\right)$，由 $\boldsymbol{E}\left(\boldsymbol{u}\right)$ 是凸函数，那么

$$\boldsymbol{E}\left(\boldsymbol{u}\right)-\boldsymbol{E}\left(\boldsymbol{u}^{k+1}\right)\geqslant-\left(\boldsymbol{u}^{k+1}-\boldsymbol{u}\right)\partial\boldsymbol{E}\left(\boldsymbol{u}^{k+1}\right)\tag{5.70}$$

将式（5.70）两边乘以 λ，代入式（5.69），则有表达式

$$\boldsymbol{B}_{\boldsymbol{R}}^{\boldsymbol{p}^{k+1}}\left(\boldsymbol{u},\boldsymbol{u}^{k+1}\right)+\boldsymbol{B}_{\boldsymbol{R}}^{\boldsymbol{p}^k}\left(\boldsymbol{u}^{k+1},\boldsymbol{u}^k\right)-\boldsymbol{B}_{\boldsymbol{R}}^{\boldsymbol{p}^k}\left(\boldsymbol{u},\boldsymbol{u}^k\right)\leqslant\lambda\boldsymbol{E}\left(\boldsymbol{u}\right)-\lambda\boldsymbol{E}\left(\boldsymbol{u}^{k+1}\right)\tag{5.71}$$

经整理，从而有式（5.64）。

（4）因为 $\boldsymbol{u}^*$ 是拟合项 $\boldsymbol{E}\left(\boldsymbol{u}\right)$ 的最小值，由于 $\boldsymbol{B}_{\boldsymbol{R}}^{\boldsymbol{p}^k}\left(\boldsymbol{u}^{k+1},\boldsymbol{u}^k\right)\geqslant 0$，由式（5.64）有

$$\boldsymbol{B}_{\boldsymbol{R}}^{\boldsymbol{p}^{k+1}}\left(\boldsymbol{u}^*,\boldsymbol{u}^{k+1}\right)+\lambda\left[\boldsymbol{E}\left(\boldsymbol{u}^{k+1}\right)-\boldsymbol{E}\left(\boldsymbol{u}^*\right)\right]\leqslant\boldsymbol{B}_{\boldsymbol{R}}^{\boldsymbol{p}^k}\left(\boldsymbol{u}^*,\boldsymbol{u}^k\right)\tag{5.72}$$

因为迭代序列 $\left\{\boldsymbol{E}\left(\boldsymbol{u}^{k+1}\right)\right\}$ 是单调非递增的，那么 $\boldsymbol{E}\left(\boldsymbol{u}^{k+1}\right)-\boldsymbol{E}\left(\boldsymbol{u}^*\right)\geqslant 0$，那么式（5.65）成立。从 $k=0$ 到 $k=k+1$ 步，计算式（5.64）在最优值 $\boldsymbol{u}^*$ 处的累加值，则有

$$\boldsymbol{B}_{\boldsymbol{R}}^{\boldsymbol{p}^{k+1}}\left(\boldsymbol{u}^*,\boldsymbol{u}^{k+1}\right)+\sum_{i=1}^{k}\left[\boldsymbol{B}_{\boldsymbol{R}}^{\boldsymbol{p}^i}\left(\boldsymbol{u}^{i+1},\boldsymbol{u}^i\right)+\lambda\left(\boldsymbol{E}\left(\boldsymbol{u}^{i+1}\right)-\boldsymbol{E}\left(\boldsymbol{u}^*\right)\right)\right]\leqslant\boldsymbol{R}\left(\boldsymbol{u}^*\right)-\boldsymbol{R}\left(\boldsymbol{u}^0\right)\tag{5.73}$$

因为 $\boldsymbol{B}_{\boldsymbol{R}}^{\boldsymbol{p}^{k+1}}\left(\boldsymbol{u}^*,\boldsymbol{u}^{k+1}\right)\geqslant 0$，$\boldsymbol{B}_{\boldsymbol{R}}^{\boldsymbol{p}^i}\left(\boldsymbol{u}^{i+1},\boldsymbol{u}^i\right)\geqslant 0$，那么

$$\lambda\left(k+1\right)\left[\boldsymbol{E}\left(\boldsymbol{u}^{k+1}\right)-\boldsymbol{E}\left(\boldsymbol{u}^*\right)\right]\leqslant\boldsymbol{R}\left(\boldsymbol{u}^*\right)-\boldsymbol{R}\left(\boldsymbol{u}^0\right)\tag{5.74}$$

经整理有式（5.66）。证毕。

5.2.3 快速软阈值分裂迭代算法

对于经典导数不存在的正则项，采用 Bregman 距离逼近正则项，形成分裂 Bregman 迭代算法。但若保真项具有一定的光滑性，且二阶导数是 Lipschitz 连续的，则可以对光滑的保真项 $\boldsymbol{E}(\boldsymbol{u})$ 进行逼近，表达式为

$$\boldsymbol{E}(\boldsymbol{u},\boldsymbol{y}_k)=\boldsymbol{E}(\boldsymbol{y}_k)+\langle\boldsymbol{u}-\boldsymbol{y}_k,\boldsymbol{\nabla E}(\boldsymbol{y}_k)\rangle+\frac{L}{2}\|\boldsymbol{u}-\boldsymbol{y}_k\|^2 \tag{5.75}$$

式中，L 为 $\boldsymbol{\nabla E}(\boldsymbol{y}_k)$ 的 Lipschitz 常数；$\langle\cdot,\cdot\rangle$ 表示内积；k 表示迭代次数；$\boldsymbol{\nabla}$ 表示经典梯度算子。式（5.75）与非光滑函数 $\boldsymbol{R}(\boldsymbol{u})$ 组成逼近函数，表达式为

$$\boldsymbol{Q}_L(\boldsymbol{u},\boldsymbol{y}_k)=\boldsymbol{E}(\boldsymbol{u},\boldsymbol{y}_k)+\boldsymbol{R}(\boldsymbol{u}) \tag{5.76}$$

经整理，获得式（5.76）最小化表达式为

$$\boldsymbol{u}=\inf_{\boldsymbol{u}}\left\{\frac{L}{2}\left\|\boldsymbol{u}-\left(\boldsymbol{y}_k-\frac{1}{L}\boldsymbol{\nabla E}(\boldsymbol{y}_k)\right)\right\|^2+\boldsymbol{R}(\boldsymbol{u})\right\} \tag{5.77}$$

利用拟合项的光滑特性，对光滑的拟合项进行逼近，经整理，获得光滑函数的最小二乘形式。但由于模型整体的非光滑特性，利用经典牛顿迭代算法仍然无法直接求解式（5.77）。由 5.1 节可知，迫近算子的提出，为非光滑函数模型的求解注入新的活力，而式（5.77）具有类似迫近算子的表达形式。将式（5.77）表示成迫近算子的标准型，表达式为

$$\boldsymbol{u}=\inf_{\boldsymbol{u}}\left\{\frac{L}{2}\|\boldsymbol{u}-\boldsymbol{u}_k\|_2^2+\boldsymbol{R}(\boldsymbol{u})\right\} \tag{5.78}$$

利用光滑函数的梯度，将 $\boldsymbol{u}_k$ 转化为一阶不动点迭代子问题，表达式为

$$\boldsymbol{u}_k=\boldsymbol{y}_k-\frac{1}{L}\boldsymbol{\nabla E}(\boldsymbol{y}_k) \tag{5.79}$$

利用非光滑函数 $\boldsymbol{R}(\boldsymbol{u})$ 的次微分特性，式（5.78）形成迫近迭代子问题，表达式为

$$\hat{\boldsymbol{u}}_{k+1}=\mathrm{prox}_L^{\boldsymbol{R}(\boldsymbol{u})}(\boldsymbol{u}_k) \tag{5.80}$$

式中，$\mathrm{prox}_L^{\boldsymbol{R}(\boldsymbol{u})}(\boldsymbol{u}_k)$ 为迫近算子。利用光滑函数的梯度设计一阶不动点迭代子问题，利用非光滑函数的次微分特性设计迫近迭代子问题，二者交替形成快速软阈值迭代算法。利用该思想，Beck 等提出快速迭代软阈值算法（FISTA），具体步骤介绍如下。

初始化：计算常数 L，设置 $y_1=u_0$，$t_1=1$，步长 μ，最大迭代次数 N；

循环迭代：

$$\boldsymbol{u}_k=\boldsymbol{y}_k-\mu\boldsymbol{\nabla E}(\boldsymbol{y}_k) \tag{5.81}$$

$$\hat{\boldsymbol{u}}_{k+1} = \operatorname{prox}_L^{\boldsymbol{R}(\boldsymbol{u})}(\boldsymbol{u}_k) \tag{5.82}$$

$$t_{k+1} = \frac{1+\sqrt{1+4t_k^2}}{2} \tag{5.83}$$

$$\boldsymbol{y}_{k+1} = \boldsymbol{y}_k + \frac{t_{k-1}}{t_{k+1}}(\hat{\boldsymbol{u}}_{k+1} - \boldsymbol{y}_k) \tag{5.84}$$

当达到最大迭代次数或目标函数连续两次迭代之差小于给定值时，循环终止，输出恢复图像。将 FISTA 应用于图像恢复，取得较快的收敛速度，但图像恢复质量不太理想，容易产生阶梯效应，且算法收敛步长受成像系统特征值的制约。为便于直观显示，图 5.8 给出拟合项用 L_2 范数来逼近，正则项用有界变差函数的半范数来描述，用 FISTA 恢复模糊的图像。

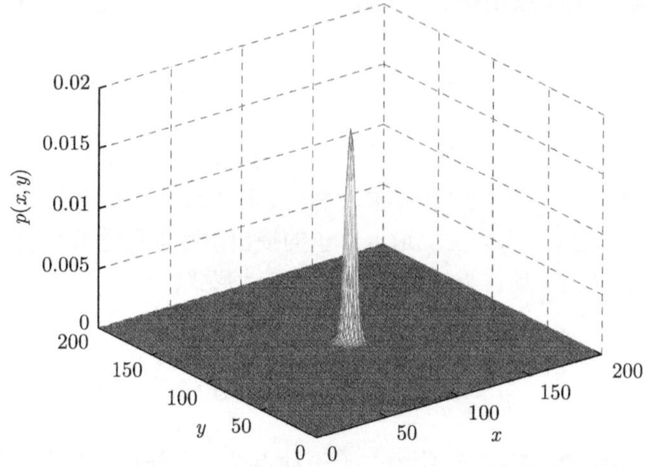

(a) 尺寸为 200×200 的模糊核

(b) 原始图像

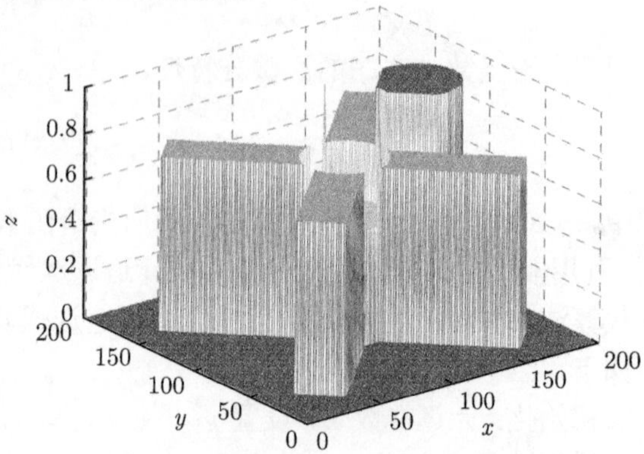

(c) 原始图像三维表面

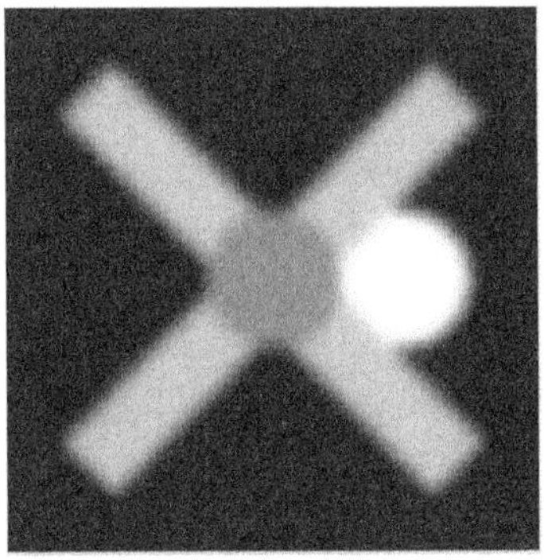

(d) 模糊图像

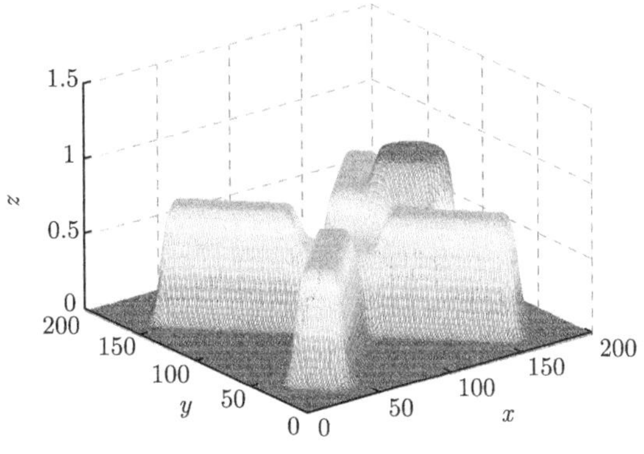

(e) 模糊图像三维表面

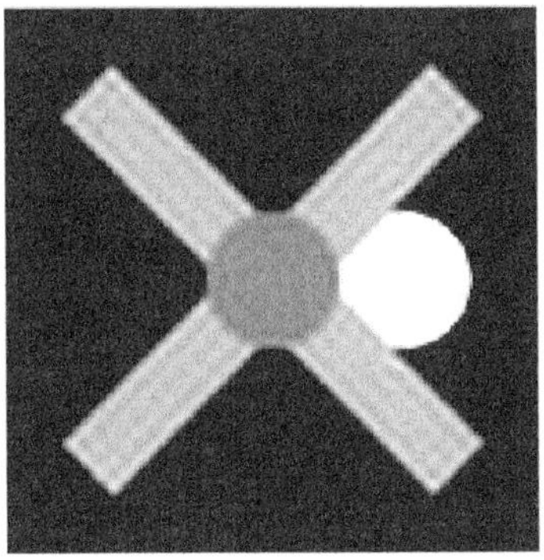

(f) FISTA 迭代 100 次恢复

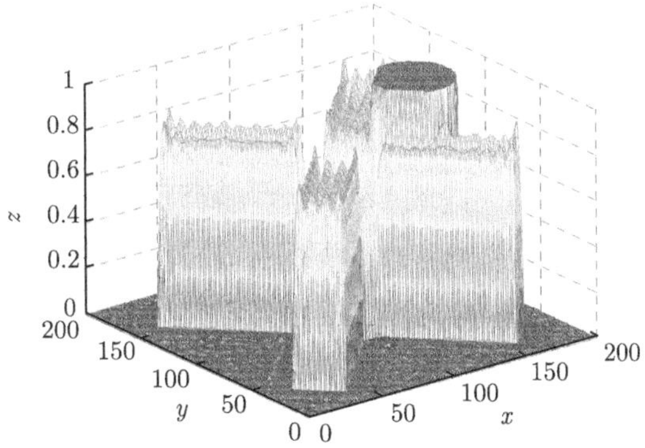

(g) FISTA 迭代 100 次恢复三维表面

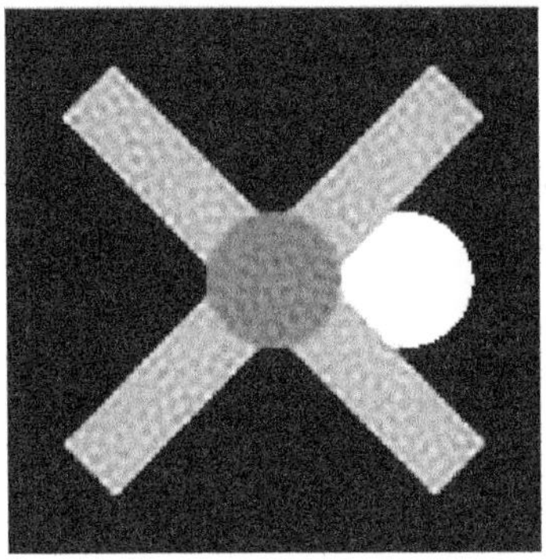

(h) FISTA 迭代 1000 次恢复

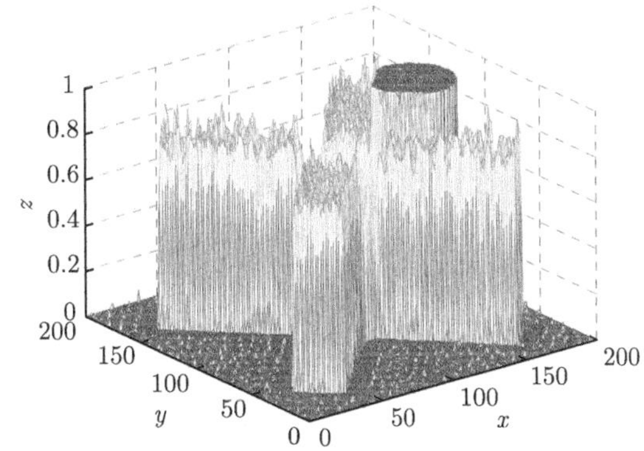

(i) FISTA 迭代 1000 次恢复三维表面

图 5.8 原始图像及 FISTA 运行结果

5.2.4 ADMM 分裂迭代算法

从 5.2.2 节可知，利用正则项的次微分特性，将非可微分的正则项用 Bregman 距离取代，形成分裂 Bregman 迭代算法；从 5.2.3 节可知，利用拟合项的光滑特性，对光滑的拟合项进行逼近，形成 FISTA；分别利用正则项和拟合项的特性，形成 Bregman 迭代算法和 FISTA，目前在非光滑优化理论中，得到广泛应用。ADMM 是上述算法的进一步推广，适用于拟合项和正则项都非可微分的情形。若目标函数的表达式为

$$\boldsymbol{u}=\min_{\boldsymbol{u}}\{\boldsymbol{E}(\boldsymbol{u})+\boldsymbol{R}(\boldsymbol{D}\boldsymbol{u})\} \tag{5.85}$$

式中，$\boldsymbol{D}$ 是微分算子。由于式（5.85）是没有约束的最优化问题，为利用 ADMM，常引入辅助变量 $\boldsymbol{w}=\boldsymbol{D}\boldsymbol{u}$，将目标函数转化为有约束条件的最优化问题，分别利用拟合项和正则项的特性，形成 ADMM，表达式为

$$\boldsymbol{u}_{k+1}=\operatorname{argmin}\left\{\boldsymbol{E}(\boldsymbol{u})+\frac{\beta}{2}\|\boldsymbol{d}_k+\boldsymbol{D}\boldsymbol{u}-\boldsymbol{w}_k\|_2^2\right\} \tag{5.86}$$

$$\boldsymbol{w}_{k+1}=\operatorname{argmin}\left\{\boldsymbol{R}(\boldsymbol{w})+\frac{\beta}{2}\|\boldsymbol{d}_k+\boldsymbol{D}\boldsymbol{u}_{k+1}-\boldsymbol{w}\|_2^2\right\} \tag{5.87}$$

$$\boldsymbol{d}_{k+1}=\boldsymbol{d}_k+\boldsymbol{D}\boldsymbol{u}_{k+1}-\boldsymbol{w}_{k+1} \tag{5.88}$$

ADMM 的收敛特性可以用如下两个定理来进行分析。

定理 5.3 假设式（5.85）至少存在一个解 $\boldsymbol{u}^*$，那么由式（5.86）~式（5.88）交替迭代产生的聚点 $\{\boldsymbol{u}_k\}$ 是式（5.85）的一个解，若 $\lim\limits_{k\to\infty}\|\boldsymbol{u}_k-\boldsymbol{u}^*\|=0$，那么式（5.85）有唯一解。

定理 5.4 若 $\boldsymbol{D}\in\mathbf{R}^{m\times n}$，且列满秩，存在两个序列 $\{\varepsilon_k\}$、$\{\eta_k\}$，且 $\varepsilon_k\geqslant 0$，$\eta_k\geqslant 0$，$\sum\limits_{k=0}^{\infty}\varepsilon_k<\infty$，$\sum\limits_{k=0}^{\infty}\eta_k<\infty$，假设式（5.86）~式（5.88）交替迭代满足下列条件:

$$\left\|\boldsymbol{u}_{k+1}-\operatorname{argmin}\left\{\boldsymbol{E}(\boldsymbol{u})+\frac{\beta}{2}\|\boldsymbol{d}_k+\boldsymbol{D}\boldsymbol{u}-\boldsymbol{w}_k\|_2^2\right\}\right\|\leqslant\varepsilon_k \tag{5.89}$$

$$\left\|\boldsymbol{w}_{k+1}-\operatorname{argmin}\left\{\boldsymbol{R}(\boldsymbol{w})+\frac{\beta}{2}\|\boldsymbol{d}_k+\boldsymbol{D}\boldsymbol{u}_{k+1}-\boldsymbol{w}\|_2^2\right\}\right\|\leqslant\eta_k \tag{5.90}$$

如果式（5.85）的解集是非空的，那么由（5.86）~式（5.88）交替迭代产生的序列 $\{\boldsymbol{u}_k\}$ 是式（5.85）的一个解。如果至少有一个序列式 $\{\boldsymbol{w}_k\}$、$\{\boldsymbol{d}_k\}$ 是发散的，那么式（5.85）没有解。

5.3 标准正则化模型的追近牛顿算子分裂原理

5.3.1 标准正则化模型的二阶逼近模型分裂原理

由 5.2.3 节可知，对光滑的拟合项，采用一阶函数进行逼近，形成 FISTA，但该算法容易在信号的恢复过程中产生阶梯效应，这是对拟合项逼近不当所致。为克服此缺点，在本节中，研究用拟合项的二阶泰勒展开式逼近拟合项，提出追近牛顿算子分裂迭代算法。

从式（5.75）可知，用光滑函数一阶梯度的 Lipschitz 常数作为校正项的系数，对拟合项 $\boldsymbol{E}(\boldsymbol{u})$ 进行逼近，但随着迭代次数的增加，光滑函数的梯度随之发生变化，导致 Lipschitz 常数 L 也随之发生变化，也就是说，L 是迭代次数的函数，因此，用常数 L 无法准确逼近光滑函数，导致无法获得高精度逼近解。为解决此问题，对光滑函数进行泰勒展开，用随迭代次数变化而变化的海森矩阵取代 Lipschitz 常数，表达式为

$$\boldsymbol{E}(\boldsymbol{u},\boldsymbol{y}_k)=\boldsymbol{E}(\boldsymbol{y}_k)+\langle \boldsymbol{u}-\boldsymbol{y}_k,\boldsymbol{\nabla E}(\boldsymbol{y}_k)\rangle+\frac{\boldsymbol{H}_k}{2}\left\|\boldsymbol{u}-\boldsymbol{y}_k\right\|^2+o(\boldsymbol{u}-\boldsymbol{y}_k) \tag{5.91}$$

式中，$\boldsymbol{E}(\boldsymbol{u},\boldsymbol{y}_k)$ 表示对 $\boldsymbol{E}(\boldsymbol{u})$ 在 $\boldsymbol{y}_k$ 处进行泰勒展开；$o(\boldsymbol{u}-\boldsymbol{y}_k)$ 表示高阶逼近项；$\boldsymbol{H}_k$ 表示海森矩阵；k 表示迭代次数。由拟合项 $\boldsymbol{E}(\boldsymbol{u})$ 和正则项 $\boldsymbol{R}(\boldsymbol{u})$ 组成的能量泛函正则化模型的转化表达式为

$$\boldsymbol{Q}_{\boldsymbol{H}_k}(\boldsymbol{u},\boldsymbol{y}_k)=\boldsymbol{E}(\boldsymbol{u},\boldsymbol{y}_k)+\boldsymbol{R}(\boldsymbol{u}) \tag{5.92}$$

忽略高阶项和常数项，经整理，获得式（5.92）二阶最小化逼近表达式：

$$\boldsymbol{u}=\inf_{\boldsymbol{u}}\left\{\frac{\boldsymbol{H}_k}{2}\left\|\boldsymbol{u}-\left(\boldsymbol{y}_k-\frac{1}{\boldsymbol{H}_k}\boldsymbol{\nabla E}(\boldsymbol{y}_k)\right)\right\|^2+\boldsymbol{R}(\boldsymbol{u})\right\} \tag{5.93}$$

对式（5.93）进行分裂，为利用追近算子，将式（5.93）表示成追近算子表达式的标准型，则有

$$\boldsymbol{u}=\inf_{\boldsymbol{u}}\left\{\frac{\boldsymbol{H}_k}{2}\left\|\boldsymbol{u}-\boldsymbol{u}_k\right\|_2^2+\boldsymbol{R}(\boldsymbol{u})\right\} \tag{5.94}$$

式中，$\boldsymbol{u}_k$ 形成二阶牛顿迭代子问题，表达式为

$$\boldsymbol{u}_k=\boldsymbol{y}_k-\frac{1}{\boldsymbol{H}_k}\boldsymbol{\nabla E}(\boldsymbol{y}_k) \tag{5.95}$$

而式（5.94）形成追近算子迭代子问题，表达式为

$$\hat{\boldsymbol{u}}_{k+1}=\operatorname{prox}_{\boldsymbol{H}_k}^{\boldsymbol{R}}(\boldsymbol{u}_k) \tag{5.96}$$

为获得模型有效解，下面对牛顿迭代子问题式（5.95）进行算法设计。

5.3.2 牛顿迭代子问题搜索方向和步长的确定

在 5.2.3 节，从式 (5.77) 可知，利用光滑函数的一阶导数和 Lipschitz 常数，设计基于梯度、步长是常数的一阶不动点迭代算法式 (5.79)。由式 (5.77) 和式 (5.93) 对比可知，式 (5.93) 含有光滑函数的一阶、二阶导数，因此，可以设计二阶牛顿迭代算法，即式 (5.95)，式中，$\frac{1}{\boldsymbol{H}_k}\boldsymbol{\nabla E}\left(\boldsymbol{y}_k\right)$ 表示搜索方向 $\boldsymbol{d}_k$，即

$$\boldsymbol{d}_k=\frac{1}{\boldsymbol{H}_k}\boldsymbol{\nabla E}\left(\boldsymbol{y}_k\right) \tag{5.97}$$

为使步长可变，算法具有自适应性，式 (5.95) 可以表示为

$$\boldsymbol{u}_{k+1}=\boldsymbol{y}_k+\alpha_k\boldsymbol{d}_k \tag{5.98}$$

式中，α_k 是搜索步长；$\boldsymbol{d}_k$ 是搜索方向。$\boldsymbol{d}_k$ 由计算式 (5.96) 获得的 $\hat{\boldsymbol{u}}_k$ 和计算式 (5.95) 获得的 $\boldsymbol{u}_k$ 决定，表达式为

$$\boldsymbol{d}_k=\hat{\boldsymbol{u}}_k-\boldsymbol{u}_k \tag{5.99}$$

而式 (5.99) 是迫近迭代子问题、牛顿迭代子问题的目标解校正差，由式 (5.97) 可知，$\boldsymbol{H}_k\boldsymbol{d}_k$ 乘积的本质是梯度，利用 KKT 条件，则目标函数获得最优解的条件表达式为

$$0\in\boldsymbol{\nabla E}\left(\boldsymbol{u}_k\right)+\boldsymbol{H}_k\left(\hat{\boldsymbol{u}}_k-\boldsymbol{u}_k\right)+\partial\boldsymbol{R}\left(\hat{\boldsymbol{u}}_k\right) \tag{5.100}$$

式中，∂ 表示次微分。若 $\boldsymbol{R}\left(\boldsymbol{u}\right)=0$，式 (5.100) 为利用 $\boldsymbol{E}\left(\boldsymbol{u}\right)$ 的梯度和海森矩阵计算经典牛顿迭代算法的搜索方向。若目标函数满足式 (5.100) 的条件，也就是最优解 $\hat{\boldsymbol{u}}_k=\boldsymbol{u}_k$，即搜索方向 $\boldsymbol{d}_k=0$, 则式 (5.100) 转化为

$$0\in\boldsymbol{\nabla E}\left(\boldsymbol{u}\right)+\partial\boldsymbol{R}\left(\hat{\boldsymbol{u}}_k\right) \tag{5.101}$$

而式 (5.101) 恰好是目标函数式 (5.92) 取得最优值的充分必要条件。由式 (5.95) 可知，在计算牛顿迭代子问题时，需要计算海森矩阵的逆矩阵，若其规模较大，计算其逆矩阵比较耗时，而且其特征值的幅值可能较小，具有奇异特性，为便于计算且避免矩阵的奇异特性，需对海森矩阵进行逼近。若对称正定矩阵 $\boldsymbol{\Sigma}_k$ 是光滑函数 $\boldsymbol{E}\left(\boldsymbol{x}\right)$ 的海森矩阵 $\boldsymbol{H}_k$ 的逼近矩阵，那么 $\boldsymbol{\Sigma}_k$ 满足 Secant 方程的三个条件，即

$$\boldsymbol{\nabla E}_k=\boldsymbol{\nabla E}\left(\boldsymbol{y}_{k+1}\right)-\boldsymbol{\nabla E}\left(\boldsymbol{y}_k\right),\quad \boldsymbol{h}_k=\boldsymbol{y}_{k+1}-\boldsymbol{y}_k,\quad \boldsymbol{\Sigma}_k\boldsymbol{d}_k=\boldsymbol{\nabla E}\left(\boldsymbol{y}_k\right) \tag{5.102}$$

由 BFGS 原理，海森矩阵的逼近矩阵 $\boldsymbol{\Sigma}_k$ 的更新表达式为

$$\boldsymbol{\Sigma}_{k+1}=\boldsymbol{\Sigma}_k-\frac{\boldsymbol{\Sigma}_k\boldsymbol{h}_k\left(\boldsymbol{\Sigma}_k\boldsymbol{h}_k\right)^{\mathrm{T}}}{\left(\boldsymbol{h}_k\right)^{\mathrm{T}}\boldsymbol{\Sigma}_k\boldsymbol{h}_k}+\frac{\boldsymbol{\nabla E}_k\left(\boldsymbol{\nabla s}_k\right)^{\mathrm{T}}}{\boldsymbol{\nabla E}_k\boldsymbol{h}_k} \tag{5.103}$$

由式 (5.98) 和式 (5.97)，牛顿迭代子问题可以表示为

$$\boldsymbol{u}_k = \boldsymbol{y}_k + a_k \boldsymbol{\Sigma}_k^{-1} \boldsymbol{\nabla E}(\boldsymbol{y}_k) \tag{5.104}$$

为使式 (5.104) 中的 α_k 具有自适应性，步长更新表达式为

$$\alpha_k = \frac{1}{\lambda_k} - \frac{1}{\lambda_k + \beta_k} \tag{5.105}$$

式中，$\lambda_k = \sqrt{(\boldsymbol{d}_k)^{\mathrm{T}} \boldsymbol{\nabla}^2 \boldsymbol{E}(\boldsymbol{x}_k)\, \boldsymbol{d}_k}$；$\beta_k = \left(\sqrt{\boldsymbol{\Sigma}_k}\boldsymbol{d}_k\right)^{\mathrm{T}} \sqrt{\boldsymbol{\Sigma}_k}\boldsymbol{d}_k$。

5.3.3 追近牛顿迭代算法及其收敛特性

迫近牛顿迭代算法步骤如下。

步骤 1 初始化，最大迭代次数 N，迭代残差 ε，正则项参数 γ。

循环迭代:

步骤 2 计算光滑函数的梯度 $\boldsymbol{\nabla E}(\boldsymbol{y}_k)$ 和海森矩阵的逼近矩阵 $\boldsymbol{\Sigma}_k$。

步骤 3 计算牛顿迭代子问题式 (5.104) 获得 $\boldsymbol{u}_k$。

步骤 4 计算迫近子问题式 (5.96) 获得 $\hat{\boldsymbol{u}}_{k+1}$，由式 (5.99) 获得 $\boldsymbol{d}_k$。

步骤 5 用式 (5.105) 更新步长，用式 (5.98) 更新目标函数的解。

步骤 6 当达到最大迭代次数或目标函数连续两次迭代之差小于 ε，循环终止，输出恢复图像。

定理 5.5 迫近牛顿迭代算法的步长式 (5.105) 是最优的。

证明 因为

$$\boldsymbol{R}(\boldsymbol{u}_{k+1}) = \boldsymbol{R}(\boldsymbol{y}_k + \alpha_k \boldsymbol{d}_k) = \boldsymbol{R}(\boldsymbol{y}_k + \alpha_k(\hat{\boldsymbol{u}}_k - \boldsymbol{u}_k)) \tag{5.106}$$

由于目标函数是凸函数，所以

$$\boldsymbol{R}(\boldsymbol{y}_k + \alpha_k(\hat{\boldsymbol{u}}_k - \boldsymbol{u}_k)) = \boldsymbol{R}(\boldsymbol{y}_k - \alpha_k \boldsymbol{u}_k + \alpha_k \hat{\boldsymbol{u}}_k) \leqslant (1-\alpha_k)\boldsymbol{R}(\boldsymbol{u}_k) + \alpha_k \boldsymbol{R}(\hat{u}_k) \tag{5.107}$$

$$\boldsymbol{R}(\boldsymbol{u}_{k+1}) - \boldsymbol{R}(\boldsymbol{u}_k) \leqslant \alpha_k(\boldsymbol{R}(\hat{\boldsymbol{u}}_k) - \boldsymbol{R}(\boldsymbol{u}_k)) \tag{5.108}$$

$$\begin{aligned}
\Phi(\boldsymbol{u}_{k+1}) \leqslant\ & \Phi(\boldsymbol{u}_k) + \boldsymbol{\nabla E}(\boldsymbol{u}_k)(\boldsymbol{u}_{k+1} - \boldsymbol{u}_k) \\
& + O((\boldsymbol{u}_{k+1} - \boldsymbol{u}_k)\boldsymbol{H}_k(\boldsymbol{u}_{k+1} - \boldsymbol{u}_k)(\boldsymbol{u}_{k+1} - \boldsymbol{u}_k)) \\
& + \alpha_k(\boldsymbol{R}(\hat{\boldsymbol{u}}_k) - \boldsymbol{R}(\boldsymbol{u}_k)) \\
\leqslant\ & \Phi(\boldsymbol{u}_k) + \alpha_k \boldsymbol{\nabla E}(\boldsymbol{u}_k)\boldsymbol{d}_k + O\left(\alpha_k^2 \boldsymbol{d}_k \boldsymbol{H}_k \boldsymbol{d}_k\right) \\
& + \alpha_k(\boldsymbol{R}(\hat{\boldsymbol{u}}_k) - \boldsymbol{R}(\boldsymbol{u}_k))
\end{aligned} \tag{5.109}$$

因为 $\hat{\boldsymbol{u}}_k$ 是目标函数的唯一解，由 KKT 条件式 (5.100)，则有

$$-\boldsymbol{\nabla E}(\boldsymbol{x}_k) - \boldsymbol{H}_k(\hat{\boldsymbol{u}}_k - \boldsymbol{u}_k) \in \partial \boldsymbol{R}(\hat{\boldsymbol{u}}_k) \tag{5.110}$$

式 (5.110) 转置后两边同乘 $(\hat{\boldsymbol{u}}_k - \boldsymbol{u}_k)$，则有

$$-\boldsymbol{\nabla E}^{\mathrm{T}}(\boldsymbol{u}_k)(\hat{\boldsymbol{u}}_k - \boldsymbol{u}_k) - (\hat{\boldsymbol{u}}_k - \boldsymbol{u}_k)^{\mathrm{T}}\boldsymbol{H}_k(\hat{\boldsymbol{u}}_k - \boldsymbol{u}_k) \in \partial \boldsymbol{R}^{\mathrm{T}}(\hat{\boldsymbol{u}}_k)(\hat{\boldsymbol{u}}_k - \boldsymbol{u}_k) \tag{5.111}$$

由次微分的定义，有

$$\boldsymbol{R}(\boldsymbol{u}_k) - \boldsymbol{R}(\hat{\boldsymbol{u}}_k) \geqslant \partial \boldsymbol{R}(\hat{\boldsymbol{u}}_k)^{\mathrm{T}}(\hat{\boldsymbol{u}}_k - \boldsymbol{u}_k) \tag{5.112}$$

将式 (5.112) 代入式 (5.111)，则有

$$\boldsymbol{R}(\hat{\boldsymbol{u}}_k) - \boldsymbol{R}(\boldsymbol{u}_k) \leqslant -\boldsymbol{\nabla E}^{\mathrm{T}}(\boldsymbol{u}_k)(\hat{\boldsymbol{u}}_k - \boldsymbol{u}_k) - (\hat{\boldsymbol{u}}_k - \boldsymbol{u}_k)^{\mathrm{T}}\boldsymbol{H}_k(\hat{\boldsymbol{u}}_k - \boldsymbol{u}_k) \tag{5.113}$$

对式 (5.109) 进一步放大，将 (5.113) 代入式 (5.109)，有

$$\Phi(\boldsymbol{u}_{k+1}) \leqslant \Phi(\boldsymbol{u}_k) - [\alpha_k\beta_k - O(\alpha_k\lambda_k)] \tag{5.114}$$

令 $O(a_k\lambda_k) = -a_k\lambda_k - \ln(1 - a_k\lambda_k)$，将其代入式 (5.114)，为使目标泛函的能量最大限度地下降，式 (5.114) 关于步长 a_k 取得极值，对其求偏导数，则有式 (5.105)。证毕。

定理 5.6 迫近牛顿迭代算法产生的迭代序列$\{\hat{\boldsymbol{u}}_{k+1}\}_{k=1,2,\cdots,n}$收敛于式(5.92)的最优解 $\hat{\boldsymbol{u}}^*$，即 $\lim\limits_{k\to\infty} \hat{\boldsymbol{u}}_{k+1} \to \hat{\boldsymbol{u}}^*$。

证明 假设式 (5.92) 存在最优解 $\hat{\boldsymbol{u}}^*$，由式 (5.114) 可知，当步长 a_k 取值为式 (5.105) 时，与步长相关函数 $\alpha_k\beta_k - O(\alpha_k\lambda_k)$ 取到极值的表达式为

$$M_k = \frac{\beta_k}{\lambda_k} + \ln\left(\frac{\lambda_k}{\lambda_k + \beta_k}\right) \tag{5.115}$$

因此，式 (5.114) 可以表示为

$$\Phi(\boldsymbol{u}_{k+1}) \leqslant \Phi(\boldsymbol{u}_k) - M_k \tag{5.116}$$

因为 $\boldsymbol{\Sigma}_k$ 可以逼近海森矩阵，因此可取 $\beta_k = \lambda_k^2$，则极值 $M_k = \lambda_k - \ln(1 + \lambda_k) \geqslant \frac{\lambda_k^2}{4}$。

$$\Phi(\boldsymbol{u}_{k+1}) \leqslant \Phi(\boldsymbol{u}_k) - \frac{\lambda_k^2}{4} \tag{5.117}$$

因 $\boldsymbol{\nabla E}^2(\boldsymbol{y}_k)$ 有界，$d_k \to 0$，有界函数与无穷小的乘积趋于零，故 $\Phi(\boldsymbol{u}_{k+1}) \leqslant \Phi(\boldsymbol{u}_k)$ 是单调递减序列。对式 (5.117) 应用递推关系，则有

$$\Phi(\boldsymbol{u}_{k+1}) \leqslant \Phi(\boldsymbol{u}_1) - \tau M \tag{5.118}$$

式中，$M = \max\{M_1, M_2, \cdots, M_\tau\}$。式（5.118）表明序列 $\varPhi(\boldsymbol{u}_{k+1})$ 是有界且递减的，若式（5.92）是凸函数，最优解 $\hat{\boldsymbol{u}}^*$ 是唯一的，则有

$$\lim_{\boldsymbol{u}_{k+1}\to\hat{\boldsymbol{u}}^*} \varPhi(\boldsymbol{u}_{k+1}) \to \varPhi(\hat{\boldsymbol{u}}^*) \tag{5.119}$$

证毕。

5.3.4 迫近牛顿迭代算法图像恢复实验

假定理想图像 $\boldsymbol{u}$，对于正则项，为体现解的间断特性，用有界变差函数空间的半范数来描述，表达式为

$$\boldsymbol{R}(\boldsymbol{u}) = \lambda |\boldsymbol{u}|_{\mathrm{TV}} \tag{5.120}$$

式中，λ 为正则项参数；TV 表示有界变差函数空间；$|\cdot|$ 表示半范数。受系统 $\boldsymbol{A}$ 和泊松噪声的影响而降质，经采样获得模糊图像 $\boldsymbol{\eta}$，用 K-L 函数描述光滑的拟合项，表达式为

$$\boldsymbol{E}(\boldsymbol{u}) = \boldsymbol{A}\boldsymbol{u} - \boldsymbol{\eta}\ln\boldsymbol{A}\boldsymbol{u} \tag{5.121}$$

式中，$\boldsymbol{A}$ 也称为点扩散函数。对于点扩散函数，模拟成像系统受大气扰动使图像模糊，表达式为

$$\mathrm{PSF}(z_1, z_2) = \left|F^{-1}[\varphi \exp(\mathrm{j}\phi)]\right|^2 \tag{5.122}$$

式中，φ 为成像系统的孔径；ϕ 为大气扰动的相位；F^{-1} 为傅里叶逆变换；$\mathrm{PSF}(\cdot,\cdot)$ 表示点扩散函数。

为验证迫近牛顿迭代算法的有效性，实验选用灰度级为 0~255 的原始图像，如图 5.9 所示。采用 FISTA（算法 1）、采用 MATLAB 系统中的 deconvlucy 函数实现快速交替迭代期望最大值算法（算法 2）与迫近牛顿迭代算法分别对图 5.9 进行对比实验，实验结果如图 5.10~图 5.13 所示。采用峰值信噪比 (PSNR) 和结构相似测度 (SSIM) 来定量评价不同算法的恢复效果，结果见表 5.2~表 5.5。

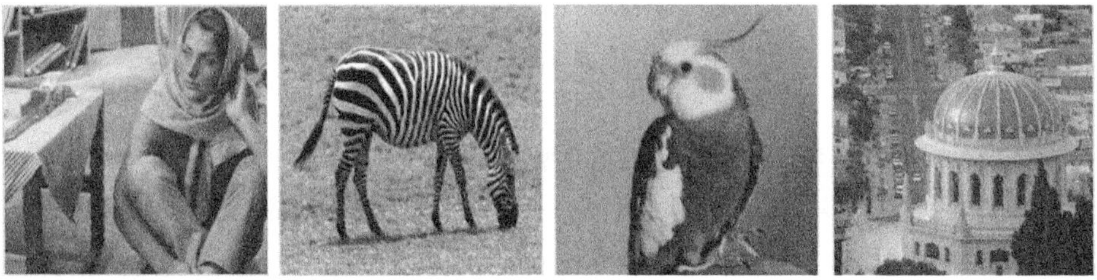

(a) Barbara　(b) 斑马　(c) 鹦鹉　(d) Haifa

图 5.9 原始图像

从视觉效果来看，图 5.10 (a) 为降质的 Barbara 图像，从图可以看出，图像非常模糊，细节信息丢失严重。而用算法 1 恢复的视觉效果较差，图像产生明显的阶梯效应，如图 5.10 (b) 所示。用算法 2 恢复图像的视觉效果好于算法 1，但图像的纹理信息恢复模糊，如图 5.10 (c) 所示。图 5.10 (d) 为用追近牛顿迭代算法进行恢复，图像的纹理信息恢复好于其他方法。

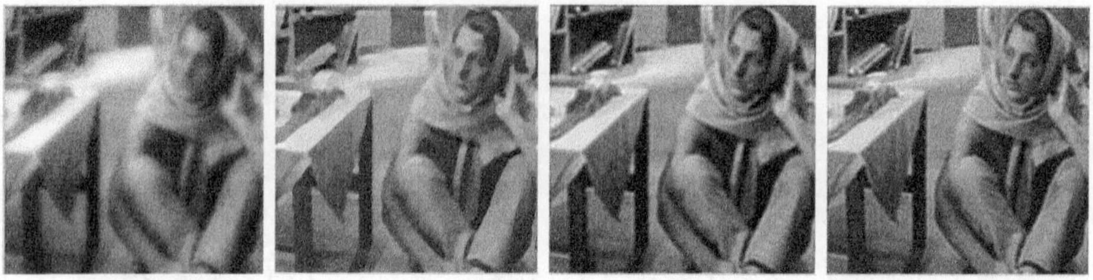

(a) 模糊图像 (b) 算法1 恢复 (c) 算法2 恢复 (d) 追近牛顿迭代算法恢复

图 5.10 不同算法恢复 Barbara 图像性能对比

图 5.11 (a) 为模糊的斑马图像，斑马条纹比较模糊，无法分辨出“草地”的细节。图 5.11 (b) 为用算法 1 恢复，产生非常明显的阶梯效应。图 5.11 (c) 为用算法 2 恢复，恢复效果明显好于算法 1，但“草地”的细节比较模糊。图 5.11 (d) 为用追近牛顿迭代算法进行恢复，斑马的条纹和“草地”的细节信息恢复比较理想。

(a) 模糊图像 (b) 算法1 恢复 (c) 算法2 恢复 (d) 追近牛顿迭代算法恢复

图 5.11 不同算法恢复斑马图像性能对比

图 5.12 (a) 为模糊的鹦鹉图像，“羽毛”细节信息比较模糊。图 5.12 (b) 为用算法 1 恢复，产生大块的阶梯效应，“羽毛”细节信息几乎全部丢失。用算法 2 恢复的效果明显好于算法 1，如图 5.12 (c) 所示。图 5.12 (d) 为用追近牛顿迭代算法恢复，“羽毛”的细节信息恢复比较理想，但在平稳区域产生条纹，这是由于平稳与非平稳区域过渡处梯度幅值变化较大，造成海森矩阵逼近不准确所致。

图 5.13 (a) 为降质的 Haifa 图像。图 5.13 (b) 用算法 1 恢复，产生明显的阶

梯效应，细节信息严重被抹杀。图 5.13（c）为用算法 2 恢复，视觉效果好于算法 1。图 5.14（d）为用迫近牛顿迭代算法恢复，图像恢复效果比较理想。

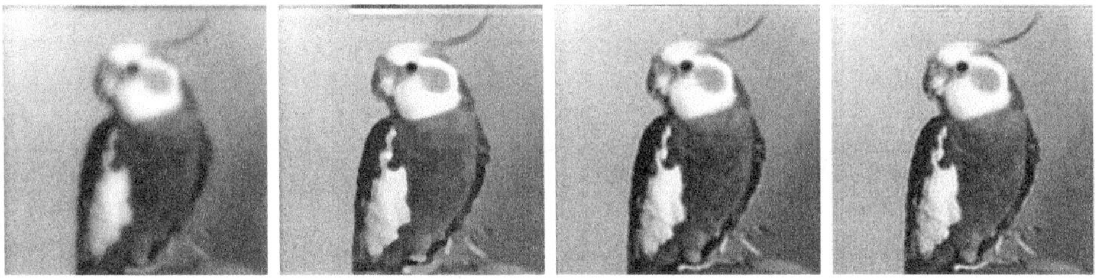

(a) 模糊图像　　(b) 算法1 恢复　　(c) 算法2 恢复　　(d) 迫近牛顿迭代算法恢复

图 5.12　不同算法恢复鹦鹉图像性能对比

(a) 模糊图像　　(b) 算法1 恢复　　(c) 算法2 恢复　　(d) 迫近牛顿迭代算法恢复

图 5.13　不同算法恢复 Haifa 图像性能对比

从定量评价指标来看，对于 Barbara 图像、斑马图像和 Haifa 图像，用迫近牛顿迭代算法获得的 PSNR 和 SSIM 值高于其他两种算法，如表 5.2～表 5.4 所示，说明迫近牛顿迭代算法恢复效果最好。但对于鹦鹉图像，用算法 2 获得的 SSIM 数值高于迫近牛顿迭代算法，但迫近牛顿迭代算法获得的 PSNR 数值高于算法 2，如表 5.5 所示，这也与恢复图像的视觉效果相吻合。

表 5.2　不同算法恢复 Barbara 性能对比

指标	模糊图像	算法 1	算法 2	迫近牛顿迭代算法
PSNR	6.079665e+000	8.449648e+000	2.863888e+001	3.002895e+001
SSIM	4.742103e−002	5.971416e−001	8.991929e−001	9.000795e−001

表 5.3　不同算法恢复斑马性能对比

指标	模糊图像	算法 1	算法 2	迫近牛顿迭代算法
PSNR	5.971718e+000	9.022980e+000	2.659446e+001	2.702517e+001
SSIM	3.573655e−002	4.351017e−001	8.615874e−001	8.910569e−001

表 5.4 不同算法恢复 Haifa 性能对比

指标	模糊图像	算法 1	算法 2	追近牛顿迭代算法
PSNR	6.074382e+000	7.757033e+000	2.741333e+001	2.833081e+001
SSIM	3.796764e−002	4.705556e−001	8.418040e−001	8.523129e−001

表 5.5 不同算法恢复鹦鹉性能对比

指标	模糊图像	算法 1	算法 2	追近牛顿迭代算法
PSNR	4.531496e+000	6.865527e+000	3.187114e+001	3.395544e+001
SSIM	8.448247e−002	7.306084e−001	9.535381e−001	9.169002e−001

5.4 混合正则化模型分裂原理

在 5.3 节，研究了由一项拟合项和单一正则项构成标准形式的能量泛函正则化模型分裂原理。众所周知，拟合项是从统计特性描述图像的特性，图像的特征由正则项来刻画，其决定正则化模型的解空间。但是，大量的实验研究表明 [31-35]，一阶有界变差函数能准确描述图像的跳跃特性，但容易在图像的卡通部分产生阶梯效应。二阶有界变差函数有利于克服图像的阶梯效应，但容易抹杀图像的边缘。产生这种现象的根本原因是图像的特征十分复杂，很难用一种特定的函数空间就能完全描述图像的特征 [36,37]。例如，图像的卡通和纹理部分就分别属于变指数函数空间和紧框架域 L_1 范数函数空间。

混合正则项的形式不同，能量泛函正则化模型的形式也就不相同，即混合项的形式不同，拟合项的形式不同，那么获得的能量泛函正则化模型也就不相同。但问题是由多项拟合项组成的能量泛函正则化模型 [38]，一般无法直接求解，常用 ADMM 将模型分裂为容易计算的子问题进行求解。但问题是标准 ADMM 只是用于由拟合项和正则项两项组成的标准能量泛函正则化模型进行分裂，无法直接应用于由混合正则项组成的能量泛函正则化模型。为解决此问题，本节将引入辅助变量，将混合能量泛函正则化模型转化为标准形式，应用 ADMM 对模型进行分裂。

5.4.1 受泊松噪声降质图像的混合能量泛函正则化模型及分裂算法

图像受泊松噪声影响而降质，拟合项常用 K-L 函数来描述 [39,40]，为准确描述理想图像 $\boldsymbol{f}$ 的卡通特征 $\boldsymbol{u}$，用变指数有界变差函数来描述，为体现图像的纹理特征 $\boldsymbol{v}$，用紧框架域 L_1 范数来描述，混合能量泛函正则化模型表达式为

$$(\boldsymbol{u},\boldsymbol{v})=\inf_{\boldsymbol{u},\boldsymbol{v}}\left\{E\left(\boldsymbol{u},\boldsymbol{v}\right)\right\} \tag{5.123}$$

式中，$E\left(\boldsymbol{u},\boldsymbol{v}\right)=\boldsymbol{A}\boldsymbol{f}-\boldsymbol{g}\ln\left(\boldsymbol{A}\boldsymbol{f}\right)+\lambda\left\|\boldsymbol{D}^{\alpha}\boldsymbol{u}\right\|_{L_1}+\gamma\left\|\boldsymbol{W}\boldsymbol{v}\right\|_{L_1}$；$\boldsymbol{W}$ 表示紧框架变换；$\boldsymbol{D}$ 是微分算子；$\boldsymbol{g}$ 是获得的降质图像。

引入辅助变量 $\boldsymbol{Af}=\boldsymbol{\theta}$，将无约束条件下的最优化问题转化为有约束条件下的最优化问题，表达式为

$$\boldsymbol{u}=\inf_{\boldsymbol{Af}=\boldsymbol{\theta}}\left\{\boldsymbol{\theta}-\boldsymbol{g}\ln\boldsymbol{\theta}+\lambda\left\|\boldsymbol{D}^{\alpha}\boldsymbol{u}\right\|_{L_1}+\gamma\left\|\boldsymbol{Wv}\right\|_{L_1}\right\} \tag{5.124}$$

为应用式（5.86）～ 式（5.88），须将式（5.124）转化为式（5.85）所示标准形式，令 $h_1(\boldsymbol{v})=\gamma\left\|\boldsymbol{Wv}\right\|_{L_1}$，$h_2(\boldsymbol{\theta})=\boldsymbol{\theta}-\boldsymbol{g}\ln\boldsymbol{\theta}$，$g_1(\boldsymbol{y})=\lambda\left\|\boldsymbol{D}^{\alpha}\boldsymbol{u}\right\|_{L_1}$，$g_2(\boldsymbol{Dy})=\sum_{j=1}^{2}h_j(\boldsymbol{D}_j\boldsymbol{y})$，则式（5.124）转化的标准最小化表达式为

$$\boldsymbol{y}=\min\left\{g_1(\boldsymbol{y})+g_2(\boldsymbol{Dy})\right\} \tag{5.125}$$

式中，$\boldsymbol{y}=[\boldsymbol{u},\boldsymbol{f}]^{\mathrm{T}}$，$\boldsymbol{D}=\begin{bmatrix}-\boldsymbol{I} & \boldsymbol{I}\\ \boldsymbol{0} & \boldsymbol{A}\end{bmatrix}$。引入辅助变量 $\boldsymbol{z}=\boldsymbol{Dy}$（隐含 $\boldsymbol{z}=[\boldsymbol{v},\boldsymbol{\theta}]^{\mathrm{T}}$），由式（5.86）～式（5.88），式（5.125）分裂为 2 个大的子问题，表达式为

$$\boldsymbol{y}^{k+1}=\operatorname{argmin}\left\{g_1(\boldsymbol{y})+\frac{\beta}{2}\left\|\boldsymbol{d}^k+\boldsymbol{Dy}-\boldsymbol{z}^k\right\|^2\right\} \tag{5.126}$$

$$\boldsymbol{z}^{k+1}=\operatorname{argmin}\left\{g_2(\boldsymbol{z})+\frac{\beta}{2}\left\|\boldsymbol{d}^k+\boldsymbol{Dy}^{k+1}-\boldsymbol{z}\right\|^2\right\} \tag{5.127}$$

$$\boldsymbol{d}^{k+1}=\boldsymbol{d}^k+\boldsymbol{Dy}^{k+1}-\boldsymbol{z}^{k+1} \tag{5.128}$$

（1）对于子问题式（5.126），其等价表达式为

$$\left(\boldsymbol{u}^{k+1},\boldsymbol{f}^{k+1}\right)=\operatorname{argmin}\left\{\lambda\left\|\boldsymbol{D}^{\alpha}\boldsymbol{u}\right\|+\frac{\beta}{2}\left\|\boldsymbol{d}^k+\boldsymbol{Dy}-\boldsymbol{z}^k\right\|^2\right\} \tag{5.129}$$

利用半二次极小化的思想，将式（5.129）分解为关于 $\boldsymbol{u}$ 和 $\boldsymbol{f}$ 两个子问题，表达式分别如下所示。

① 给定 $\boldsymbol{f}$，关于 $\boldsymbol{u}$ 的子问题：

$$\boldsymbol{u}^{k+1}=\operatorname{argmin}\left\{\lambda\left\|\boldsymbol{D}^{\alpha}\boldsymbol{u}\right\|+\frac{\beta}{2}\left\|\boldsymbol{d}_1^k+\boldsymbol{f}-\boldsymbol{v}^k-\boldsymbol{u}\right\|^2\right\} \tag{5.130}$$

式（5.130）中的第一项是非光滑的，直接求解比较困难，但若将其转化为对偶模型，利用不动点迭代原理，则可获得该子问题的有效解，表达式为

$$\boldsymbol{u}^{k+1}=\left(\boldsymbol{d}_1^k+\boldsymbol{f}-\boldsymbol{v}^k\right)-\frac{\lambda}{\beta}\overline{(-1)^{\alpha}}\operatorname{div}^{\alpha}\boldsymbol{p}^{k+1} \tag{5.131}$$

式中，$\boldsymbol{p}^{k+1}$ 为对偶变量，表达式为

$$\boldsymbol{p}^{k+1}=\frac{\boldsymbol{p}^k-\tau\left[\boldsymbol{\nabla}^{\alpha}\overline{(-1)^{\alpha}}\operatorname{div}^{\alpha}\boldsymbol{p}^k-\frac{\beta}{\lambda}\left(\boldsymbol{d}_1^k+\boldsymbol{f}-\boldsymbol{v}^k\right)\right]}{1+\tau\left|\boldsymbol{\nabla}^{\alpha}\overline{(-1)^{\alpha}}\operatorname{div}^{\alpha}\boldsymbol{p}^k-\frac{\beta}{\lambda}\left(\boldsymbol{d}_1^k+\boldsymbol{f}-\boldsymbol{v}^k\right)\right|} \tag{5.132}$$

② 给定 $\boldsymbol{u}$，关于 $\boldsymbol{f}$ 的子问题，表达式为

$$\boldsymbol{f}^{k+1}=\operatorname{argmin}\left\{\left\|\boldsymbol{d}_1^k+\boldsymbol{f}-\boldsymbol{u}-\boldsymbol{v}^k\right\|^2+\left\|\boldsymbol{d}_2^k+\boldsymbol{A}\boldsymbol{f}-\boldsymbol{\theta}^k\right\|^2\right\} \tag{5.133}$$

式 (5.133) 是关于 $\boldsymbol{f}$ 的二次型，其最小值可以利用法方程（normal equation）来获得，表达式为

$$\boldsymbol{f}^{k+1}=\left(\boldsymbol{A}^{\mathrm{T}}\boldsymbol{A}+\boldsymbol{I}\right)^{-1}\left[\boldsymbol{u}^{k+1}+\boldsymbol{v}^k-\boldsymbol{d}_1^k+\boldsymbol{A}^{\mathrm{T}}\left(\boldsymbol{\theta}^k-\boldsymbol{d}_2^k\right)\right] \tag{5.134}$$

(2) 对于子问题式 (5.127)，其等价表达式为

$$\begin{aligned}\left(\boldsymbol{v}^{k+1},\boldsymbol{\theta}^{k+1}\right)=&\operatorname{argmin}\{\boldsymbol{\theta}-\boldsymbol{g}\ln\boldsymbol{\theta}+\gamma\|\boldsymbol{W}\boldsymbol{v}\|_{L_1}\\&+\frac{\beta}{2}\left(\left\|\boldsymbol{d}_1^k+\boldsymbol{f}^{k+1}-\boldsymbol{u}^{k+1}-\boldsymbol{v}\right\|^2+\left\|\boldsymbol{d}_2^k+\boldsymbol{A}\boldsymbol{f}^{k+1}-\boldsymbol{\theta}\right\|^2\right)\end{aligned} \tag{5.135}$$

同理，利用半二次极小化的思想，将式 (5.135) 分解为关于 $\boldsymbol{v}$ 和 $\boldsymbol{\theta}$ 两个子问题，表达式分别如下所示。

① 给定 $\boldsymbol{\theta}$，关于 $\boldsymbol{v}$ 的子问题，表达式为

$$\boldsymbol{v}^{k+1}=\operatorname{argmin}\left\{\gamma\|\boldsymbol{W}\boldsymbol{v}\|_{L_1}+\frac{\beta}{2}\left\|\boldsymbol{d}_1^k+\boldsymbol{f}^{k+1}-\boldsymbol{u}^{k+1}-\boldsymbol{v}\right\|^2\right\} \tag{5.136}$$

式 (5.136) 是标准的 L_1-L_2 型正则化模型，表达式为

$$\boldsymbol{v}^{k+1}=\boldsymbol{W}^{\mathrm{T}}\operatorname{Soft}_{\gamma/\beta}\left[\boldsymbol{W}\left(\boldsymbol{d}_1^k+\boldsymbol{f}^{k+1}-\boldsymbol{u}^{k+1}\right)\right] \tag{5.137}$$

式中，$\operatorname{Soft}[\cdot]$ 表示软阈值算子，表达式为

$$\operatorname{Soft}_{\xi}[\rho]=\max\{0,|\rho|-\xi\}\ \operatorname{sgn}(\rho) \tag{5.138}$$

式中，$\operatorname{sgn}(\cdot)$ 表示符号函数。

② 给定 $\boldsymbol{v}$，关于 $\boldsymbol{\theta}$ 子问题，表达式为

$$\boldsymbol{\theta}^{k+1}=\operatorname{argmin}\left\{\boldsymbol{\theta}-\boldsymbol{g}\ln\boldsymbol{\theta}+\frac{\beta}{2}\left\|\boldsymbol{d}_2^k+\boldsymbol{A}\boldsymbol{f}^{k+1}-\boldsymbol{\theta}\right\|^2\right\} \tag{5.139}$$

式 (5.139) 取得最小值的条件是，关于 $\boldsymbol{\theta}$ 的一阶导数为零，表达式为

$$\beta\boldsymbol{\theta}^2+\left[1-\beta\left(\boldsymbol{A}\boldsymbol{f}^{k+1}+\boldsymbol{d}_2^k\right)\right]\boldsymbol{\theta}-\boldsymbol{g}=0 \tag{5.140}$$

式 (5.140) 是关于 $\boldsymbol{\theta}$ 的一元二次方程，经整理，舍去负根，则有

$$\boldsymbol{\theta}^{k+1}=\frac{1}{2\beta}\left[(\boldsymbol{\eta}-\boldsymbol{I})+\sqrt{(\boldsymbol{\eta}-\boldsymbol{I})^2+4\beta\boldsymbol{g}}\right] \tag{5.141}$$

式中，$\boldsymbol{\eta}=\beta\left(\boldsymbol{A}\boldsymbol{f}^{k+1}+\boldsymbol{d}_2^k\right)$。

（3）对于辅助变量式（5.128），则有

$$\boldsymbol{d}_1^{k+1}=\boldsymbol{d}_1^k+\boldsymbol{f}^{k+1}-\boldsymbol{u}^{k+1}-\boldsymbol{v}^{k+1} \tag{5.142}$$

$$\boldsymbol{d}_2^{k+1}=\boldsymbol{d}_2^k+\boldsymbol{A}\boldsymbol{f}^{k+1}-\boldsymbol{\theta}^{k+1} \tag{5.143}$$

受泊松噪声降质图像的混合正则化模型交替迭代算法具体步骤如下所示。

步骤 1 设置 $k=0$，最大迭代次数 EN；

步骤 2 计算式（5.132），获得 $\boldsymbol{p}^{k+1}$，计算式（5.131），获得 $\boldsymbol{u}^{k+1}$；计算式（5.134），获得 $\boldsymbol{f}^{k+1}$。

步骤 3 计算式（5.137），获得 $\boldsymbol{v}^{k+1}$，计算式（5.141），获得 $\boldsymbol{\theta}^{k+1}$；计算式（5.142）和式（5.143），获得 $\boldsymbol{d}_1^{k+1}$、$\boldsymbol{d}_2^{k+1}$。

步骤 4 设置 $k=k+1$，若 $\left\|E\left(\boldsymbol{u}^{k+1},\boldsymbol{v}^{k+1}\right)-E\left(\boldsymbol{u}^k,\boldsymbol{v}^k\right)\right\|\leqslant t$ 或 $k>\mathrm{EN}$，转步骤 5，否则，转步骤 2。

步骤 5 输出获得恢复图像。

5.4.2 受椒盐噪声降质图像的混合能量泛函正则化模型及分裂算法

在模型的建立上，对于拟合部分，为拟合椒盐噪声的统计分布，采用 L_1 范数进行描述 [41,42]，对于正则项，采用分数阶有界变差函数和 L_1 范数进行描述，混合能量泛函正则化模型表达式为

$$(\boldsymbol{u},\boldsymbol{v})=\inf_{\boldsymbol{v},\boldsymbol{u}}\{E(\boldsymbol{f},\boldsymbol{v},\boldsymbol{u})\} \tag{5.144}$$

式中，$E(\boldsymbol{f},\boldsymbol{v},\boldsymbol{u})=\|\boldsymbol{A}\boldsymbol{f}-\boldsymbol{g}\|_{L_1}+\alpha(x)|\boldsymbol{W}\boldsymbol{v}|_{L_1}+\beta|\boldsymbol{\nabla}^\alpha\boldsymbol{u}|_{L_1}$，$\alpha$ 和 β 为非负常数。若 $\alpha=0$，式（5.144）为标准能量泛函正则化模型。

在算法的设计上，式（5.144）由非光滑的保真项和正则项组成，无法直接对目标函数进行整体微分，导致不动点迭代算法和牛顿迭代算法无法应用。由于式（5.144）是无约束条件的优化问题，且具有非光滑特性，无法直接应用 ADMM 优化算法。为解决此问题，根据模型的物理意义，通过引入辅助变量 $\boldsymbol{A}\boldsymbol{f}=\boldsymbol{\theta}$，$\boldsymbol{A}\boldsymbol{f}-\boldsymbol{g}=\boldsymbol{z}$，$\boldsymbol{f}=\boldsymbol{u}+\boldsymbol{v}$，将模型转化为用矩阵紧缩形式表示的有约束条件的最优化问题，表达式为

$$E(\boldsymbol{f},\boldsymbol{v},\boldsymbol{u})=\|\boldsymbol{z}\|_{L_1}+\alpha(x)|\boldsymbol{W}\boldsymbol{v}|_{L_1}+\beta|\boldsymbol{\nabla}^\alpha\boldsymbol{u}|_{L_1} \tag{5.145}$$

令 $h_1(\boldsymbol{v})=\alpha(x)\|\boldsymbol{W}\boldsymbol{v}\|$，$h_2(\boldsymbol{z})=\|\boldsymbol{z}\|$，$h_3(\boldsymbol{\theta})=\sigma_{\mathbf{R}^+}(\boldsymbol{\theta})$，$g_1(\boldsymbol{y})=\beta\|\boldsymbol{\nabla}^\alpha\boldsymbol{u}\|$，$g_2(\boldsymbol{D}\boldsymbol{y})=\sum\limits_{j=1}^{3}h_j(\boldsymbol{D}_j\boldsymbol{y})$，将式（5.145）转化为标准形式，表达式为

$$\boldsymbol{y}=\underset{\boldsymbol{y}}{\operatorname{argmin}}\{g_1(\boldsymbol{y})+g_2(\boldsymbol{D}\boldsymbol{y})\} \tag{5.146}$$

式中，$\boldsymbol{b}=\begin{bmatrix} \boldsymbol{v} & \boldsymbol{z} & \boldsymbol{\theta} \end{bmatrix}^{\mathrm{T}}$，$\boldsymbol{y}=\begin{bmatrix} \boldsymbol{u} & \boldsymbol{g} & \boldsymbol{f} \end{bmatrix}^{\mathrm{T}}$，$\boldsymbol{D}=\begin{bmatrix} -\boldsymbol{I} & \boldsymbol{0} & \boldsymbol{I} \\ \boldsymbol{0} & -\boldsymbol{I} & \boldsymbol{A} \\ \boldsymbol{0} & \boldsymbol{0} & \boldsymbol{A} \end{bmatrix}$，则 $\boldsymbol{b}=\boldsymbol{D}\boldsymbol{y}$，由式（5.86）~式（5.88），式（5.146）的分裂表达式为

$$\boldsymbol{y}^{k+1}=\underset{\boldsymbol{y}}{\operatorname{argmin}}\left\{g_1(\boldsymbol{y})+\frac{\mu}{2}\left\|\boldsymbol{d}^k+\boldsymbol{D}\boldsymbol{y}-\boldsymbol{b}^k\right\|_2^2\right\} \tag{5.147}$$

$$\boldsymbol{b}^{k+1}=\underset{\boldsymbol{b}}{\operatorname{argmin}}\left\{g_2(\boldsymbol{z})+\frac{\mu}{2}\left\|\boldsymbol{d}^k+\boldsymbol{D}\boldsymbol{y}^{k+1}-\boldsymbol{b}\right\|_2^2\right\} \tag{5.148}$$

$$\boldsymbol{d}^{k+1}=\boldsymbol{d}^k+\left(\boldsymbol{D}\boldsymbol{y}^{k+1}-\boldsymbol{b}^{k+1}\right) \tag{5.149}$$

(1) 由大的子问题式（5.147），优化 $\boldsymbol{y}$ 的表达式为

$$\begin{aligned}\left(\boldsymbol{u}^{k+1},\boldsymbol{g}^{k+1},\boldsymbol{f}^{k+1}\right)=\underset{\boldsymbol{u},\boldsymbol{g},\boldsymbol{f}}{\operatorname{argmin}}\{&\beta\left|\boldsymbol{\nabla}^\alpha\boldsymbol{u}\right|_{\mathrm{TV}}+\frac{\mu}{2}\left(\left\|\boldsymbol{d}_1^k+\boldsymbol{f}-\boldsymbol{u}-\boldsymbol{v}^k\right\|_2^2\right.\\&\left.\left.+\left\|\boldsymbol{d}_2^k+\boldsymbol{A}\boldsymbol{f}-\boldsymbol{g}-\boldsymbol{z}^k\right\|_2^2+\left\|\boldsymbol{d}_3^k+\boldsymbol{A}\boldsymbol{f}-\boldsymbol{\theta}^k\right\|_2^2\right)\right\}\end{aligned} \tag{5.150}$$

分别对 $\boldsymbol{f}$，$\boldsymbol{u}$ 和 $\boldsymbol{g}$ 进行优化，式（5.150）等价下面 3 个子问题，表达式分别为

① $\boldsymbol{f}$ 优化子问题：

$$\boldsymbol{f}^{k+1}=\underset{\boldsymbol{f}}{\operatorname{argmin}}\frac{\mu}{2}\left(\left\|\boldsymbol{d}_1^k+\boldsymbol{f}-\boldsymbol{u}-\boldsymbol{v}^k\right\|_2^2+\left\|\boldsymbol{d}_2^k+\boldsymbol{A}\boldsymbol{f}-\boldsymbol{g}-\boldsymbol{z}^k\right\|_2^2+\left\|\boldsymbol{d}_3^k+\boldsymbol{A}\boldsymbol{f}-\boldsymbol{\theta}^k\right\|_2^2\right) \tag{5.151}$$

式（5.151）是二次型，对其进行变分，则有

$$\left(2\boldsymbol{A}^{\mathrm{T}}\boldsymbol{A}+\boldsymbol{I}\right)\boldsymbol{f}=\boldsymbol{u}+\boldsymbol{v}^k-\boldsymbol{d}_1^k+\boldsymbol{A}^{\mathrm{T}}\left(\boldsymbol{g}+\boldsymbol{z}^k-\boldsymbol{d}_2^k+\boldsymbol{\theta}^k-\boldsymbol{d}_3^k\right) \tag{5.152}$$

若对图像施加周期边界条件，对式（5.152）两边进行傅里叶变换，则有

$$\boldsymbol{f}^{k+1}=F^{-1}\left(\frac{F\left(\boldsymbol{u}^k+\boldsymbol{v}^k-\boldsymbol{d}_1^k+\boldsymbol{A}^{\mathrm{T}}\left(\boldsymbol{g}^k+\boldsymbol{z}^k-\boldsymbol{d}_2^k+\boldsymbol{\theta}^k-\boldsymbol{d}_3^k\right)\right)}{F\left(2\boldsymbol{A}^{\mathrm{T}}\boldsymbol{A}+\boldsymbol{I}\right)}\right) \tag{5.153}$$

式中，F 和 F^{-1} 分别表示傅里叶变换和傅里叶逆变换。

② $\boldsymbol{u}$ 优化子问题：

$$\boldsymbol{u}^{k+1}=\underset{\boldsymbol{u}}{\operatorname{argmin}}\left\{\beta\left|\boldsymbol{\nabla}^\alpha\boldsymbol{u}\right|_{\mathrm{TV}}+\frac{\mu}{2}\left\|\boldsymbol{d}_1^k+\boldsymbol{f}-\boldsymbol{u}-\boldsymbol{v}^k\right\|_2^2\right\} \tag{5.154}$$

为获得子问题式（5.154）的解，将式（5.154）转化为对偶模型，利用不动点迭代原理，获得的迭代表达式为

$$\boldsymbol{u}^{k+1}=\left(\boldsymbol{d}_1^k+\boldsymbol{f}^{k+1}-\boldsymbol{u}^k-\boldsymbol{v}^k\right)-\frac{\beta}{\mu}\overline{(-1)^\alpha}\operatorname{div}^\alpha\boldsymbol{p}^{k+1} \tag{5.155}$$

式中，$\boldsymbol{p}^{k+1}$ 的表达式为

$$\boldsymbol{p}^{k+1}=\frac{\boldsymbol{p}^{k}+\tau\left[\boldsymbol{\nabla}^{\alpha}\overline{(-1)^{\alpha}}\operatorname{div}^{\alpha}\boldsymbol{p}^{k}-\frac{\beta}{\mu}\left(\boldsymbol{d}_{1}^{k}+\boldsymbol{f}^{k+1}-\boldsymbol{u}^{k}-\boldsymbol{v}^{k}\right)\right]}{1+\tau\left|\boldsymbol{\nabla}^{\alpha}\overline{(-1)^{\alpha}}\operatorname{div}^{\alpha}\boldsymbol{p}^{k}-\frac{\beta}{\mu}\left(\boldsymbol{d}_{1}^{k}+\boldsymbol{f}^{k+1}-\boldsymbol{u}^{k}-\boldsymbol{v}^{k}\right)\right|} \tag{5.156}$$

③ $\boldsymbol{g}$ 优化子问题：

$$\boldsymbol{g}^{k+1}=\underset{\boldsymbol{g}}{\operatorname{argmin}}\frac{\mu}{2}\left(\left\|\boldsymbol{d}_{2}^{k}+\boldsymbol{A}\boldsymbol{f}-\boldsymbol{g}-\boldsymbol{z}^{k}\right\|_{2}^{2}\right) \tag{5.157}$$

式（5.157）为标准二次型，进行一阶变分，则有

$$\boldsymbol{g}^{k+1}=\boldsymbol{A}\boldsymbol{f}^{k+1}-\boldsymbol{z}^{k}+\boldsymbol{d}_{2}^{k} \tag{5.158}$$

（2）由大的子问题式（5.148），优化 $\boldsymbol{b}$ 表达式为

$$\begin{aligned}\left(\boldsymbol{z}^{k+1},\boldsymbol{v}^{k+1},\boldsymbol{\theta}^{k+1}\right)=\underset{\boldsymbol{z},\boldsymbol{\theta},\boldsymbol{x}}{\operatorname{argmin}}&\left\{\|\boldsymbol{z}\|_{1}+\alpha(x)\|\boldsymbol{W}\boldsymbol{v}\|_{1}+\sigma_{\mathbf{R}^{+}}(\boldsymbol{\theta})\right.\\&+\frac{\mu}{2}\left(\left\|\boldsymbol{d}_{1}^{k}+\boldsymbol{f}^{k+1}-\boldsymbol{u}^{k+1}-\boldsymbol{v}\right\|_{2}^{2}\right.\\&\left.\left.+\left\|\boldsymbol{d}_{2}^{k}+\boldsymbol{A}\boldsymbol{f}^{k+1}-\boldsymbol{g}^{k+1}-\boldsymbol{z}\right\|_{2}^{2}+\left\|\boldsymbol{d}_{3}^{k}+\boldsymbol{A}\boldsymbol{f}^{k+1}-\boldsymbol{\theta}\right\|_{2}^{2}\right)\right\}\end{aligned} \tag{5.159}$$

分别对 $\boldsymbol{z}$、$\boldsymbol{v}$ 和 $\boldsymbol{\theta}$ 进行优化，式（5.159）等价 3 个子问题，表达式分别为

① $\boldsymbol{z}$ 优化子问题：

$$\boldsymbol{z}^{k+1}=\underset{\boldsymbol{z}}{\operatorname{argmin}}\left\{\|\boldsymbol{z}\|_{1}+\frac{\mu}{2}\left\|\boldsymbol{d}_{2}^{k}+\boldsymbol{A}\boldsymbol{f}^{k+1}-\boldsymbol{g}^{k+1}-\boldsymbol{z}\right\|_{2}^{2}\right\} \tag{5.160}$$

式（5.160）是 L_2-L_1 标准型，则

$$\boldsymbol{z}^{k+1}=\operatorname{Soft}_{1/\mu}\left\{\boldsymbol{g}^{k+1}-\left(\boldsymbol{d}_{2}^{k}+\boldsymbol{A}\boldsymbol{f}^{k+1}\right)\right\} \tag{5.161}$$

② $\boldsymbol{v}$ 优化子问题：

$$\boldsymbol{v}^{k+1}=\underset{\boldsymbol{v}}{\operatorname{argmin}}\left\{\alpha(x)\|\boldsymbol{W}\boldsymbol{v}\|_{1}+\frac{\mu}{2}\left\|\boldsymbol{d}_{1}^{k}+\boldsymbol{f}^{k+1}-\boldsymbol{u}^{k+1}-\boldsymbol{v}\right\|_{2}^{2}\right\} \tag{5.162}$$

最小化子问题式（5.161）有

$$\boldsymbol{v}^{k+1}=\boldsymbol{W}^{\mathrm{T}}\operatorname{Soft}_{\alpha/\mu}\left[\boldsymbol{W}\left(\boldsymbol{d}_{1}^{k}+\boldsymbol{f}^{k+1}-\boldsymbol{u}^{k+1}\right)\right] \tag{5.163}$$

式中，$\mathrm{Soft}_{\xi}[\pi]=\max\{0,|\pi|-\xi\}\,\mathrm{sgn}(\pi)$；$\mathrm{sgn}(\cdot)$ 表示符号函数；$\boldsymbol{W}^{\mathrm{T}}$ 为 $\boldsymbol{W}$ 的逆变换，满足 $\boldsymbol{W}^{\mathrm{T}}\boldsymbol{W}=\boldsymbol{I}$，$\boldsymbol{I}$ 为单位阵，T 为转置。

③ $\boldsymbol{\theta}$ 优化子问题：

$$\boldsymbol{\theta}^{k+1}=\underset{\boldsymbol{\theta}}{\operatorname{argmin}}\left\{\sigma_{\mathbf{R}^{+}}(\boldsymbol{\theta})+\frac{\mu}{2}\left\|\boldsymbol{d}_3^k+\boldsymbol{A}\boldsymbol{f}^{k+1}-\boldsymbol{\theta}\right\|_2^2\right\} \tag{5.164}$$

最小化子问题式（5.164），则有

$$\boldsymbol{\theta}^{k+1}=\max\left(0,\boldsymbol{d}_3^k+\boldsymbol{A}\boldsymbol{f}^{k+1}\right) \tag{5.165}$$

(3) 对式（5.149）进行展开，获得 $\boldsymbol{d}$ 的表达式为

$$\boldsymbol{d}_1^{k+1}=\boldsymbol{d}_1^k+\boldsymbol{f}^{k+1}-\boldsymbol{u}^{k+1}-\boldsymbol{v}^{k+1} \tag{5.166}$$

$$\boldsymbol{d}_2^{k+1}=\boldsymbol{d}_2^k+\boldsymbol{A}\boldsymbol{f}^{k+1}-\boldsymbol{g}^{k+1}-\boldsymbol{z}^{k+1} \tag{5.167}$$

$$\boldsymbol{d}_3^{k+1}=\boldsymbol{d}_3^k+\boldsymbol{A}\boldsymbol{f}^{k+1}-\boldsymbol{\theta}^{k+1} \tag{5.168}$$

受椒盐噪声降质图像的混合正则化模型交替迭代算法具体步骤如下所示。

步骤 1 设置 $k=0$，$\boldsymbol{u}^0$、$\boldsymbol{g}^0$、$\boldsymbol{f}^0$，$\varepsilon<10^{-8}$，最大迭代次数 N。

步骤 2 计算式（5.153），获得 $\boldsymbol{f}^{k+1}$；计算式（5.156），获得 $\boldsymbol{p}^{k+1}$，计算式（5.155），获得 $\boldsymbol{u}^{k+1}$；计算式（5.158），获得 $\boldsymbol{g}^{k+1}$。

步骤 3 计算式（5.161），获得 $\boldsymbol{z}^{k+1}$；计算式（5.163），获得 $\boldsymbol{v}^{k+1}$，计算式（5.165），获得 $\boldsymbol{\theta}^{k+1}$，计算式（5.166）～式（5.168），更新 $\boldsymbol{d}_1^{k+1}$、$\boldsymbol{d}_2^{k+1}$ 和 $\boldsymbol{d}_3^{k+1}$。

步骤 4 若 $\left\|E\left(\boldsymbol{f}^{k+1},\boldsymbol{v}^{k+1},\boldsymbol{u}^{k+1}\right)-E\left(\boldsymbol{f}^{k},\boldsymbol{v}^{k},\boldsymbol{u}^{k}\right)\right\|\leqslant t$ 或 $k>N$，转步骤 5，否则，设置 $k=k+1$，转步骤 2。

步骤 5 输出恢复图像。

参考文献

[1] Vogel C R. Computational Methods for Inverse Problems [M]. Philadelphia: Society for Industrial and Applied Mathematics, 2002: 1-183.

[2] 韩波, 李莉. 非线性不适定问题的求解方法及其应用 [M]. 北京: 科学出版社, 2011.

[3] Bertsekas D P. 凸优化理论 [M]. 北京: 清华大学出版社, 2011.

[4] Eckstein J, Bertsekas D P. On the Douglas-Rachford splitting method and the proximal algorithm for maximal monotone operators [J]. Mathematical Programming, 1992, 55 (1-3): 293-318.

[5] Beck A, Teboulle M. A fast dual proximal gradient algorithm for convex minimization and applications [J]. Operations Research Letters, 2014, 42(1): 1-6.

[6] Villa S, Salzo S, Baldassarre L, et al. Accelerated and inexact forward-backward algorithms[J]. SIAM Journal on Optimization, 2013, 23(3): 1607-1633.

[7] Chan S H, Khoshabeh R, Gibson K B, et al. An augmented Lagrangian method for total variation video restoration [J]. IEEE Transactions on Image Processing, 2011, 20(11): 3097-3111.

[8] 李旭超. 能量泛函正则化模型在图像恢复中的应用 [M]. 北京: 电子工业出版社, 2014.

[9] Landi G, Piccolomini E L. NPTool: A matlab software for nonnegative image restoration with Newton projection methods [J]. Numerical Algorithms, 2013, 62(3): 487-504.

[10] Bredies K, Sun H P. Preconditioned Douglas-Rachford algorithms for TV and TGV- regularized variational imaging problems [J]. Journal of Mathematical Imaging and Vision, 2015, 52(3): 317-344.

[11] Beck A, Teboulle M. A fast iterative shrinkage-thresholding for linear inverse problems [J]. SIAM Journal on Imaging Science, 2009, 2(1): 183-202.

[12] Narushima Y, Yabe H, Ford J. A three-term conjugate method with sufficient descent property for unconstrained optimization [J]. SIAM Journal on Optimization, 2011, 21(1): 212-230.

[13] Xie W S, Yang Y F. A projection proximal-point algorithm for MR imaging using the hybrid regularization model [J]. Computers and Mathematics with Applications, 2014, 67(12): 2268-2278.

[14] Setzer S, Steidl G, Teuber T. Deblurring Poissonian images by split Bregman techniques [J]. Journal of Visual Communication and Image Representation, 2010, 21(3): 193-199.

[15] Aubert G, Kornprobst P. Mathematical Problems in Image Processing, Partial Differential Equations and the Calculus of Variations [M]. New York: Springer-Verlag, 2006.

[16] 张恭庆. 变分学讲义 [M]. 北京: 高等教育出版社, 2010.

[17] Fan W, Cai G G, Zhu Z K. Sparse representation of transients in wavelet basis and its application in gearbox fault feature extraction [J]. Mechanical Systems and Signal Processing, 2015, 56-57(5): 230-245.

[18] Cai J F, Ji H, Shen Z W. Data-driven tight frame construction and image denoising [J]. Applied and Computational Harmonic Analysis, 2014, 37(1): 89-105.

[19] Daubechies I, Han B, Ron A. Framelets : MRA-based constructions of wavelet frames [J]. Applied and Computational Harmonic Analysis, 2003, 14(1): 1-46.

[20] Cai J F, Chan R, Shen Z W. A framelet-based image inpainting algorithm [J]. Applied and Computational Harmonic Analysis, 2008, 24(2): 131-149.

[21] Selesnick I W, Abdelnour. Symmetric wavelet tight frames with two generators [J]. Applied and Computational Harmonic Analysis, 2004, 17(2): 211-225.

[22] 陈汝栋. 不动点理论及应用 [M]. 北京: 国防工业出版社, 2012.

[23] Chen R D, Song Y Y. Strong convergence to common fixed point of nonexpansive semigroups in banach space [J]. Journal of Computational and Applied Mathematics,

2007, 200(2): 566-575.

[24] Cai J F, Dong B, Osher S, et al. Image restoration: Total variation, wavelet frames, and beyond [J]. Journal of the American Mathematical Society, 2012, 25(4): 1033-1089.

[25] Li F, Shen C M, Fan J S, et al. Image restoration combining a total variational filter and a fourth-order filter [J]. Journal of Visual Communication and Image Representation, 2007, 18(4): 322-330.

[26] Liu X W, Huang L H, Guo Z Y. Adaptive fourth-order partial differential equation filter for image denoising [J]. Applied Mathematics Letters, 2011, 24(8): 1282 -1288.

[27] Zhang J, Wei Z H. A class of fractional-order multi-scale variational models and alternating projection algorithm for image denoising [J]. Applied Mathematical Modeling, 2011, 35(1): 2516-2528.

[28] Chen D L, Sun S S, Zhang C R. Fractional-order TV-L2 model for image denoising [J]. Central European Journal of Physical, 2013, 11(10): 1414-1422.

[29] Bioucas-Dias J M, Figueiredo M A T. A new TwIST: Two-step iterative shrinkage/thresholding algorithms for image restoration [J]. IEEE Transactions on Image Processing, 2007, 16(12): 2992-3004.

[30] Setzer S. Operator splittings, Bregman methods and frame shrinkage in image processing [J]. International Journal Computer Vision, 2011, 92(3): 265-280.

[31] Cho H M, Cho H S, Kim K S, et al. Experimental study on the application of a compressed-sensing-based deblurring method in x-ray nondestructive testing and its image performance[J]. NDT & E International, 2015, 75(1): 1-7.

[32] Deng L J, Guo H Q, Huang T Z. A fast image recovery algorithm based on splitting deblurring and denoising[J]. Journal of Computational and Applied Mathematics, 2015, 287(15): 88-97.

[33] Becker S, Bobin J, Candes E J. NESTA: A fast and accurate first-order method for sparse recovery [J]. SIAM Journal on Imaging Sciences, 2011, 4(1): 1-39.

[34] Wang H , Ho A T S, Li S J. A novel image restoration scheme based on structured side information and its application to image watermarking [J]. Signal Processing: Image Communication, 2014, 29(7): 773-787.

[35] 廖永忠, 蔡自兴, 何湘华. 应用半二次罚函数的图像盲去模糊 [J]. 光学精密工程, 2015, 23(7): 2086-2092.

[36] Yang J F, Zhang Y, Yin W T. A fast alternating direction method for TV L1-L2 signal reconstruction from partial Fourier data [J]. IEEE Journal of Selected Topics in Signal Processing, 2010, 4(2): 288-297.

[37] Chen F G, Jiao Y L, Ma G R, et al. Hybrid regularization image deblurring in the presence of impulsive noise [J]. Journal of Visual Communication and Image Representation, 2013, 24(8): 1349-1359.

[38] Fan Q B, Jiang D D, Jiao Y L. A multi-parameter regularization model for image restoration [J]. Signal Processing, 2015, 114(9): 131-142.

[39] Zhang Z R, Zhang J, Wei Z H, et al. Cartoon-texture composite regularization based non-blind deblurring method for partly-textured blurred images with Poisson noise [J]. Signal Processing, 2015, 116(11): 127-140.

[40] Harmany Z T, Marcia R F, Willett R M. This is SPIRAL-TAP: Sparse Poisson intensity reconstruction algorithms theory and practice [J]. IEEE Transactions on Image Processing, 2012, 21(3): 1084-1096.

[41] Jiang L, Huang J, Lv X G. Alternating direction method for the high-order total variation-based Poisson noise removal problem [J]. Numerical Algorithms, 2015, 69(3): 1-22.

[42] Steidl G, Teuber T. Removing multiplicative noise by Douglas-Rachford splitting methods [J]. Journal of Mathematical Imaging and Vision, 2010, 36(2): 168-184.

第 6 章　正则化对偶模型分裂原理及在图像恢复中的应用

在第 4 章中，由于正则项的非光滑特性，能量泛函正则化模型的经典导数不存在，通过提高正则项的光滑性，设计经典牛顿迭代算法。在第 5 章中，当正则项的经典导数不存在时，主要有三种方法设计求解算法：第一种方法是利用正则项的次微分，设计分裂 Bregman 迭代算法；第二种方法是对拟合项进行泰勒展开，将泰勒展开后获得的表达式与正则项进行组合，形成新的能量泛函，然后将转化模型分裂为牛顿迭代子问题和追近迭代子问题，形成交替迭代算法；第三种方法是通过引入辅助变量，将原始能量泛函正则化模型优化问题转化为有约束条件的最优化问题，然后将模型分裂为“拟合项”子问题和“正则项”子问题，形成 ADMM。在该算法设计上，第 4 章是对原始能量泛函正则化模型进行整体处理，第 5 章是对原始能量泛函正则化模型进行分裂处理。在本章，利用 Fenchel 变换，将原始能量泛函正则化模型转化为对偶模型，利用对偶模型设计优化算法。

6.1　对偶变换基本原理

6.1.1　Fenchel 共轭变换

定义 6.1 (Fenchel 共轭变换)　假定 H 是希尔伯特空间，函数 $R{:}H \to [-\infty, \infty]$，$u \in H$，$\forall v \in H$，那么函数 $R(u)$ 的 Fenchel 共轭变换 [1] 表达式为

$$R^*(v) = \sup_{u\in H}\{\langle u, v\rangle - R(u)\} \tag{6.1}$$

从物理意义上来说，式 (6.1) 的上确界由对偶变量与原始变量的内积和原始函数距离的最大值决定，用图像表示，如图 6.1 所示。

一般说，共轭变换获得的函数往往具有较好的特性，如连续性 [2]、光滑性 [3]，使得变换后的函数容易处理，从而可以利用经典优化算法进行算法设计 [4]。为了理解 Fenchel 变换的基本原理，下面举几个例子解释共轭变换的计算方法，以期起到抛砖引玉的作用。

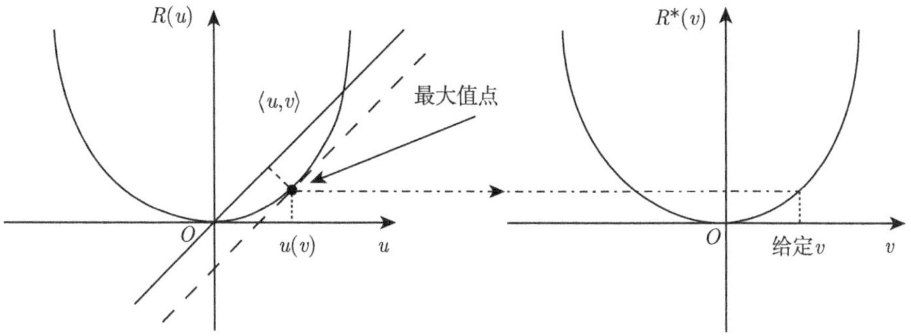

图 6.1 Fenchel 共轭变换物理解释

例 6.1 若 $\boldsymbol{u} \in H$，计算绝对值函数 $\boldsymbol{R}(\boldsymbol{u}) = |\boldsymbol{u}|$ 对应的共轭变换。

解 令 $\boldsymbol{v} \in H$，由式 (6.1)，绝对值函数的共轭变换为

$$\boldsymbol{R}^*(\boldsymbol{v}) = \sup_{\boldsymbol{u} \in H} \{\langle \boldsymbol{u}, \boldsymbol{v}\rangle - |\boldsymbol{u}|\} \tag{6.2}$$

当 $|\boldsymbol{v}| > 1$，$\tau \to \infty$，令 $\boldsymbol{u} = \boldsymbol{\tau} \cdot \boldsymbol{v}$，则 $\boldsymbol{R}^*(\boldsymbol{v}) = +\infty$；当 $|\boldsymbol{v}| \leqslant 1$，$\langle \boldsymbol{u}, \boldsymbol{v}\rangle - |\boldsymbol{u}| \leqslant 0$，$\boldsymbol{u} = 0$ 时，式 (6.2) 取得上确界，即 $\boldsymbol{R}^*(\boldsymbol{v}) = 0$，综合上述两种情况，绝对值函数的共轭变换表达式为

$$\boldsymbol{R}^*(\boldsymbol{v}) = \sup_{\boldsymbol{u} \in H} \{\langle \boldsymbol{u}, \boldsymbol{v}\rangle - |\boldsymbol{u}|\} = \begin{cases} +\infty, & |\boldsymbol{v}| > 1 \\ 0, & |\boldsymbol{v}| \leqslant 1 \end{cases} \tag{6.3}$$

例 6.2 若 $\boldsymbol{u} \in H$，计算二次函数 $\boldsymbol{R}(\boldsymbol{u}) = \dfrac{1}{2}\boldsymbol{u}^2$ 的共轭变换。

解 令 $\boldsymbol{v} \in H$，由式 (6.1)，二次函数的共轭变换为

$$\boldsymbol{R}^*(\boldsymbol{v}) = \sup_{\boldsymbol{u} \in H} \left\{\langle \boldsymbol{u}, \boldsymbol{v}\rangle - \frac{1}{2}\boldsymbol{u}^2\right\} \tag{6.4}$$

式 (6.4) 一阶可微分，根据一阶 KKT 条件，当 $\boldsymbol{u} = \boldsymbol{v}$ 时，式 (6.4) 取得上确界，二次函数的共轭变换表达式为

$$\boldsymbol{R}^*(\boldsymbol{v}) = \frac{1}{2}\boldsymbol{v}^2 \tag{6.5}$$

例 6.3 若 $\boldsymbol{u} \in H$，$\boldsymbol{A}$ 为对称、正定可逆矩阵，计算 $\boldsymbol{R}_{\boldsymbol{A}}(\boldsymbol{u}) = \boldsymbol{R}(\boldsymbol{A}\boldsymbol{u})$ 的共轭变换。

解 令 $\boldsymbol{v} \in H$，由式 (6.1)，$\boldsymbol{R}_{\boldsymbol{A}}(\boldsymbol{u})$ 的共轭变换为

$$\boldsymbol{R}_{\boldsymbol{A}}^*(\boldsymbol{v}) = \sup_{\boldsymbol{u} \in H} \{\langle \boldsymbol{u}, \boldsymbol{v}\rangle - \boldsymbol{R}(\boldsymbol{A}\boldsymbol{u})\} = \sup_{\boldsymbol{z} \in H} \left\{\left\langle \boldsymbol{A}^{-1}\boldsymbol{z}, \boldsymbol{v}\right\rangle - \boldsymbol{R}(\boldsymbol{z})\right\}$$

$$=\boldsymbol{R}^*\left(\boldsymbol{A}^{-\mathrm{T}}\boldsymbol{v}\right)=\boldsymbol{R}^*_{\boldsymbol{A}^{-\mathrm{T}}}(\boldsymbol{v}) \tag{6.6}$$

例 6.4　若 $\boldsymbol{u}\in H$，τ 为平移常数，$\boldsymbol{A}$ 为对称、正定可逆矩阵，且 $\boldsymbol{A}^{\mathrm{T}}=\boldsymbol{A}^{-1}$，计算 $\boldsymbol{R}_{\boldsymbol{A},\tau}(\boldsymbol{u})=\boldsymbol{R}(\boldsymbol{A}\boldsymbol{u}+\tau)$ 的共轭变换。

解　令 $\boldsymbol{v}\in H$，由式 (6.1)，$\boldsymbol{R}_{\boldsymbol{A},\tau}(\boldsymbol{u})$ 的共轭变换为

$$\begin{aligned}\boldsymbol{R}^*_{\boldsymbol{A},\boldsymbol{\tau}}(\boldsymbol{v})&=\sup_{\boldsymbol{u}\in H}\{\langle\boldsymbol{u},\boldsymbol{v}\rangle-\boldsymbol{R}(\boldsymbol{A}\boldsymbol{u}+\boldsymbol{\tau})\}=\sup_{\boldsymbol{z}\in H}\left\{\left\langle\boldsymbol{A}^{-1}(\boldsymbol{z}-\boldsymbol{\tau}),\boldsymbol{v}\right\rangle-\boldsymbol{R}(\boldsymbol{z})\right\}\\&=\boldsymbol{R}^*(\boldsymbol{A}\boldsymbol{v})-\boldsymbol{A}\boldsymbol{v}\cdot\boldsymbol{\tau}=\boldsymbol{R}^*_{\boldsymbol{A}}(\boldsymbol{v})-\boldsymbol{A}\boldsymbol{v}\cdot\boldsymbol{\tau}\end{aligned} \tag{6.7}$$

例 6.5　若 $\boldsymbol{u}\in H$，$\boldsymbol{A}$ 为对称、正定可逆矩阵，计算函数 $\boldsymbol{R}(\boldsymbol{u})=\dfrac{1}{2}\boldsymbol{u}^{\mathrm{T}}\boldsymbol{A}\boldsymbol{u}+\lambda\boldsymbol{u}$ 的共轭变换。

解　令 $\boldsymbol{v}\in H$，由式 (6.1)，二次函数的共轭变换为

$$\boldsymbol{R}^*(\boldsymbol{v})=\sup_{\boldsymbol{u}\in H}\left\{\langle\boldsymbol{u},\boldsymbol{v}\rangle-\frac{1}{2}\boldsymbol{u}^{\mathrm{T}}\boldsymbol{A}\boldsymbol{u}-\lambda\boldsymbol{u}\right\} \tag{6.8}$$

式 (6.8) 一阶可微分，根据一阶 KKT 条件，当 $\boldsymbol{v}=\boldsymbol{A}\boldsymbol{u}+\lambda$ 时，即 $\boldsymbol{u}=\boldsymbol{A}^{-1}(\boldsymbol{v}-\lambda)$，式 (6.8) 取得上确界，代入式 (6.8) 则有

$$\begin{aligned}\boldsymbol{R}^*(\boldsymbol{v})&=\boldsymbol{v}^{\mathrm{T}}\boldsymbol{A}^{-1}(\boldsymbol{v}-\lambda)-\frac{1}{2}\boldsymbol{A}^{-1}(\boldsymbol{v}-\lambda)\boldsymbol{A}\boldsymbol{A}^{-1}(\boldsymbol{v}-\lambda)-\lambda\boldsymbol{A}^{-1}(\boldsymbol{v}-\lambda)\\&=(\boldsymbol{v}-\lambda)\cdot\boldsymbol{A}^{-1}(\boldsymbol{v}-\lambda)-\frac{1}{2}(\boldsymbol{v}-\lambda)\cdot\boldsymbol{A}^{-1}(\boldsymbol{v}-\lambda)\\&=\frac{1}{2}(\boldsymbol{v}-\lambda)\cdot\boldsymbol{A}^{-1}(\boldsymbol{v}-\lambda)\end{aligned} \tag{6.9}$$

例 6.6　若 $\boldsymbol{u}\in H$，$B_0(1)$ 表示圆心在原点，半径为 1 的单位球，计算支撑函数 $\boldsymbol{R}(\boldsymbol{u})=\delta_{B_0(1)}(\boldsymbol{u})=\begin{cases}0, & \boldsymbol{u}\in B_0(1)\\+\infty, & \boldsymbol{u}\notin B_0(1)\end{cases}$ 的共轭变换。

解　令 $\boldsymbol{v}\in H$，由式 (6.1)，支撑函数的共轭变换为

$$\boldsymbol{R}^*(v)=\sup_{\|\boldsymbol{u}\|\leqslant 1}\left\{\langle\boldsymbol{u},\boldsymbol{v}\rangle-\delta_{B_0(1)}\right\} \tag{6.10}$$

当 $\|\boldsymbol{u}\|=1$ 时，式 (6.10) 取得上确界，支撑函数的共轭变换表达式为

$$\boldsymbol{R}^*(\boldsymbol{v})=\|\boldsymbol{v}\| \tag{6.11}$$

例 6.7　若 $\boldsymbol{u}\in H$，共轭指数函数表达式为

$$\boldsymbol{R}(\boldsymbol{u})=\frac{1}{q}\|\boldsymbol{u}\|_q^q \tag{6.12}$$

式中，$q>1$，计算式 (6.12) 对应的共轭变换。

解 令 $\boldsymbol{v}\in H$，q 的共轭指数 [5] 为 p，满足 $\frac{1}{q}+\frac{1}{p}=1$。由式 (6.1)，式 (6.12) 的共轭变换表达式为

$$\boldsymbol{R}^*(\boldsymbol{v})=\sup_{\boldsymbol{u}\in H}\left\{\langle\boldsymbol{u},\boldsymbol{v}\rangle-\frac{1}{q}\|\boldsymbol{u}\|_q^q\right\}=\frac{1}{p}\|\boldsymbol{v}\|_p^p \tag{6.13}$$

例 6.8 若 $\boldsymbol{u}\in H$，计算加权 $\boldsymbol{R}(\boldsymbol{u})=\sum_{i=1}^{\infty}\omega_i|u_i|$ 的共轭变换。

解 令 $\boldsymbol{v}\in H$，由式 (6.1)，$\boldsymbol{R}(\boldsymbol{u})=\sum_{i=1}^{\infty}\omega_i|u_i|$ 的共轭变换为

$$\begin{aligned}\boldsymbol{R}^*(\boldsymbol{v})&=\sup_{\boldsymbol{u}}\left\{\langle\boldsymbol{u},\boldsymbol{v}\rangle-\sum_{i=1}^{\infty}\omega_i|u_i|\right\}=\sup_{\boldsymbol{u}}\left(\sum_{i=1}^{\infty}(v_i-\omega_i\mathrm{sgn}(u_i)u_i)\right)\\&=\begin{cases}0, & |v_i|\leqslant\omega_i\\ \infty, & |v_i|>\omega_i\end{cases}\end{aligned} \tag{6.14}$$

例 6.9 若 $\boldsymbol{u}\in H$，计算函数 $\boldsymbol{R}_\tau(\boldsymbol{u})=\boldsymbol{R}(\boldsymbol{u}+\tau)$ 的共轭变换。

解 令 $\boldsymbol{v}\in H$，由式 (6.1)，$\boldsymbol{R}_\tau(\boldsymbol{u})$ 的共轭变换为

$$\begin{aligned}\boldsymbol{R}_\tau^*(\boldsymbol{v})&=\sup_{\boldsymbol{u}}\{\langle\boldsymbol{u},\boldsymbol{v}\rangle-\boldsymbol{R}(\boldsymbol{u}+\tau)\}=\sup_{\bar{\boldsymbol{u}}}\{\langle\bar{\boldsymbol{u}}-\tau,\boldsymbol{v}\rangle-\boldsymbol{R}(\bar{\boldsymbol{u}})\}\\&=\sup_{\bar{\boldsymbol{u}}}\{\langle\bar{\boldsymbol{u}},\boldsymbol{v}\rangle-\boldsymbol{R}(\bar{\boldsymbol{u}})-\tau\boldsymbol{v}\}=\boldsymbol{R}_\tau^*(\boldsymbol{v})-\tau\boldsymbol{v}\end{aligned} \tag{6.15}$$

例 6.10 若 $\boldsymbol{u}\in H$，计算最小二乘函数 $\boldsymbol{R}(\boldsymbol{u})=\frac{1}{2}\|\boldsymbol{u}-\boldsymbol{u}_0\|_{\mathrm{H}}^2$ 的共轭变换。

解 令 $\boldsymbol{v}\in H$，由式 (6.1)，最小二乘函数的共轭变换为

$$\boldsymbol{R}^*(\boldsymbol{v})=\sup_{\boldsymbol{u}}\left\{\langle\boldsymbol{u},\boldsymbol{v}\rangle-\frac{1}{2}\|\boldsymbol{u}-\boldsymbol{u}_0\|_{\mathrm{H}}^2\right\} \tag{6.16}$$

式 (6.16) 可微分，根据一阶 KKT 条件，当 $\boldsymbol{u}=\boldsymbol{v}+\boldsymbol{u}_0$ 时，式 (6.16) 取得上确界，最小二乘函数的共轭变换表达式为

$$\boldsymbol{R}^*(\boldsymbol{v})=\frac{1}{2}\|\boldsymbol{v}\|_H^2+\langle\boldsymbol{v},\boldsymbol{u}_0\rangle \tag{6.17}$$

在图像恢复、图像修补、最优控制、压缩感知、大数据处理和人工智能等实际问题应用中 [5-9]，对建立的能量泛函正则化模型往往具有特殊的要求。在图像恢复

中，能量泛函的正则项需要表征图像的边缘特性 [10]、纹理特性，一般用有界变差函数来描述 [11]。在图像修补中，要求修补区域与原始区域的光滑性一致，正则项常用二阶有界变差函数来描述 [12]。在最优控制中，信号的切换比较频繁，正则项常用绝对值函数来描述。在压缩感知、大数据处理中，数据的稠密度是算法处理效率的瓶颈，往往借助小波变换 [13]、紧框架变换 [14] 来对原始数据进行稀疏化，正则项用 Besov 函数空间或绝对值加权函数来描述 [15]。上述正则项虽然有利于刻画信号的物理特征，但是其非线性、非光滑特性导致算法设计十分困难。虽然用可微分的函数有利于算法设计，但获得的解往往很难满足实际要求。为解决此类问题，国内外学者将非线性、非光滑的原始模型转化为对偶模型，利用对偶模型较好的光滑特性，进行算法设计 [16,17]。常用函数的对偶变换如表 6.1 所示。

表 6.1　常用函数的对偶变换

常用函数	$\boldsymbol{R}(\boldsymbol{u})$	$\boldsymbol{R}^*(\boldsymbol{v})$
绝对值函数	$\lvert\boldsymbol{u}\rvert$	$\begin{cases} +\infty, & \lvert\boldsymbol{v}\rvert > 1 \\ 0, & \lvert\boldsymbol{v}\rvert \leqslant 1 \end{cases}$
二次函数	$\frac{1}{2}\boldsymbol{u}^2$	$\frac{1}{2}\boldsymbol{v}^2$
平方根函数	$\sqrt{1+\boldsymbol{u}^2}$	$-\sqrt{1-\boldsymbol{v}^2}$
支撑函数	$\delta_{B_0(1)}(\boldsymbol{u})$	$\lVert\boldsymbol{v}\rVert$
共轭幂函数	$\frac{1}{q}\lVert\boldsymbol{u}\rVert_q^q$	$\frac{1}{p}\lVert\boldsymbol{v}\rVert_p^p$
指数函数	$\mathrm{e}^{\boldsymbol{u}}$	$\begin{cases} \boldsymbol{v}\ln\boldsymbol{v}-\boldsymbol{v}, & \boldsymbol{v}>0 \\ 0, & \boldsymbol{v}=0 \\ +\infty, & \boldsymbol{v}<0 \end{cases}$
原始平移函数	$\boldsymbol{R}(\boldsymbol{u}-c)$	$\boldsymbol{R}^*(\boldsymbol{v})+\langle\boldsymbol{v},c\rangle$
共轭平移函数	$\boldsymbol{R}(\boldsymbol{u})+\langle\boldsymbol{u},c\rangle$	$\boldsymbol{R}^*(\boldsymbol{v}-c)$
幅值伸缩函数	$a\boldsymbol{R}(\boldsymbol{u})$	$a\boldsymbol{R}^*\left(\frac{\boldsymbol{v}}{a}\right)$
尺度伸缩函数	$\boldsymbol{R}\left(\frac{\boldsymbol{u}}{a}\right)$	$\boldsymbol{R}^*(a\boldsymbol{v})$
反射函数	$\boldsymbol{R}(-\boldsymbol{u})$	$\boldsymbol{R}^*(-\boldsymbol{v})$
各项同性函数	$\boldsymbol{R}\left(\lVert\boldsymbol{u}\rVert_2^2\right)$	$\boldsymbol{R}^*\left(\lVert\boldsymbol{v}\rVert_2^2\right)$
同构函数	$\boldsymbol{R}(\boldsymbol{L}\boldsymbol{u})$	$\boldsymbol{R}^*\left(\left(\boldsymbol{L}^{-1}\right)^{\mathrm{T}}\boldsymbol{v}\right)$
可分函数	$\sum_{i=1}^{n} R_i(u_i)$	$\sum_{i=1}^{n} R_i^*(v_i)$

6.1.2　Fenchel 共轭变换的特性

命题 6.1　若 $\boldsymbol{u}\in H$，$\boldsymbol{R}(\boldsymbol{u})=\tau\lVert\boldsymbol{u}\rVert_{L_\infty}$ 的 Fenchel 变换是其对偶变量 $\boldsymbol{v}$（$\boldsymbol{v}\in$

H）的 L_1 范数的示性函数，即 $\boldsymbol{R}^*(\boldsymbol{v})=\delta_{\left(\|\boldsymbol{v}\|_{L_1}\leqslant\tau\right)}(\boldsymbol{v})$。

证明 由式（6.1），$\boldsymbol{R}(\boldsymbol{u})=\tau\|\boldsymbol{u}\|_{L_\infty}$ 的共轭变换为

$$\boldsymbol{R}^*(\boldsymbol{v})=\sup_{\boldsymbol{u}}\left\{\langle\boldsymbol{u},\boldsymbol{v}\rangle-\tau\|\boldsymbol{u}\|_{L_\infty}\right\} \tag{6.18}$$

由赫尔德不等式，$\langle\boldsymbol{u},\boldsymbol{v}\rangle\leqslant\|\boldsymbol{u}\|_{L_\infty}\|\boldsymbol{v}\|_{L_1}$，式（6.18）转化为

$$\begin{aligned}\boldsymbol{R}^*(\boldsymbol{v})&=\sup_{\boldsymbol{u}}\left\{\|\boldsymbol{u}\|_{L_\infty}\|\boldsymbol{v}\|_{L_1}-\tau\|\boldsymbol{u}\|_{L_\infty}\right\}\\&=\sup_{\rho>0,\|\boldsymbol{u}\|_{L_\infty}=\rho}\left\{\rho\left(\|\boldsymbol{v}\|_{L_1}-\tau\right)\right\}=\delta_{\left(\|\boldsymbol{v}\|_{L_1}\leqslant\tau\right)}(\boldsymbol{v})\end{aligned} \tag{6.19}$$

在图像恢复能量泛函正则化模型应用中，由于原始模型本身非光滑 [18]，或者正则化模型的约束条件是非光滑的，利用 Fenchel 变换，将其转化为具有光滑特性的对偶模型 [19]，利用对偶模型获得所研究问题的解 [20]，下面利用例 6.11 进行阐释。

例 6.11 计算具有约束条件的能量泛函

$$\boldsymbol{u}=\underset{\|\boldsymbol{u}\|_{\mathrm{TV}}\leqslant\tau}{\operatorname{argmin}}\left\{\frac{1}{2}\|\boldsymbol{u}-\boldsymbol{u}_0\|^2\right\} \tag{6.20}$$

的对偶模型，式中 TV 表示有界变差函数。

解 非光滑约束条件 $\|\boldsymbol{u}\|_{\mathrm{TV}}\leqslant\tau$，可以转换为下列表达式:

$$\delta_{\left(\|\boldsymbol{u}\|_{L_1}\leqslant\tau\right)}(\boldsymbol{u})=\sup_{\boldsymbol{v}}\left\{\langle\boldsymbol{v},\nabla\boldsymbol{u}\rangle-\tau\|\boldsymbol{v}\|_{L_\infty}\right\} \tag{6.21}$$

则式（6.20）有条件的最优化问题转化为

$$\begin{aligned}&\underset{\boldsymbol{u}}{\operatorname{argmin}}\left\{\frac{1}{2}\|\boldsymbol{u}-\boldsymbol{u}_0\|^2+\delta_{\left(\|\boldsymbol{u}\|_{L_1}\leqslant\tau\right)}(\boldsymbol{u})\right\}\\&=\sup_{\boldsymbol{v}}\left\{-\tau\|\boldsymbol{v}\|_{L_\infty}+\min_{\boldsymbol{u}}\left[\langle\boldsymbol{v},\boldsymbol{\nabla}\boldsymbol{u}\rangle+\frac{1}{2}\|\boldsymbol{u}-\boldsymbol{u}_0\|^2\right]\right\}\end{aligned} \tag{6.22}$$

式（6.22）内部最小化问题表达式为

$$\boldsymbol{u}^*=\min_{\boldsymbol{u}}\left[\langle\boldsymbol{v},\boldsymbol{\nabla}\boldsymbol{u}\rangle+\frac{1}{2}\|\boldsymbol{u}-\boldsymbol{u}_0\|^2\right]=\min_{\boldsymbol{u}}\left[-\langle\operatorname{div}\boldsymbol{v},\boldsymbol{u}\rangle+\frac{1}{2}\|\boldsymbol{u}-\boldsymbol{u}_0\|^2\right] \tag{6.23}$$

式（6.23）是强凸函数，div 表示散度，由一阶 KKT 条件，则有最优解

$$\boldsymbol{u}^* = \mathrm{div}\boldsymbol{v} + \boldsymbol{u}_0 \tag{6.24}$$

将式（6.24）代入式（6.23），则有

$$-\langle \mathrm{div}\boldsymbol{v},\boldsymbol{u}^* \rangle + \frac{1}{2}\left\|\boldsymbol{u}^* - \boldsymbol{u}_0\right\|^2 = -\frac{1}{2}\left\|\boldsymbol{u}_0 + \mathrm{div}\boldsymbol{v}\right\|^2 + \frac{1}{2}\left\|\boldsymbol{u}_0\right\|^2 \tag{6.25}$$

联立式（6.25）、式（6.22），条件约束最优化问题式（6.20）的转化表达式为

$$\boldsymbol{v} = \sup_{\boldsymbol{v}}\left\{\frac{1}{2}\left\|\boldsymbol{u}_0 + \mathrm{div}\boldsymbol{v}\right\|^2 + \tau\left\|\boldsymbol{v}\right\|_{L_\infty}\right\} \tag{6.26}$$

式（6.26）可以表示成迫近算子，具有封闭表达式。

命题 6.2 (Fenchel-Young 不等式 [21])　若 $\boldsymbol{u} \in H$，$\boldsymbol{v} \in H$，$\boldsymbol{R}(\boldsymbol{u})$ 是真函数，$\boldsymbol{R}^*(\boldsymbol{v})$ 是 $\boldsymbol{R}(\boldsymbol{u})$ 的对偶函数，那么

$$\boldsymbol{R}(\boldsymbol{u}) + \boldsymbol{R}^*(\boldsymbol{v}) \geqslant \langle \boldsymbol{u},\boldsymbol{v}\rangle \tag{6.27}$$

证明　因为 $\boldsymbol{R}(\boldsymbol{u})$ 是真函数，由 Fenchel 变换定义，则有

$$\boldsymbol{R}^*(\boldsymbol{v}) = \sup_{\boldsymbol{u}}\left\{\langle \boldsymbol{u},\boldsymbol{v}\rangle - \boldsymbol{R}(\boldsymbol{u})\right\} \neq -\infty \tag{6.28}$$

$\boldsymbol{R}^*(\boldsymbol{v})$ 取得上确界，则

$$\boldsymbol{R}^*(\boldsymbol{v}) \geqslant \langle \boldsymbol{u},\boldsymbol{v}\rangle - \boldsymbol{R}(\boldsymbol{u}) \tag{6.29}$$

式（6.29）移项，则有式（6.27），证毕。

命题 6.3　如果 $\boldsymbol{u} \in H$，$\boldsymbol{R}(\boldsymbol{u})$ 是真、凸、下半连续函数，$\boldsymbol{v} \in H$，∂ 表示次微分，那么下列命题是等价的：

（1）$\boldsymbol{R}(\boldsymbol{u}) + \boldsymbol{R}^*(\boldsymbol{v}) = \langle \boldsymbol{u},\boldsymbol{v}\rangle$；

（2）$\boldsymbol{v} \in \partial\boldsymbol{R}(\boldsymbol{u})$；

（3）$\boldsymbol{u} \in \partial\boldsymbol{R}^*(\boldsymbol{v})$。

证明　（由（1）$\Rightarrow$（2）），如果（1）成立，那么 $\boldsymbol{R}^*(\boldsymbol{v})$ 取得上确界，则 $\forall\tilde{\boldsymbol{v}} \in H$，则有

$$\langle \boldsymbol{u},\boldsymbol{v}\rangle - \boldsymbol{R}(\boldsymbol{u}) = \boldsymbol{R}^*(\boldsymbol{v}) \geqslant \langle \boldsymbol{v},\tilde{\boldsymbol{v}}\rangle - \boldsymbol{R}(\tilde{\boldsymbol{v}}) \tag{6.30}$$

$$\langle \boldsymbol{v},\tilde{\boldsymbol{v}} - \boldsymbol{u}\rangle + \boldsymbol{R}(\boldsymbol{u}) \leqslant \boldsymbol{R}(\tilde{\boldsymbol{v}}) \tag{6.31}$$

由次微分的定义，则有 $\boldsymbol{v} \in \partial\boldsymbol{R}(\boldsymbol{u})$。

（由（2）$\Rightarrow$（1）），$\forall\tilde{\boldsymbol{v}} \in H$，若式（6.30）取得上确界，则$\boldsymbol{R}(\boldsymbol{u})+\boldsymbol{R}^*(\boldsymbol{v})=\langle \boldsymbol{u},\boldsymbol{v}\rangle$。

（由（2）$\Rightarrow$（3）），如果（2）成立，由次微分定义，则有

$$\boldsymbol{R}(\tilde{\boldsymbol{v}}) \geqslant \boldsymbol{R}(\boldsymbol{u}) + \langle \boldsymbol{v},\tilde{\boldsymbol{v}} - \boldsymbol{u}\rangle \tag{6.32}$$

对式（6.32）展开，整理有

$$\boldsymbol{R}(\boldsymbol{u})-\langle\boldsymbol{v},\boldsymbol{u}\rangle+\langle\boldsymbol{v},\tilde{\boldsymbol{v}}\rangle-\boldsymbol{R}(\tilde{\boldsymbol{v}})\leqslant 0 \tag{6.33}$$

利用 Fenchel 变换定义，则有

$$\boldsymbol{R}(\boldsymbol{u})-\langle\boldsymbol{v},\boldsymbol{u}\rangle+\boldsymbol{R}^*(\boldsymbol{v})\leqslant 0 \tag{6.34}$$

$\forall\tilde{\boldsymbol{v}}\in H$，式（6.34）两边同时加上 $\langle\tilde{\boldsymbol{v}},\boldsymbol{u}\rangle$，移项，整理有

$$\langle\tilde{\boldsymbol{v}},\boldsymbol{u}\rangle-\boldsymbol{R}(\boldsymbol{u})\geqslant\boldsymbol{R}^*(\boldsymbol{v})+\langle\boldsymbol{u},\tilde{\boldsymbol{v}}-\boldsymbol{v}\rangle \tag{6.35}$$

利用 Fenchel 变换定义，则有

$$\boldsymbol{R}^*(\tilde{\boldsymbol{v}})\geqslant\boldsymbol{R}^*(\boldsymbol{v})+\langle\boldsymbol{u},\tilde{\boldsymbol{v}}-\boldsymbol{v}\rangle \tag{6.36}$$

由次微分的定义，则有 $\boldsymbol{u}\in\partial\boldsymbol{R}^*(\boldsymbol{v})$，即（2）$\Rightarrow$（3）。同理，由（3）$\Rightarrow$（2）。证毕。

6.2 原始模型转化为对偶模型

6.2.1 对偶定理

在图像处理中，假定能量泛函正则化模型（常称为原始问题）的表达式为

$$\boldsymbol{u}=\min_{\boldsymbol{u}}\{\boldsymbol{E}(\boldsymbol{u})+\boldsymbol{R}(\boldsymbol{D}\boldsymbol{u})\} \tag{6.37}$$

若 $\boldsymbol{E}(\cdot)$、$\boldsymbol{R}(\cdot)$ 是真、凸、下半连续函数，$\boldsymbol{D}$ 为线性算子，将 $\boldsymbol{R}(\cdot)$ 由其对偶 $\boldsymbol{R}^*(\cdot)$ 取代，则有表达式

$$\begin{aligned}&\min_{\boldsymbol{u}}\max_{\boldsymbol{v}}\{\boldsymbol{E}(\boldsymbol{u})+\langle\boldsymbol{v},\boldsymbol{D}\boldsymbol{u}\rangle-\boldsymbol{R}^*(\boldsymbol{v})\}\\=&\max_{\boldsymbol{v}}\min_{\boldsymbol{u}}\{\boldsymbol{E}(\boldsymbol{u})+\langle\boldsymbol{v},\boldsymbol{D}\boldsymbol{u}\rangle-\boldsymbol{R}^*(\boldsymbol{v})\}\\=&\max_{\boldsymbol{v}}-\left(\max_{\boldsymbol{u}}-\boldsymbol{E}(\boldsymbol{u})+\langle-\boldsymbol{D}^*\boldsymbol{v},\boldsymbol{u}\rangle\right)-\boldsymbol{R}^*(\boldsymbol{v})\end{aligned} \tag{6.38}$$

利用 Fenchel 变换，则有

$$\boldsymbol{v}=\boldsymbol{E}^*(-\boldsymbol{D}^*\boldsymbol{v})=\sup_{\boldsymbol{u}}\{\langle-\boldsymbol{D}^*\boldsymbol{v},\boldsymbol{u}\rangle-\boldsymbol{E}(\boldsymbol{u})\} \tag{6.39}$$

将式（6.39）代入式（6.38）中，原始问题式（6.37）转化为对偶问题表达式为

$$\boldsymbol{v} = \max_{\boldsymbol{v}} \{-\boldsymbol{E}^*(-\boldsymbol{D}^*\boldsymbol{v}) - \boldsymbol{R}^*(\boldsymbol{v})\} \tag{6.40}$$

式中，$\boldsymbol{E}^*(\cdot)$、$\boldsymbol{R}^*(\cdot)$ 是 $\boldsymbol{E}(\cdot)$、$\boldsymbol{R}(\cdot)$ 的共轭变换。

定理 6.1 (对偶定理) 若 $\boldsymbol{E}: \boldsymbol{u} \to \Omega$，$\boldsymbol{R}: \boldsymbol{v} \to \Omega$ 是真、凸、下半连续函数，且 $\boldsymbol{v} \in \boldsymbol{D}\boldsymbol{u}$，$\boldsymbol{D}$ 为有界线性算子，若原始问题式（6.37）的解 $\hat{\boldsymbol{u}}$ 存在，那么对偶问题式（6.40）的解 $\hat{\boldsymbol{v}}$ 存在，原始问题与对偶问题满足的表达式为

$$\min_{\boldsymbol{u}} \{\boldsymbol{E}(\boldsymbol{u}) + \boldsymbol{R}(\boldsymbol{D}\boldsymbol{u})\} = \max_{\boldsymbol{v}} \{-\boldsymbol{E}^*(-\boldsymbol{D}^*\boldsymbol{v}) - \boldsymbol{R}^*(\boldsymbol{v})\} \tag{6.41}$$

原始解 $\hat{\boldsymbol{u}}$ 与对偶解 $\hat{\boldsymbol{u}}$ 满足的关系表达式为

$$-\boldsymbol{D}^*\hat{\boldsymbol{v}} \in \partial \boldsymbol{E}(\hat{\boldsymbol{u}}), \quad \hat{\boldsymbol{v}} \in \partial \boldsymbol{R}(\boldsymbol{D}\hat{\boldsymbol{u}}) \tag{6.42}$$

在图像恢复中，能量泛函正则化模型可能不是式（6.37）标准形式，拟合项具有线性算子 $\boldsymbol{A}$ 的约束，正则项不具有算子约束 [22]，表达式为

$$\boldsymbol{u} = \min_{\boldsymbol{u}} \{\boldsymbol{E}(\boldsymbol{A}\boldsymbol{u}) + \boldsymbol{R}(\boldsymbol{u})\} \tag{6.43}$$

同理，利用 Fenchel 变换，将式（6.43）转化为对偶模型，表达式为

$$\boldsymbol{v} = \max_{\boldsymbol{v}} \{-\boldsymbol{E}^*(\boldsymbol{v}) - \boldsymbol{R}^*(-\boldsymbol{A}^*\boldsymbol{v})\} \tag{6.44}$$

例 6.12 若图像恢复能量泛函正则化模型的表达式为

$$\boldsymbol{u} = \underset{\boldsymbol{u}}{\operatorname{argmin}} \left\{ \frac{1}{2} \|\boldsymbol{u} - \boldsymbol{u}_0\|^2 + \sum_{i=1}^{\infty} \omega_i |u_i| \right\} \tag{6.45}$$

计算其对偶表达式。

解 因为 $\boldsymbol{D} = \boldsymbol{I}$，令 $\boldsymbol{R}(\boldsymbol{u}) = \sum_{i=1}^{\infty} \omega_i |u_i|$，$\boldsymbol{E}(\boldsymbol{u}) = \frac{1}{2}\|\boldsymbol{u} - \boldsymbol{u}_0\|^2$，由对偶定理，式（6.43）的对偶表达式为

$$\boldsymbol{v} = \max_{\boldsymbol{v}} \{-\boldsymbol{E}^*(-\boldsymbol{v}) - \boldsymbol{R}^*(\boldsymbol{v})\} \tag{6.46}$$

式中，$\boldsymbol{E}(\boldsymbol{u})$ 的对偶表达式由式（6.17）给出，则有

$$\boldsymbol{E}^*(-\boldsymbol{v}) = \frac{1}{2}\|\boldsymbol{v}\|_{\mathrm{H}}^2 - \langle \boldsymbol{v}, \boldsymbol{u}_0 \rangle \tag{6.47}$$

对偶表达式 $\boldsymbol{R}^*(\boldsymbol{v})$ 由式（6.14）给出，则有

$$\boldsymbol{R}^*(\boldsymbol{v})=\begin{cases}0, & |\boldsymbol{v}|_i\leqslant\omega_i\\ \infty, & |\boldsymbol{v}|_i>\omega_i\end{cases}\tag{6.48}$$

综合式（6.48）和式（6.47），对偶问题式（6.46）转化为有约束条件的最优化问题，表达式为

$$\boldsymbol{v}=\max_{\boldsymbol{v}}\left\{-\frac{1}{2}\|\boldsymbol{v}\|_{\mathrm{H}}^2+\langle\boldsymbol{v},\boldsymbol{u}_0\rangle\right\}\tag{6.49}$$

约束条件 $\forall i$，$|\boldsymbol{v}|_i\leqslant\omega_i$。从式（6.49）可知，利用对偶，将原始非光滑的目标函数式（6.45）转化为有约束条件的二次光滑函数的最优化问题。

6.2.2 常用的图像恢复正则化模型转化为对偶模型

在图像处理中，常将原始目标函数分裂为正则项子问题和拟合项子问题，这两个子问题容易处理，形成交替迭代算法 [23]。同理，利用对偶定理，将原始问题转化为对偶问题后，根据对偶能量泛函正则化模型的形式，若具有可分结构，可以将对偶问题分裂为“对偶拟合项”子问题和“对偶正则项”子问题。一般说来，“对偶拟合项”子问题可能是光滑的二次标准型，则可利用经典优化理论进行求解 [24]，或者施加周期边界条件，借助于快速傅里叶变换进行求解 [25]。“对偶正则项”子问题可能需要借助于迫近算子来计算，迫近算子也称为预解算子，常用来产生一个下降的方向，一般具有封闭表达式，使得对偶子问题容易处理。在某些情况下，正则项对偶子问题可以转化为拟合项对偶子问题的约束条件，从而形成有约束条件最优化对偶模型 [26]。利用对偶定理，获得对偶能量泛函后，可以根据表达式的特点，重新界定拟合项对偶子问题和正则项对偶子问题，这取决于使用的数学工具和对所研究对偶能量泛函正则化模型的认识不是固定不变的。而且，有时为了研究问题方便，在极端情况下，可以将对偶模型看作拟合项子问题或正则项子问题，另一个子问题视为零。为便于读者对对偶能量泛函研究，下面以经常在图像恢复中使用的能量泛函正则化模型为例，借助于 Fenchel 变换和对偶定理，将其转化为对偶模型，分析对偶模型的求解方法。

例 6.13 若图像被高斯噪声和系统模糊，为恢复理想图像，用最小二乘来建模，表达式为

$$\boldsymbol{u}=\underset{\boldsymbol{u}}{\operatorname{argmin}}\left\{\frac{1}{2}\|\boldsymbol{A}\boldsymbol{u}-\boldsymbol{u}_0\|_{L_2}^2\right\}\tag{6.50}$$

计算其对偶模型。

解 令拟合项为 $\boldsymbol{E}(\boldsymbol{A}\boldsymbol{u})=\dfrac{1}{2}\|\boldsymbol{A}\boldsymbol{u}-\boldsymbol{u}_0\|_{L_2}^2$，对拟合项利用 Fenchel 变换，则有

$$\boldsymbol{E}^*(\boldsymbol{v})=\frac{1}{2}\|\boldsymbol{v}\|_{L_2}^2+\langle\boldsymbol{v},\boldsymbol{u}_0\rangle\tag{6.51}$$

正则项 $\boldsymbol{R}(\boldsymbol{u})=0$，对正则项利用 Fenchel 变换，则有

$$\boldsymbol{R}^*(\boldsymbol{v})=\max_{\boldsymbol{u}}\langle\boldsymbol{v},\boldsymbol{u}\rangle=\delta_{0_{\boldsymbol{I}}}(\boldsymbol{v}) \tag{6.52}$$

利用对偶定理，将式（6.51）、式（6.52）代入式（6.44），则有对偶表达式:

$$\boldsymbol{v}=\max_{\boldsymbol{v}}\left\{-\frac{1}{2}\|\boldsymbol{v}\|_{L_2}^2-\langle\boldsymbol{v},\boldsymbol{u}_0\rangle-\delta_{0_I}(-\boldsymbol{A}^*\boldsymbol{v})\right\} \tag{6.53}$$

在对偶问题式（6.53）中，正则项的对偶问题为示性函数，$\boldsymbol{A}^*\boldsymbol{v}=0_{\boldsymbol{I}}$，由最优化理论，式（6.53）最大化问题转化为具有等式约束的最小化问题，表达式为

$$\boldsymbol{v}=\min_{\boldsymbol{v}}\left\{\frac{1}{2}\|\boldsymbol{v}\|_{L_2}^2+\langle\boldsymbol{v},\boldsymbol{u}_0\rangle\right\} \tag{6.54}$$

例 6.14 若图像被高斯噪声和系统模糊，为恢复理想图像，用最小二乘来建模，对能量泛函的解施加非负条件限制，表达式为

$$\boldsymbol{u}=\underset{\boldsymbol{u}}{\operatorname{argmin}}\left\{\frac{1}{2}\|\boldsymbol{A}\boldsymbol{u}-\boldsymbol{u}_0\|_{L_2}^2+\delta_+(\boldsymbol{u})\right\} \tag{6.55}$$

计算其对偶模型。

解 令拟合项为 $\boldsymbol{E}(\boldsymbol{A}\boldsymbol{u})=\dfrac{1}{2}\|\boldsymbol{A}\boldsymbol{u}-\boldsymbol{u}_0\|_{L_2}^2$，与式（6.50）相同，因此其对偶表达式也相同，如式（6.51）所示。正则项为 $\boldsymbol{R}(\boldsymbol{u})=\delta_+(\boldsymbol{u})$，进行 Fenchel 变换，则有

$$\boldsymbol{R}^*(\boldsymbol{v})=\delta_+(-\boldsymbol{v}) \tag{6.56}$$

正则项的对偶表达式（6.56）的作用是保证解的非负性。利用对偶定理，式（6.55）的对偶表达式为

$$\boldsymbol{v}=\max_{\boldsymbol{v}}\left\{-\frac{1}{2}\|\boldsymbol{v}\|_{L_2}^2-\langle\boldsymbol{v},\boldsymbol{f}\rangle-\delta_+(\boldsymbol{A}^*\boldsymbol{v})\right\} \tag{6.57}$$

例 6.15 若图像被高斯噪声和系统模糊，为恢复理想图像，拟合项用最小二乘来建模，正则项用有界变差函数来建模，能量泛函正则化模型的表达式为

$$\boldsymbol{u}=\underset{\boldsymbol{u}}{\operatorname{argmin}}\left\{\frac{1}{2}\|\boldsymbol{A}\boldsymbol{u}-\boldsymbol{u}_0\|_{L_2}^2+\tau|\nabla\boldsymbol{u}|\right\} \tag{6.58}$$

式中，$|\nabla\boldsymbol{u}|$ 是有界变差函数表示的半范数。计算其对偶模型。

解 对式（6.58）进行转化，令 $\boldsymbol{E}_1(\boldsymbol{y})=\dfrac{1}{2}\|\boldsymbol{y}-\boldsymbol{u}_0\|_{L_2}^2$，$\boldsymbol{E}_2(\boldsymbol{z})=\tau|\boldsymbol{z}|$，$\boldsymbol{R}(\boldsymbol{u})=$

0，$\boldsymbol{y}=\boldsymbol{A}\boldsymbol{u}$，$\boldsymbol{z}=\nabla\boldsymbol{u}$，$\boldsymbol{K}=\begin{bmatrix}\boldsymbol{A}\\ \nabla\end{bmatrix}$，$\begin{bmatrix}\boldsymbol{y}\\ \boldsymbol{z}\end{bmatrix}=\begin{bmatrix}\boldsymbol{A}\\ \nabla\end{bmatrix}\boldsymbol{u}$，$\begin{bmatrix}\boldsymbol{A}^* & -\text{div}\end{bmatrix}\begin{bmatrix}\boldsymbol{y}\\ \boldsymbol{z}\end{bmatrix}=\boldsymbol{u}$，$\boldsymbol{K}^*=\begin{bmatrix}\boldsymbol{A}^* & -\text{div}\end{bmatrix}$，$\boldsymbol{K}^*$ 是 $\boldsymbol{K}$ 的伴随算子，div 表示散度。$\boldsymbol{E}_1(\boldsymbol{y})$ 与式 (6.51) 相同，其对偶表达式也相同。利用 Fenchel 变换，$\boldsymbol{E}_2(\boldsymbol{z})$ 的对偶表达式为

$$\boldsymbol{E}_2^*(\boldsymbol{v}_1)=\max_{\boldsymbol{z}}\{\langle\boldsymbol{v}_1,\boldsymbol{z}\rangle-\alpha|\boldsymbol{z}|\}=\delta_{\text{box}(\tau)}(|\boldsymbol{v}_1|)=\begin{cases}0, & |\boldsymbol{v}_1|\in\text{box}(\tau)\\ \infty, & |\boldsymbol{v}_1|\notin\text{box}(\tau)\end{cases}\tag{6.59}$$

正则项 $\boldsymbol{R}(\boldsymbol{u})$ 的对偶表达式与式 (6.52) 的形式相同。由对偶定理，式 (6.58) 的对偶表达式为

$$(\boldsymbol{v}_1,\boldsymbol{v}_1)=\max_{\boldsymbol{v},\boldsymbol{v}_1}\left\{-\frac{1}{2}\|\boldsymbol{v}\|_{L_2}^2-\langle\boldsymbol{v},\boldsymbol{u}_0\rangle-\delta_{\text{box}(\tau)}(|\boldsymbol{v}_1|)-\delta_\Omega\left(\text{div}\boldsymbol{v}_1-\boldsymbol{A}^{\mathrm{T}}\boldsymbol{v}\right)\right\}\tag{6.60}$$

例 6.16 若图像被泊松噪声和系统模糊，为恢复理想图像，用 K-L 距离来描述拟合项，且对成像过程施加非负约束条件，正则项用有界变差函数来建模，能量泛函正则化模型的表达式为

$$\boldsymbol{E}(\boldsymbol{u})=\sum_i\{\boldsymbol{A}\boldsymbol{u}-\boldsymbol{u}_0\cdot\ln(\boldsymbol{A}\boldsymbol{u})\}+\delta_+(\boldsymbol{A}\boldsymbol{u})+\tau|\nabla\boldsymbol{u}|\tag{6.61}$$

计算其对偶模型。

解 对式 (6.61) 进行转化，令 $\boldsymbol{E}_1(\boldsymbol{y})=\sum_i\{\boldsymbol{y}-\boldsymbol{u}_0\cdot\ln(\boldsymbol{y})\}+\delta_+(\boldsymbol{y})$，$E_2(\boldsymbol{z})=\tau|\boldsymbol{z}|$，$\boldsymbol{R}(\boldsymbol{u})=0$，$\boldsymbol{y}=\boldsymbol{A}\boldsymbol{u}$，$\boldsymbol{z}=\nabla\boldsymbol{u}$，$\boldsymbol{K}=\begin{bmatrix}\boldsymbol{A}\\ \nabla\end{bmatrix}$，$\begin{bmatrix}\boldsymbol{y}\\ \boldsymbol{z}\end{bmatrix}=\begin{bmatrix}\boldsymbol{A}\\ \nabla\end{bmatrix}\boldsymbol{u}$，$\begin{bmatrix}\boldsymbol{A}^* & -\text{div}\end{bmatrix}\begin{bmatrix}\boldsymbol{y}\\ \boldsymbol{z}\end{bmatrix}=\boldsymbol{u}$，$\boldsymbol{K}^*=\begin{bmatrix}\boldsymbol{A}^* & -\text{div}\end{bmatrix}$，$\boldsymbol{K}^*$ 是 $\boldsymbol{K}$ 的伴随算子，div 表示散度。$\boldsymbol{E}_1(\boldsymbol{y})$ 的对偶表达式为

$$\boldsymbol{E}_1^*(\boldsymbol{v})=\sum_i\{-\boldsymbol{u}_0\cdot\ln(\mathbf{1}_\Omega-\boldsymbol{v})_+\}+\delta_+(\mathbf{1}_\Omega-\boldsymbol{v})\tag{6.62}$$

由对偶定理，式 (6.62) 的对偶表达式为

$$\begin{aligned}(\boldsymbol{v},\boldsymbol{v}_1)=\max_{\boldsymbol{v},\boldsymbol{v}_1}\Bigg\{&\sum_i\{-\boldsymbol{u}_0\cdot\ln(\mathbf{1}_\Omega-\boldsymbol{v})_+\}\\ &+\delta_+(\mathbf{1}_\Omega-\boldsymbol{v})-\delta_{\text{box}(\tau)}(|\boldsymbol{v}_1|)-\delta_\Omega(\text{div}\boldsymbol{v}_1-\boldsymbol{A}^*\boldsymbol{v})\Bigg\}\end{aligned}\tag{6.63}$$

例 6.17 若图像被椒盐噪声和系统模糊，为恢复理想图像，用 L_1 范数来描述拟合项，正则项用有界变差函数来建模，能量泛函正则化模型的表达式为

$$\boldsymbol{E}(\boldsymbol{u}) = \|\boldsymbol{A}\boldsymbol{u} - \boldsymbol{u}_0\|_{L_1} + \tau\,|\boldsymbol{\nabla}\boldsymbol{u}| \tag{6.64}$$

计算其对偶模型。

解 对式 (6.64) 进行转化，令 $\boldsymbol{E}_1(\boldsymbol{y}) = \|\boldsymbol{y} - \boldsymbol{u}_0\|_{L_1}$，$\boldsymbol{E}_2(\boldsymbol{z}) = \tau\,|\boldsymbol{z}|$，$\boldsymbol{y} = \boldsymbol{A}\boldsymbol{u}$，$\boldsymbol{z} = \boldsymbol{\nabla}\boldsymbol{u}$，$\boldsymbol{K} = \begin{bmatrix} \boldsymbol{A} \\ \boldsymbol{\nabla} \end{bmatrix}$，$\begin{bmatrix} \boldsymbol{y} \\ \boldsymbol{z} \end{bmatrix} = \begin{bmatrix} \boldsymbol{A} \\ \boldsymbol{\nabla} \end{bmatrix}\boldsymbol{u}$，$\begin{bmatrix} \boldsymbol{A}^* & -\mathrm{div} \end{bmatrix}\begin{bmatrix} \boldsymbol{y} \\ \boldsymbol{z} \end{bmatrix} = \boldsymbol{u}$，$\boldsymbol{K}^* = \begin{bmatrix} \boldsymbol{A}^* & -\mathrm{div} \end{bmatrix}$，$\boldsymbol{K}^*$ 是 $\boldsymbol{K}$ 的伴随算子，div 表示散度。$\boldsymbol{E}_1(\boldsymbol{y})$ 的对偶表达式为

$$\boldsymbol{E}_1^*(\boldsymbol{v}) = \delta_{\mathrm{box}(1)}(\boldsymbol{v}) + \langle \boldsymbol{v}, \boldsymbol{u}_0 \rangle \tag{6.65}$$

由对偶定理，式 (6.64) 的对偶表达式为

$$(\boldsymbol{v}, \boldsymbol{v}_1) = \max_{\boldsymbol{v}, \boldsymbol{v}_1} \left\{ -\delta_{\mathrm{box}(1)}(\boldsymbol{v}) - \langle \boldsymbol{v}, \boldsymbol{u}_0 \rangle - \delta_{\mathrm{box}(\tau)}(|\boldsymbol{v}_1|) - \delta_{\Omega}(\mathrm{div}\boldsymbol{v}_1 - \boldsymbol{A}^*\boldsymbol{v}) \right\} \tag{6.66}$$

6.3 L_1-TV 型正则化模型的对偶模型分裂原理及应用

6.3.1 原始 L_1-TV 型正则化模型

对成像系统和椒盐噪声模糊的图像，用 L_1 范数描述拟合项，为体现图像的特征，同时保护图像的边缘，用加权有界变差函数的半范数作为正则项，则图像恢复正则化模型表达式为

$$\boldsymbol{u} = \inf\{\boldsymbol{E}(\boldsymbol{u})\} \tag{6.67}$$

式中，$\boldsymbol{E}(\boldsymbol{u}) = \|\boldsymbol{A}\boldsymbol{u} - \boldsymbol{f}\|_{L_1} + \alpha g(x)\,\|\boldsymbol{W}\boldsymbol{u}\|_{\mathrm{TV}}$，第一项为用 L_1 范数描述的拟合项，保证成像过程与采样过程相符，$g(x)$ 为正则项的权函数，在平稳区域具有较大的扩散系数，去除噪声；在非平稳区域具有较小的扩散系数，保护图像的边缘。$\|\boldsymbol{W}\boldsymbol{u}\|_{\mathrm{TV}}$ 为框架域有界变差函数的半范数，TV 表示有界变差函数空间，$\alpha \geqslant 0$，inf 表示下确界。若 $\boldsymbol{A} = I$，$g(x) = 1$，式 (6.67) 为 $\boldsymbol{E}(\boldsymbol{u}) = \|\boldsymbol{u} - \boldsymbol{f}\|_{L_1} + \alpha\,\|\boldsymbol{W}\boldsymbol{u}\|_{\mathrm{TV}}$，等价空域图像降噪能量泛函；若 $g(x) = 1$，式 (6.67) 的能量泛函为 $\boldsymbol{E}(\boldsymbol{u}) = \|\boldsymbol{A}\boldsymbol{u} - \boldsymbol{f}\|_{L_1} + \alpha\,\|\boldsymbol{W}\boldsymbol{u}\|_{\mathrm{TV}}$，等价于图像去模糊模型。

6.3.2 将原始 L_1-TV 模型转化为增广拉格朗日模型

由于式 (6.67) 的拟合项和正则项都是非光滑函数，模型求解很困难。为使模型容易求解，利用增广拉格朗日乘子技术，引入辅助变量 $\boldsymbol{\eta}$，且 $\boldsymbol{u} = \boldsymbol{\eta}$，将式 (6.67)

转化为有约束条件的最优化问题，表达式为

$$\boldsymbol{u} = \inf_{\boldsymbol{u}=\boldsymbol{\eta}} \{\boldsymbol{E}(\boldsymbol{u})\} \tag{6.68}$$

由增广拉格朗日原理，将有约束条件的最优化问题式（6.68）转化为容易处理的无约束条件的最优化问题，表达式为

$$(\boldsymbol{u}, \boldsymbol{\eta}; \boldsymbol{\lambda}) = \sup_{\boldsymbol{\lambda}} \inf_{\boldsymbol{u},\boldsymbol{\eta}} \{\boldsymbol{E}(\boldsymbol{u}, \boldsymbol{\eta};\boldsymbol{\lambda})\} \tag{6.69}$$

式中，$\boldsymbol{E}(\boldsymbol{u}, \boldsymbol{\eta}; \boldsymbol{\lambda}) = \|\boldsymbol{A}\boldsymbol{u} - \boldsymbol{f}\|_{L_1} + \alpha g(x) \|\boldsymbol{W}\boldsymbol{u}\|_{\mathrm{TV}} + \boldsymbol{\lambda}(\boldsymbol{u} - \boldsymbol{\eta}) + \dfrac{\beta}{2}\|\boldsymbol{u} - \boldsymbol{\eta}\|_{L_2}^2$；sup 表示上确界；$g(x)$ 为权函数；$\boldsymbol{\lambda}$ 为拉格朗日乘子；β 为惩罚参数。

6.3.3 将增广拉格朗日模型分裂为两个子问题

最小化目标函数式（6.69）无法同时获得最优解 $\hat{\boldsymbol{u}}$、$\hat{\boldsymbol{\eta}}$。最近发展起来一种引人注目的变量分裂交替迭代算法，该算法将目标函数分裂为几个子问题，形成交替迭代算法，在鞍点问题处理中获得广泛应用。若 $\boldsymbol{v}^0$、$\boldsymbol{\eta}^0$、$\boldsymbol{\lambda}^0$ 的初始值已知，应用交替迭代算法，将式（6.69）分裂为下列两个子问题 [27]，表达式如下所示。

（1）计算 $\boldsymbol{u}^t$ 子问题，表达式为

$$\boldsymbol{E}\left(\boldsymbol{u}^t, \boldsymbol{\eta}^{t-1};\boldsymbol{\lambda}^t\right) \leqslant \boldsymbol{E}\left(\boldsymbol{u}, \boldsymbol{\eta}^{t-1};\boldsymbol{\lambda}^t\right) \tag{6.70}$$

（2）计算 $\boldsymbol{\eta}^t$ 子问题，表达式为

$$\boldsymbol{E}\left(\boldsymbol{u}^t, \boldsymbol{\eta}^t;\boldsymbol{\lambda}^t\right) \leqslant \boldsymbol{E}\left(\boldsymbol{u}^t, \boldsymbol{\eta};\boldsymbol{\lambda}^t\right) \tag{6.71}$$

（3）更新拉格朗日乘子，表达式为

$$\boldsymbol{\lambda}^{t+1} = \boldsymbol{\lambda}^t + \beta\left(\boldsymbol{u}^t - \boldsymbol{\eta}^t\right) \tag{6.72}$$

6.3.4 将两个子问题转化为对偶模型

给定 $\boldsymbol{\eta}^{t-1}$ 和 $\boldsymbol{\lambda}^t$，子问题式（6.70）转化为 $\boldsymbol{u}$ 的表达式，整理有

$$\boldsymbol{E}_1(\boldsymbol{u}) = \frac{\beta}{2}\|\boldsymbol{u}\|_{L_2}^2 + \left\langle \boldsymbol{u}, \boldsymbol{\lambda}^t + \boldsymbol{A} - \beta\boldsymbol{\eta}^{t-1}\right\rangle + \alpha\, g(x)\|\boldsymbol{W}\boldsymbol{u}\|_{\mathrm{TV}} + C \tag{6.73}$$

式中，C 表示与 $\boldsymbol{u}$ 无关的常数。从式（6.73）可知，该能量泛函是 $\boldsymbol{u}$ 的非光滑函数，无法直接求解。为解决此问题，将光滑与非光滑部分分离，最小化表达式为

$$\boldsymbol{u}=\inf_{\boldsymbol{u}}\{\boldsymbol{E}_{11}(\boldsymbol{u})+\boldsymbol{R}_{11}(\boldsymbol{D}\boldsymbol{u})\} \tag{6.74}$$

式中，$\boldsymbol{E}_{11}(\boldsymbol{u})$ 和 $\boldsymbol{R}_{11}(\boldsymbol{u})$ 分别为

$$\boldsymbol{E}_{11}(\boldsymbol{u})=\frac{\beta}{2}\|\boldsymbol{u}\|_{L_2}^2+\langle\boldsymbol{u},\boldsymbol{\lambda}^t+\boldsymbol{A}-\beta\boldsymbol{\eta}^{t-1}\rangle \tag{6.75}$$

$$\boldsymbol{R}_{11}(\boldsymbol{u})=\alpha g(x)\|\boldsymbol{W}\boldsymbol{u}\|_{\mathrm{TV}} \tag{6.76}$$

式 (6.74) 的对偶表达式为

$$\boldsymbol{v}=\sup_{\boldsymbol{v}}\{-\boldsymbol{E}_{11}^*(-\boldsymbol{D}^*\boldsymbol{v})-\boldsymbol{R}_{11}^*(\boldsymbol{v})\} \tag{6.77}$$

式中，$-\boldsymbol{D}^*$ 是散度算子；$\boldsymbol{v}$ 是 $\boldsymbol{u}$ 的对偶；$\boldsymbol{E}_{11}^*$ 和 $\boldsymbol{R}_{11}^*$ 分别是 $\boldsymbol{E}_{11}$ 和 $\boldsymbol{R}_{11}$ 的 Fenchel 对偶，表达式分别为

$$\begin{aligned}\boldsymbol{E}_{11}^*(-\boldsymbol{D}^*\boldsymbol{v})&=\sup_{\boldsymbol{u}}\{(-\boldsymbol{D}^*\boldsymbol{v},\boldsymbol{u})-\boldsymbol{E}_{11}(\boldsymbol{u})\}\\&=\frac{1}{2\beta}\left\|\boldsymbol{D}^*\boldsymbol{v}-\left(\boldsymbol{\lambda}^t+\boldsymbol{A}-\beta\boldsymbol{\eta}^{t-1}\right)\right\|_{\mathrm{L}_2}^2\end{aligned} \tag{6.78}$$

$$\boldsymbol{R}_{11}^*(\boldsymbol{v})=\sup_{\boldsymbol{u}}\{(\boldsymbol{v},\boldsymbol{u})-\boldsymbol{R}_{11}(\boldsymbol{u})\}=\begin{cases}0, & |\boldsymbol{v}|\leqslant\alpha g(x)\\+\infty, & \text{其他}\end{cases} \tag{6.79}$$

将式 (6.78) 和式 (6.79) 代入式 (6.77)，则有

$$\begin{aligned}&\sup_{\boldsymbol{v}}\{-\boldsymbol{E}_{11}^*(-\boldsymbol{D}^*\boldsymbol{v})-\boldsymbol{R}_{11}^*(\boldsymbol{v})\}\\&=\sup_{|\boldsymbol{v}|\leqslant ag(x)}\left\{-\frac{1}{2\beta}\left\|\boldsymbol{D}^*\boldsymbol{v}-\left(\boldsymbol{\lambda}^t+\boldsymbol{A}-\beta\boldsymbol{\eta}^{t-1}\right)\right\|_{L_2}^2\right\}\\&=\inf_{|\boldsymbol{v}|\leqslant ag(x)}\left\{\frac{1}{2\beta}\left\|\boldsymbol{D}^*\boldsymbol{v}-\left(\boldsymbol{\lambda}^t+\boldsymbol{A}-\beta\boldsymbol{\eta}^{t-1}\right)\right\|_{L_2}^2\right\}\\&=\inf_{|\boldsymbol{v}|^2-a^2g^2(x)\leqslant 0}\left\{\frac{1}{2\beta}\left\|\boldsymbol{D}^*\boldsymbol{v}-\left(\boldsymbol{\lambda}^t+\boldsymbol{A}-\beta\boldsymbol{\eta}^{t-1}\right)\right\|_{L_2}^2\right\}\end{aligned} \tag{6.80}$$

利用拉格朗日乘子，将式 (6.80) 有约束条件的最优化问题转化为无约束条件的最优化问题，表达式为

$$\frac{1}{2\beta}\left\|\boldsymbol{D}^*\boldsymbol{v}-\left(\boldsymbol{\lambda}^t+\boldsymbol{A}-\beta\boldsymbol{\eta}^{t-1}\right)\right\|_{L_2}^2+\lambda_1\left(|\boldsymbol{v}|^2-\alpha^2g^2\right)=0 \tag{6.81}$$

式中，拉格朗日乘子 $\lambda_1 \geqslant 0$。由 KKT 条件，式（6.81）的一阶导数为

$$-\frac{1}{\beta}\boldsymbol{\nabla}\left(\boldsymbol{D}^*\boldsymbol{v}-\left(\boldsymbol{\lambda}^t+\boldsymbol{A}-\beta\boldsymbol{\eta}^{t-1}\right)\right)+2\lambda_1\boldsymbol{v}=0 \tag{6.82}$$

式（6.82）的互补条件为

$$\lambda_1\left(|\boldsymbol{v}|^2-a^2g^2(x)\right)=0 \tag{6.83}$$

由式（6.83）可知，当 $|\boldsymbol{v}|^2-a^2g^2(x)>0$，则有 $\lambda_1=0$；当 $|\boldsymbol{v}|^2-a^2g^2(x)=0$，则有 $\lambda_1>0$。为使子问题式（6.70）有意义，则 $|\boldsymbol{v}|=ag(x)$，将其代入式（6.82），移项，两边平方，则有

$$\frac{1}{\beta^2}\left|\boldsymbol{\nabla}\left(\boldsymbol{D}^*\boldsymbol{v}-\left(\boldsymbol{\lambda}^t+\boldsymbol{A}-\beta\,\boldsymbol{\eta}^{t-1}\right)\right)\right|^2=4\lambda_1^2\alpha^2g^2(x) \tag{6.84}$$

由式（6.84），则有

$$\lambda_1=\frac{\left|\boldsymbol{\nabla}\left(\boldsymbol{D}^*\boldsymbol{v}-\left(\boldsymbol{\lambda}^t+\boldsymbol{A}-\beta\boldsymbol{\eta}^{t-1}\right)\right)\right|}{2\beta\alpha g(x)} \tag{6.85}$$

将式（6.85）代入式（6.82），则有

$$\boldsymbol{\nabla}\left(\boldsymbol{D}^*\boldsymbol{v}-\left(\boldsymbol{\lambda}^t+\boldsymbol{A}-\beta\boldsymbol{\eta}^{t-1}\right)\right)+\frac{\left|\boldsymbol{\nabla}\left(\boldsymbol{D}^*\boldsymbol{v}-\left(\boldsymbol{\lambda}^t+\boldsymbol{A}-\beta\boldsymbol{\eta}^{t-1}\right)\right)\right|}{\alpha g(x)}\boldsymbol{v}=0 \tag{6.86}$$

将式（6.86）表示成不动点的形式，则有

$$(\boldsymbol{v})^{t+1}=\frac{(\boldsymbol{v})^t+\tau\boldsymbol{\nabla}\left(\boldsymbol{D}^*(\boldsymbol{v})^t-\left(\boldsymbol{\lambda}^t+\boldsymbol{A}-\beta\boldsymbol{\eta}^{t-1}\right)\right)}{1+[\tau/\alpha g(x)]\left|\boldsymbol{\nabla}\left(\boldsymbol{D}^*(\boldsymbol{v})^t-\left(\boldsymbol{\lambda}^t+\boldsymbol{A}-\beta\boldsymbol{\eta}^{t-1}\right)\right)\right|} \tag{6.87}$$

原始解 $\boldsymbol{u}$ 和对偶解 $\boldsymbol{v}$ 满足极值条件 $-\boldsymbol{D}^*\boldsymbol{v}\in\boldsymbol{\nabla}E_{11}(\boldsymbol{u})$，则有

$$-\boldsymbol{D}^*\boldsymbol{v}=\boldsymbol{\nabla}\cdot\boldsymbol{v}=\boldsymbol{\nabla}\boldsymbol{E}_{11}(\boldsymbol{u})=\beta\boldsymbol{u}+\boldsymbol{\lambda}^t+\boldsymbol{A}-\beta\boldsymbol{\eta}^{t-1} \tag{6.88}$$

对式（6.88）进行整理，写成迭代形式，则有

$$\boldsymbol{u}^{t+1}=\frac{1}{\beta}\left[\boldsymbol{\nabla}\cdot(\boldsymbol{v})^{t+1}-\left(\boldsymbol{\lambda}^t+\boldsymbol{A}-\beta\boldsymbol{\eta}^{t-1}\right)\right] \tag{6.89}$$

将式（6.87）迭代获得的对偶解 $\boldsymbol{v}$, 代入式（6.89），获得原始解 $\boldsymbol{u}$。

给定 $\boldsymbol{u}^{t+1}$ 和 $\boldsymbol{\lambda}^t$，子问题式（6.71）转化为 $\boldsymbol{\eta}$ 的表达式，整理有

$$\boldsymbol{E}(\boldsymbol{\eta})=\frac{\beta}{2}\|\boldsymbol{u}-\boldsymbol{\eta}\|_{L_2}^2+\lambda(\boldsymbol{u}-\boldsymbol{\eta}) \tag{6.90}$$

式 (6.81) 获得极值条件是一阶导数为零，将获得的表达式写成迭代形式，则有

$$\boldsymbol{\eta}^{t+1}=\boldsymbol{u}^{t+1}-\frac{\boldsymbol{\lambda}^t}{\beta} \tag{6.91}$$

将式 (6.91) 写成松弛迭代的形式，表达式为

$$\boldsymbol{\eta}^{t+1}=\boldsymbol{\eta}^t+\tau\left(\boldsymbol{u}^{t+1}-\frac{\boldsymbol{\lambda}^t}{\beta}-\boldsymbol{\eta}^t\right) \tag{6.92}$$

6.3.5 对偶模型迭代算法收敛分析

定理 6.2 若 $\tau<1/8$，由式 (6.87) 产生的序列对偶变量 $\left\{(\boldsymbol{v})^t\right\}$ 收敛到对偶子问题的最优解 $\hat{\boldsymbol{v}}$。

证明 式 (6.86) 等价发展型偏微分方程，表达式为

$$\frac{(\boldsymbol{v})^{t+1}-(\boldsymbol{v})^t}{\tau}=\boldsymbol{\nabla}\left(\boldsymbol{D}^*(\boldsymbol{v})^t-\boldsymbol{\gamma}^{t-1}\right)-\frac{\left|\boldsymbol{\nabla}\left(\boldsymbol{D}^*(\boldsymbol{v})^t-\boldsymbol{\gamma}^{t-1}\right)\right|}{\alpha g(x)}(\boldsymbol{v})^{t+1} \tag{6.93}$$

式中，$\boldsymbol{\gamma}^{t-1}=\boldsymbol{\lambda}^t+\boldsymbol{A}-\beta\boldsymbol{\eta}^{t-1}$。令 $\dfrac{\boldsymbol{v}^{t+1}-\boldsymbol{v}^t}{\tau}=\boldsymbol{\rho}$，$\omega=\sup\limits_{\|\boldsymbol{\rho}\|\leqslant 1}\|\boldsymbol{D}^*\boldsymbol{\rho}\|$。由递推原理，则有

$$\begin{aligned}
&\left\|\boldsymbol{\nabla}\left(\boldsymbol{D}^*(\boldsymbol{v})^{t+1}-\boldsymbol{\gamma}^{t-1}\right)\right\|^2\\
=&\left\|\boldsymbol{\nabla}\left(\boldsymbol{D}^*(\boldsymbol{v})^t-\boldsymbol{\gamma}^{t-1}\right)\right\|^2+2\tau\left[\left\langle\boldsymbol{D}^*\boldsymbol{\rho},\boldsymbol{D}^*(\boldsymbol{v})^t-\boldsymbol{\gamma}^{t-1}\right\rangle+\tau^2\|\boldsymbol{D}^*\boldsymbol{\rho}\|\right]\\
\leqslant&\left\|\boldsymbol{\nabla}\left(\boldsymbol{D}^*(\boldsymbol{v})^t-\boldsymbol{\gamma}^{t-1}\right)\right\|^2-\tau\left[2\left\langle\boldsymbol{\rho},\boldsymbol{\nabla}\left(\boldsymbol{D}^*(\boldsymbol{v})^t-\boldsymbol{\gamma}^{t-1}\right)\right\rangle-\tau\omega^2\|\boldsymbol{\rho}\|\right]
\end{aligned} \tag{6.94}$$

式 (6.94) 最后一项的离散形式满足下列关系:

$$\begin{aligned}
&2\left\langle\boldsymbol{\rho},\nabla\left(\boldsymbol{D}^*(\boldsymbol{v})^t-\boldsymbol{\gamma}^{t-1}\right)\right\rangle-\tau\omega^2\|\boldsymbol{\rho}\|\\
=&\sum_{i,j}\left[2\rho_{ij}\boldsymbol{\nabla}\left(\boldsymbol{D}^*(\boldsymbol{v})^t-\boldsymbol{\gamma}^{t-1}\right)_{ij}-\tau\omega^2\left|\rho_{ij}\right|^2\right]
\end{aligned} \tag{6.95}$$

令 $\boldsymbol{\Phi}=\dfrac{\left|\boldsymbol{\nabla}\left(\boldsymbol{D}^*(\boldsymbol{v})^t-\boldsymbol{\gamma}^{t-1}\right)\right|}{\alpha g(x)}(\boldsymbol{v}^*)^{t+1}$，则有

$$\boldsymbol{\rho} = \boldsymbol{\nabla}\left(\boldsymbol{D}^*(\boldsymbol{v})^t - \boldsymbol{\gamma}^{t-1}\right) - \boldsymbol{\Phi} \tag{6.96}$$

由发展型偏微分方程，则有

$$\begin{aligned} & 2\rho_{ij}\boldsymbol{\nabla}\left(\boldsymbol{D}^*(\boldsymbol{v})^t - \boldsymbol{\gamma}^{t-1}\right)_{ij} - \tau\omega^2\left|\rho_{ij}\right|^2 \\ & = \left(1-\tau\omega^2\right)\left|\rho_{ij}\right|^2 + \left(\left|\boldsymbol{\nabla}\left(\boldsymbol{D}^*(\boldsymbol{v})^t - \boldsymbol{\gamma}^{t-1}\right)_{ij}\right|^2 - \left|\rho_{ij}\right|^2\right) \end{aligned} \tag{6.97}$$

由限制条件 $\left|(\boldsymbol{v})^{t+1}\right| \leqslant \alpha g(x)$，$\tau\omega^2 \leqslant 1$，若式 (6.97) 最后一项满足关系 $\left|\boldsymbol{\nabla}(\boldsymbol{D}^*(\boldsymbol{v})^t - \boldsymbol{\gamma}^{t-1})_{ij}\right|^2 \geqslant \left|\rho_{ij}\right|^2$，则式 (6.94) 满足下列关系:

$$\left\|\boldsymbol{\nabla}\left(\boldsymbol{D}^*(\boldsymbol{v})^{t+1} - \boldsymbol{\gamma}^t\right)\right\|^2 - \left\|\boldsymbol{\nabla}\left(\boldsymbol{D}^*(\boldsymbol{v})^t - \boldsymbol{\gamma}^{t-1}\right)\right\|^2 \leqslant 0 \tag{6.98}$$

因此，由对偶表达式产生的序列 $\left\{(\boldsymbol{v})^t\right\}$ 是递减的，从而有 $\lim\limits_{t\to\infty}(\boldsymbol{v})^t \to \hat{\boldsymbol{v}}$。证毕。

6.4 L_1-TV 型正则化的对偶模型在图像恢复中的应用

6.4.1 L_1-TV 型正则化中的对偶分裂迭代算法

图像恢复对偶分裂迭代算法的具体步骤如下。

步骤 1 设置 β，$\alpha \geqslant 0$，$\boldsymbol{\eta}^0$，$\boldsymbol{\lambda}^0$；

步骤 2 计算式 (6.87) 获得对偶变量 $(\boldsymbol{v})^{t+1}$；

步骤 3 计算式 (6.89) 获得原始变量 $\boldsymbol{u}^{t+1}$；

步骤 4 计算式 (6.92) 获得辅助变量 $\boldsymbol{\eta}^{t+1}$；

步骤 5 计算式 (6.72) 更新拉格朗日乘子 $\boldsymbol{\lambda}^{t+1}$；

步骤 6 若 $\left\|\boldsymbol{E}\left(\boldsymbol{u}^{t+1},\boldsymbol{\eta}^{t+1};\boldsymbol{\lambda}^{t+1}\right) - \boldsymbol{E}\left(\boldsymbol{u}^t,\boldsymbol{\eta}^t;\boldsymbol{\lambda}^t\right)\right\| \leqslant \varepsilon$，转到步骤 7，否则，设置 $t=t+1$，转到步骤 2；

步骤 7 循环结束，输出恢复系数 $\boldsymbol{v}^{t+1}$，进行紧框架逆变换 $\boldsymbol{W}^{\mathrm{T}}\boldsymbol{u}^{t+1}$，获得恢复图像。

6.4.2 对偶分裂迭代算法在图像恢复中的应用

利用模拟与真实图像进行恢复实验。采用快速迭代软阈值算法（算法 1）、分裂 Bregman 迭代算法（算法 2）和对偶分裂迭代算法进行恢复对比。

采用定性与定量两种方法分析图像恢复算法的有效性。在定性分析上，对合成图像，分析图像的三维表面，若恢复图像的三维表面与原始合成图像的三维表面颜色接近，说明恢复算法好。对真实图像，由于三维表面比较复杂，不利于观察，为利于分析，检测恢复图像的边缘并对局部进行放大。

用二维可分离的高斯函数生成点扩散函数，表达式为

$$p(x,y)=\frac{1}{2\pi\sigma_1\sigma_2}\exp\left[-\frac{1}{2}\left(\frac{x^2}{\sigma_1^2}+\frac{y^2}{\sigma_2^2}\right)\right] \tag{6.99}$$

式中，σ_1 和 σ_2 为水平和垂直方向的方差。利用 MATLAB 工具箱中的函数 fspecial（'gaussian', hsize, sigma）生成高斯点扩散函数，如图 6.2（a）中的 hsize=[7 7]，sigma=3，图 6.2（b）中的 hsize=[9 9]，sigma=5。

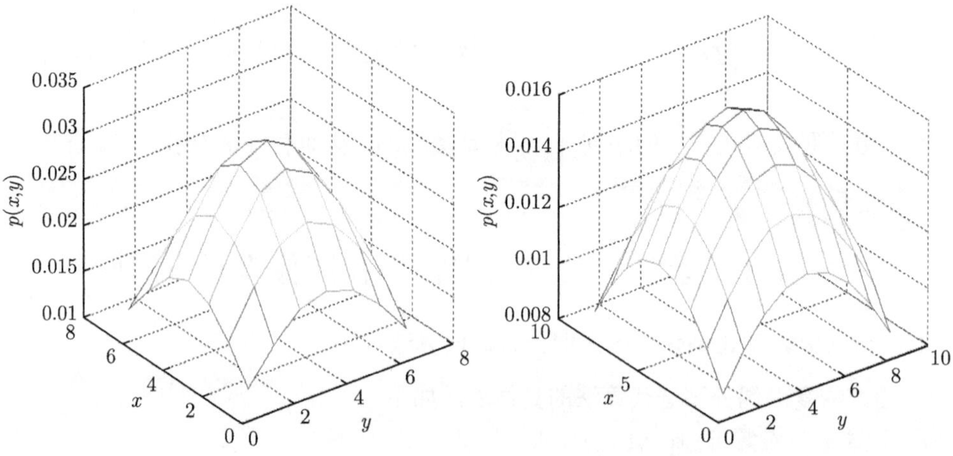

(a) 尺寸为7×7的PSF (b) 尺寸为9×9的PSF

图 6.2 点扩散函数

算子 $\boldsymbol{D}$ 采用有限前向差分进行逼近，表达式为

$$\boldsymbol{D}=\begin{bmatrix}\boldsymbol{I}_\varsigma\otimes\boldsymbol{D}_{1,\xi}\\ \boldsymbol{D}_{1,\varsigma}\otimes\boldsymbol{I}_\xi\end{bmatrix} \tag{6.100}$$

式中，$\boldsymbol{I}_\varsigma$ 和 $\boldsymbol{I}_\xi$ 是单位矩阵；$\boldsymbol{D}_{1,\xi}$ 和 $\boldsymbol{D}_{1,\varsigma}$ 分别为水平方向和垂直方向的前向差分；$\otimes$ 表示 Kronecker 积；$\boldsymbol{D}^*$ 是 $\boldsymbol{D}$ 的伴随算子，用后向差分算子逼近。

1）模拟图像恢复实验

图 6.3 为合成的模拟图像，图 6.4 为合成图像的三维表面。图 6.5 和图 6.6 为

不同算法恢复结果定性对比，表 6.2 为不同算法恢复获得的定量评价指标，表 6.3 为不同算法的执行效率。

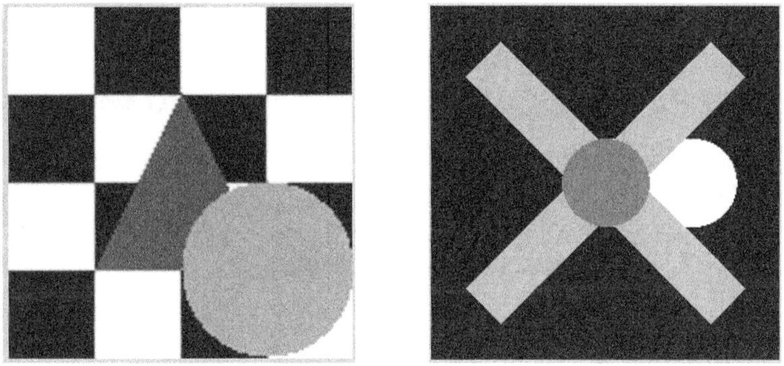

(a) 方格图像　　(b) 星形图像

图 6.3　合成的模拟图像

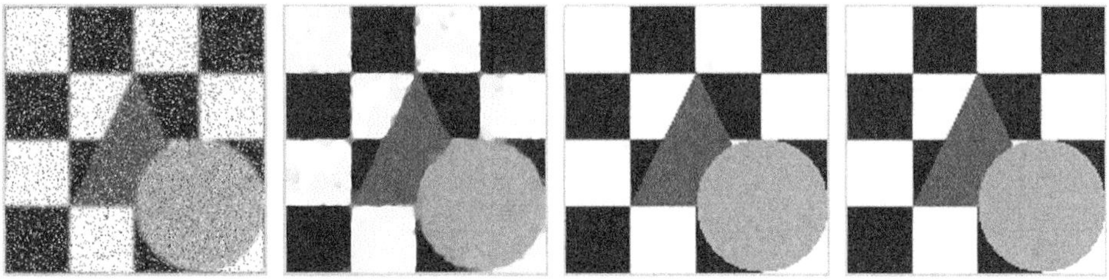

(a) 降质图像　(b) 算法1 恢复　(c) 算法2 恢复　(d) 对偶分裂迭代算法恢复

图 6.4　不同算法恢复方格性能对比

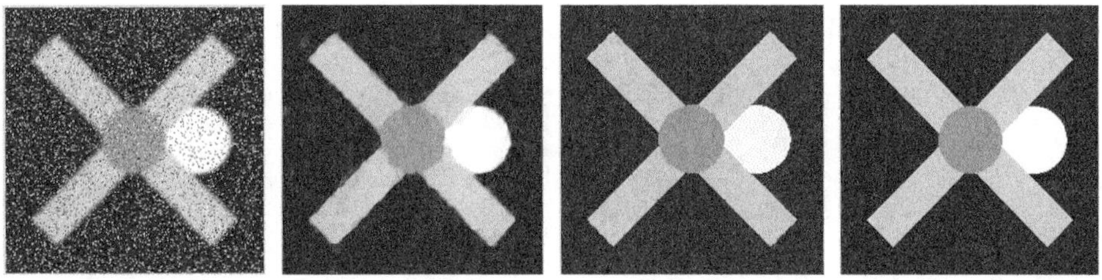

(a) 降质图像　(b) 算法1 恢复　(c) 算法2 恢复　(d) 对偶分裂迭代算法恢复

图 6.5　不同算法恢复星形性能对比

图 6.4(a) 的视觉效果非常差，从算法 1 恢复的图 6.4(b) 可知，边缘恢复效果较差。用算法 2 恢复的图像好于算法 1，但边缘恢复效果不理想。而对偶分裂迭代

算法恢复性能较好。从图 6.5(a) 可知，图像视觉效果非常不理想，算法 1 恢复的图 6.5(b)，边缘模糊，在平稳区域产生斑点。算法 2 恢复图像的视觉效果好于算法 1。而对偶分裂迭代算法恢复的三维表面几乎接近原始图像的三维表面，说明图像恢复性能比较理想。

从表 6.2 可知，用算法 1 获得 RE、MAE 数值最大，PSNR、SSIM 数值最小，对偶分裂迭代算法获得的 RE、MAE 数值最小，PSNR、SSIM 数值最大，说明对偶分裂迭代算法恢复性能最好，算法 1 恢复性能最差。从表 6.3 算法执行时间来说，对偶分裂迭代算法的执行效率高于其他两种算法。

表 6.2 不同恢复算法性能比较

图像	指标	模糊图像	算法 1	算法 2	对偶分裂迭代算法
图 6.4	RE	3.933727e−001	1.320574e−001	1.334719e−002	7.325096e−003
	MAE	1.050886e−001	7.366515e−002	2.241756e−003	1.066203e−003
	PSNR	1.142719e+001	2.044558e+001	4.124198e+001	4.627920e+001
	SSIM	8.227003e−002	6.707996e−001	9.982044e−001	9.994703e−001
图 6.5	RE	6.351934e−001	2.149518e−001	2.420877e−002	1.440934e−002
	MAE	9.135196e−002	7.610244e−002	1.550415e−003	8.978289e−004
	PSNR	1.146809e+001	2.025009e+001	4.028203e+001	4.469078e+001
	SSIM	5.585822e−002	3.419366e−001	9.980041e−001	9.992749e−001

表 6.3 不同算法执行时间对比 (单位：s)

算法	算法 1	算法 2	对偶分裂迭代算法
图 6.4	108.0429	27.2188	26.8594
图 6.5	108.3073	28.4219	26.8906

2）真实图像恢复实验

图 6.6 为真实图像，图 6.7~图 6.10 为不同算法恢复结果定性对比。表 6.4 为不同算法获得的定量评价指标，表 6.5 为不同算法的执行效率。

(a) Camera (b) Rose (c) Toy (d) Panda

图 6.6 原始图像

从定性结果来看，对于 Camera 图像，用算法 1 恢复效果较差，图像的纹理几乎全部消失，如图 6.7(b) 所示。算法 2 恢复效果好于算法 1，但从图 6.7(k) 可知，产生边缘丢失现象，说明算法 2 在某种程度上抹杀了图像的边缘。而对偶分裂迭代算法恢复图像的边缘接近原始图像的边缘，局部放大图如图 6.7(l) 所示。

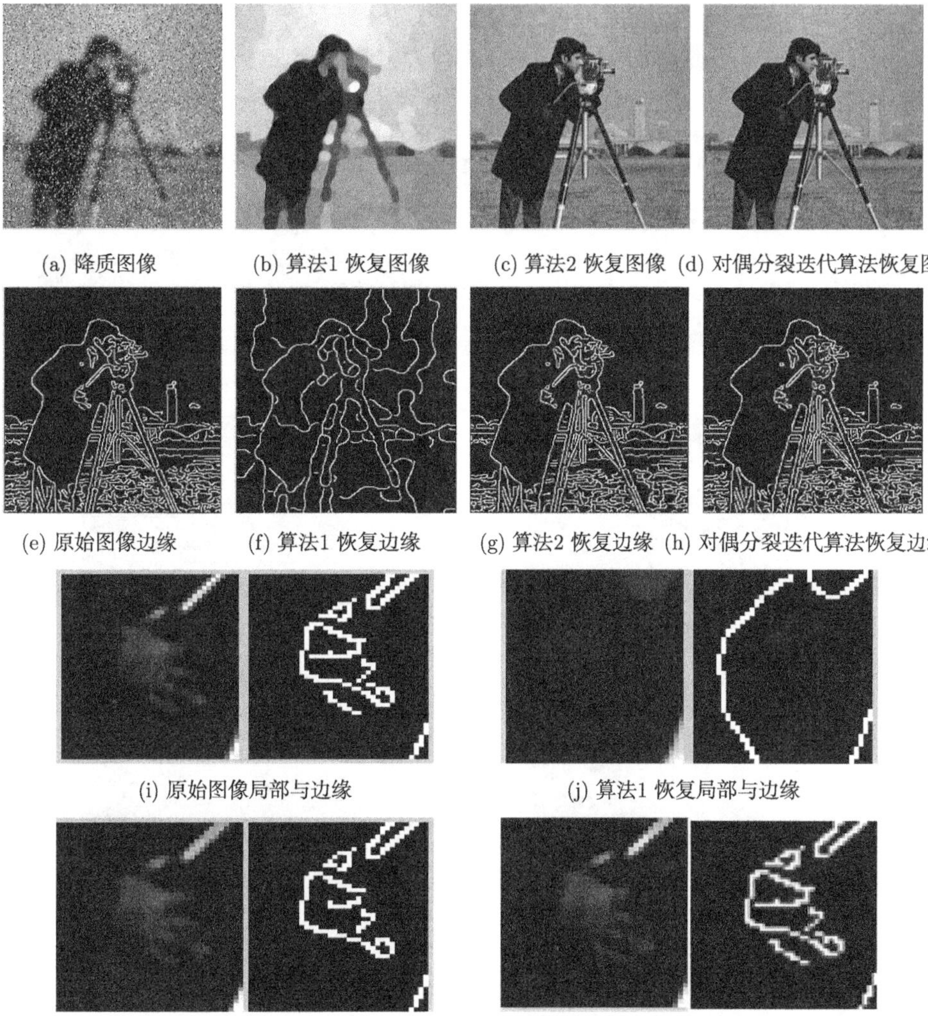

(a) 降质图像 (b) 算法1 恢复图像 (c) 算法2 恢复图像 (d) 对偶分裂迭代算法恢复图像

(e) 原始图像边缘 (f) 算法1 恢复边缘 (g) 算法2 恢复边缘 (h) 对偶分裂迭代算法恢复边缘

(i) 原始图像局部与边缘 (j) 算法1 恢复局部与边缘

(k) 算法2 恢复局部与边缘 (l) 对偶分裂迭代算法恢复局部与边缘

图 6.7 不同算法恢复的 Camera 图像和边缘

对于 Rose 图像，算法 1 恢复图像效果不理想，将小幅值边缘几乎全部抹杀，如图 6.8(f) 和 6.8(j) 所示。算法 2 恢复性能好于算法 1，但从图 6.8(g) 和局部放大图 6.8(k) 可知，恢复图像产生虚假边缘和边缘丢失现象。而对偶分裂迭代算法产生的边缘好于算法 2，但有少许边缘丢失。

(a) 降质图像　(b) 算法1 恢复图像　(c) 算法2 恢复图像　(d) 对偶分裂迭代算法恢复图像

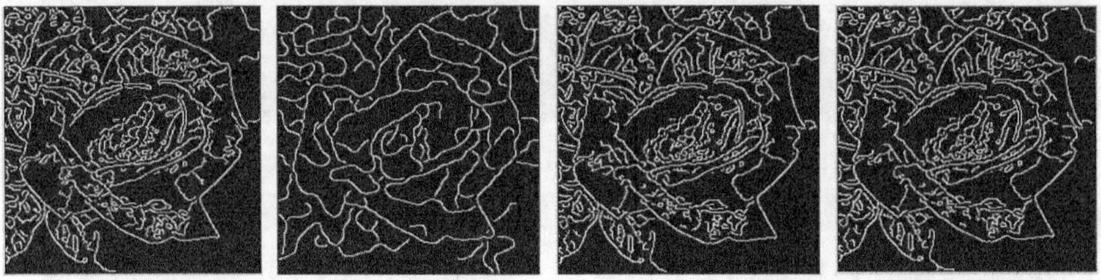

(e) 原始图像边缘　(f) 算法1 恢复边缘　(g) 算法2 恢复边缘　(h) 对偶分裂迭代算法恢复边缘

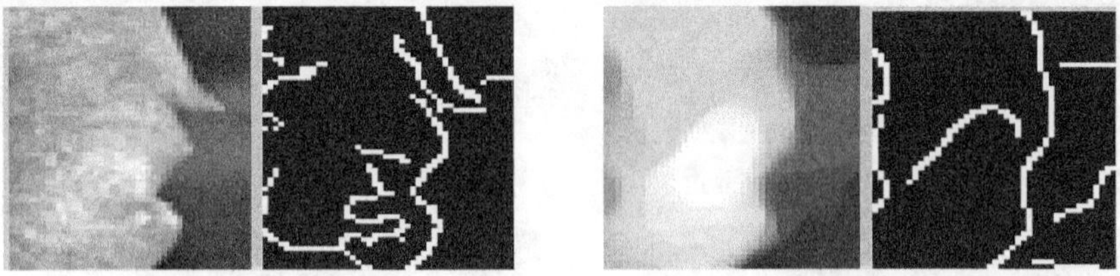

(i) 原始图像局部与边缘　(j) 算法1 恢复局部与边缘

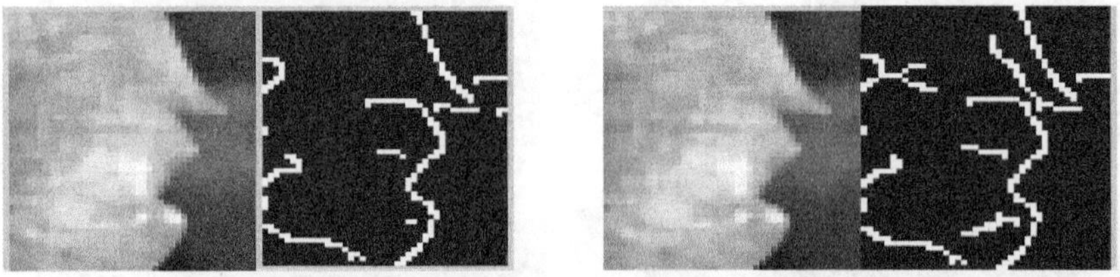

(k) 算法2 恢复局部与边缘　(l) 对偶分裂迭代算法恢复局部与边缘

图 6.8　不同算法恢复的 Rose 图像和边缘

对于 Toy 图像，算法 1 恢复效果最差，大量边缘被抹杀，如图 6.9(f) 所示，“熊手”的边缘明显少于图 6.9(g) 的边缘，且“小狗”尾巴的上方的“圈”边缘丢失，从图 6.9(k) 可知，恢复图像比较模糊。而用对偶分裂迭代算法，恢复图像边缘几乎与原始图像的边缘一致。

对于 Panda 图像，算法 1 几乎无法恢复出原始图像。算法 2 恢复性能好于算法 1，但产生虚假边缘，如图 6.10(k) 所示。对偶分裂迭代算法恢复性能好于算法 2，如图 6.10(l) 所示。

(a) 降质图像 (b) 算法1 恢复图像 (c) 算法2 恢复图像 (d) 对偶分裂迭代算法恢复图像

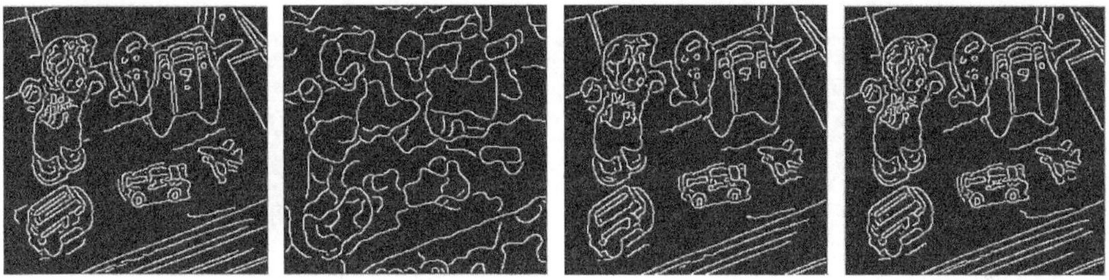

(e) 原始图像边缘 (f) 算法1 恢复边缘 (g) 算法2 恢复边缘 (h) 对偶分裂迭代算法恢复边缘

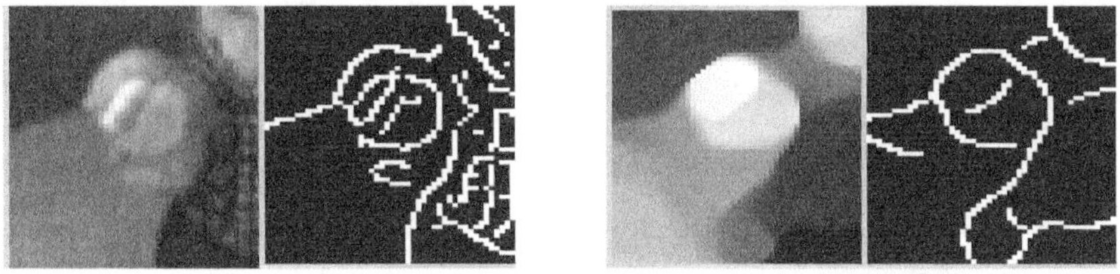

(i) 原始图像局部与边缘 (j) 算法1 恢复局部与边缘

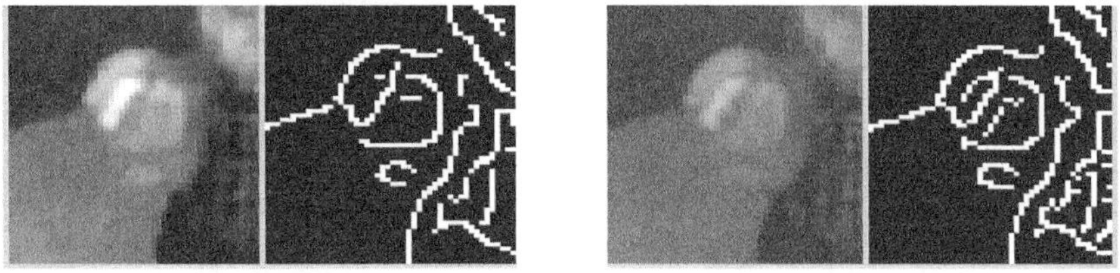

(k) 算法2 恢复局部与边缘 (l) 对偶分裂迭代算法恢复局部与边缘

图 6.9 不同算法恢复的 Toy 图像和边缘

(a) 降质图像 (b) 算法1 恢复图像 (c) 算法2 恢复图像 (d) 对偶分裂迭代算法恢复图像

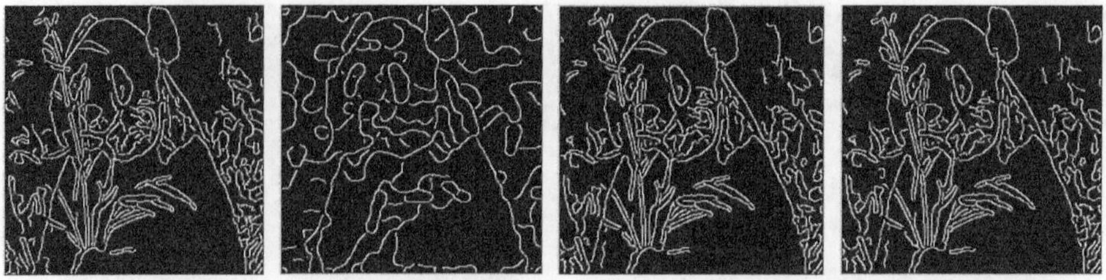

(e) 原始图像边缘　(f) 算法1 恢复边缘　(g) 算法2 恢复边缘　(h) 对偶分裂迭代算法恢复边缘

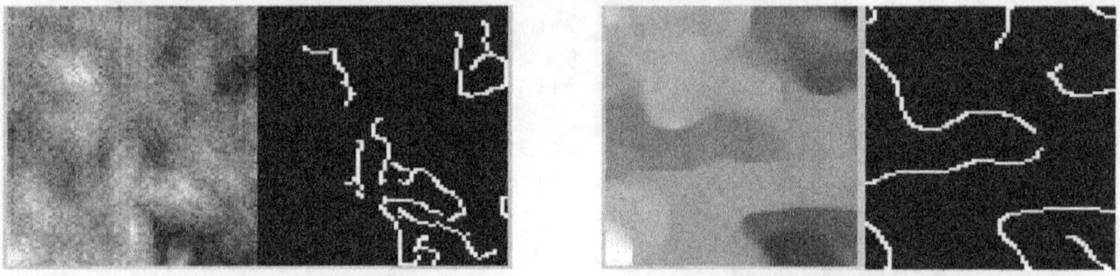

(i) 原始图像局部与边缘　(j) 算法1 恢复局部与边缘

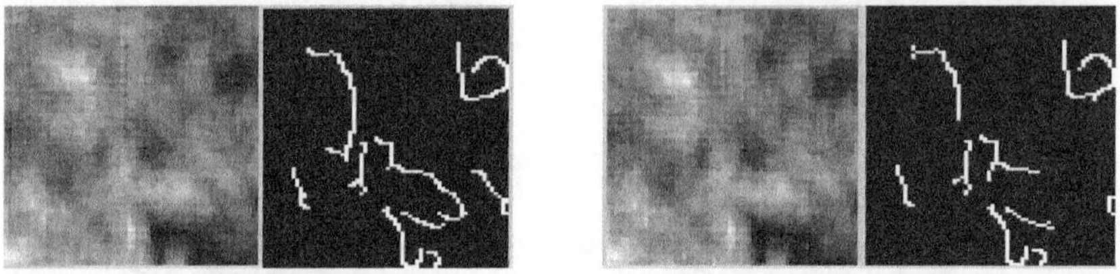

(k) 算法2 恢复局部与边缘　(l) 对偶分裂迭代算法恢复局部与边缘

图 6.10　不同算法恢复的 Panda 图像和边缘

表 6.4　不同恢复算法性能比较

图像	指标	模糊图像	算法 1	算法 2	对偶分裂算法
Camera	RE	4.295978e−001	1.881439e−001	3.686391e−002	3.307533e−002
	MAE	1.049845e−001	6.485099e−002	1.004886e−002	9.216241e−003
	PSNR	1.303739e+001	1.748656e+001	3.471406e+001	3.532667e+001
	SSIM	7.619893e−002	6.045557e−001	9.633593e−001	9.670797e−001
Rose	RE	5.372214e−001	2.065414e−001	4.975735e−002	4.868342e−002
	MAE	1.086520e−001	6.584117e−002	1.314989e−002	1.284426e−002
	PSNR	1.325570e+001	1.928882e+001	3.381563e+001	3.403146e+001
	SSIM	7.137842e−002	4.971614e−001	9.346803e−001	9.370914e−001
Toy	RE	6.358498e−001	1.873146e−001	4.180725e−002	2.247656e−002
	MAE	9.338897e−002	4.815765e−002	8.195352e−003	4.798288e−003
	PSNR	1.141297e+001	1.965226e+001	3.479096e+001	4.019817e+001
	SSIM	4.576130e−002	6.480754e−001	9.456041e−001	9.786668e−001
Panda	RE	4.484211e−001	1.624435e−001	4.218766e−002	4.056002e−002
	MAE	1.096722e−001	6.530430e−002	1.565650e−002	1.517244e−002
	PSNR	1.287142e+001	2.073239e+001	3.328611e+001	3.364485e+001
	SSIM	6.786659e−002	5.025961e−001	8.860073e−001	8.908418e−001

表 6.5 不同算法执行时间对比 (单位：s)

算法	算法 1	算法 2	对偶分裂迭代算法
图 6.7 Camera	105.3401	28.5938	26.1056
图 6.8 Rose	108.6845	30.2188	28.0125
图 6.9 Toy	104.2651	29.4219	28.2675
图 6.10 Panda	109.1422	29.2656	27.3292

从表 6.4 定量评价结果来看，用算法 1 获得的 RE、MAE 最大，PSNR 和 SSIM 数值最小，说明该算法恢复效果最差，这与定性视觉分析效果相吻合。用对偶分裂迭代算法获得的 RE、MAE 最小，PSNR 和 SSIM 数值最大，说明该算法恢复效果最好。从表 6.5 算法执行时间来看，对偶分裂迭代算法的执行效率高于其他两种算法。这是由于算法 1 是依赖梯度的一阶算法，复杂度为 $O(\varsigma\xi)$，$\varsigma\xi$ 是像素数，而算法 2 是近似 LM 算法的二阶算法，复杂度为 $O(\varsigma\xi\ln(\varsigma\xi))$，对偶分裂迭代算法可并行实现，复杂度为 $O(\varsigma\xi\ln(\varsigma\xi))$。但是，算法 2 要计算 4 个变量，而对偶分裂迭代算法只需要计算 3 个变量。

参 考 文 献

[1] 张恭庆. 变分学讲义 [M]. 北京：高等教育出版社，2010.

[2] Rockafellar R T. Convex Analysis [M]. Princeton: Princeton University Press, 1997.

[3] Aubert G, Kornprobst P. Mathematical Problems in Image Processing, Partial Differential Equations and the Calculus of Variations [M]. New York: Springer-Verlag, 2006.

[4] 颜庆津. 数值分析 [M]. 北京：北京航空航天大学出版社，1999.

[5] Adams R A, Fournier J F. Sobolev Spaces [M]. Singapore: Elsevier Pte Ltd, 2009.

[6] Hao Y, Xu J L. An effective dual method for multiplicative noise removal [J]. Journal of Visual Communication and Image Representation, 2014, 25(2): 306-312.

[7] Bonettini S, Ruggiero V. An alternating extragradient method for total variation based image restoration from Poisson data [J]. Inverse Problems, 2011, 27(9): 1-28.

[8] Chen F G, Jiao Y L, Ma G R, et al. Hybrid regularization image deblurring in the presence of impulsive [J]. Journal of Visual Communication and Image Representation, 2013, 24(8): 1349-1359.

[9] Beck A, Teboulle M. A fast dual proximal gradient algorithm for convex minimization and applications [J]. Operations Research Letters, 2014, 42(1): 1-6.

[10] Rudin L I, Osher S, Fatemi E. Nonlinear total variation based noise removal algorithms [J]. Physical D: Nonlinear Phenomena, 1992, 60(1): 259-268.

[11] Chambolle A. An algorithm for total variation minimization and applications [J]. Journal of Mathematical Imaging and Vision, 2004, 20(1-2): 89-97.

[12] Liu X W, Huang L H, Guo Z Y. Adaptive fourth-order partial differential equation filter

for image denoising [J]. Applied Mathematics Letters，2011，24(8): 1282-1288.

[13] Cai J F, Dong B, Osher S, et al. Image restoration: Total variation, wavelet frames, and beyond [J]. Journal of the American Mathematical Society, 2012, 25(4): 1033-1089.

[14] Ji H, Shen Z W, Xu Y H. Wavelet frame based scene reconstruction from range data [J]. Journal of Computational Physics, 2010, 229(6): 2093-2108.

[15] Han B. Symmetric tight framelet filter banks with three high-pass filters [J]. Applied and Computational Harmonic Analysis, 2014, 37(1): 140-161.

[16] 田丹, 薛定宇, 陈大力. 去除乘性噪声的分数阶变分模型及算法 [J]. 中国图象图形学报，2014, 19(12): 1751-1758.

[17] Clason C, Jin B T, Kunisch K. A duality-based splitting method for L1-TV image restoration with automatic regularization parameter choice [J]. SIAM Journal on Scientific Computing, 2010, 32(3): 1848-1505.

[18] Fadili J M, Peyre G. Total variation projection with first order schemes [J]. IEEE Transactions on Image Processing, 2011, 20(3): 657-669.

[19] Yang Y, Moller M, Osher S. A dual split Bregman method for fast ℓ^1 minimization [J]. Mathematics of computation, 2013, 82(284): 2061-2085.

[20] Sidky E Y, Jorgensen J H, Pan X. Convex optimization problem prototyping for image reconstruction in computed tomography with the Chambolle-Pock algorithm [J]. Physical in Medicine and Biology, 2011, 57(10): 3065-3091.

[21] Boyd S, Vandenberghe L. Convex Optimization [M]. Cambridge: Cambridge University Press, 2004.

[22] Guen V L. Cartoon+texture image decomposition by the TV-L1 model [J]. Image Processing on Line, 2014, 4(1): 204-219.

[23] Setzer S. Operator splittings, Bregman methods and frame shrinkage in image processing [J]. International Journal of Computer Vision, 2011, 92(3): 265-280.

[24] Nagy J G, Palmer K, Perrone L. Iterative methods for image deblurring: A matlab object-oriented approach [J]. Numerical Algorithms, 2004, 36(1): 73-93.

[25] Hansen P C, Nagy J G, O'leary D P. Deblurring Images, Matrices, Spectra, and Filtering [M]. Philadelphia: Society for Industrial and Applied Mathematics, 2006.

[26] Sidky E Y, Du Y, Ullberg C, et al. X-ray computed tomography: Advances in image formation, a constrained, total-variation minimization algorithm for low-intensity X-ray CT [J]. Medical Physics, 2011, 38(3): 117-125.

[27] Bauschke H H, Noll D. On the local convergence of the Douglas-Rachford algorithm[J]. Archiv Der Mathematik, 2014, 102(6): 589-600.

第 7 章 原始–对偶模型分裂原理及在图像恢复中的应用

一般说，为准确描述图像的特性，能量泛函正则化模型中的拟合项、正则项需要用非线性、非光滑函数来建模 [1,2]，模型的非可微分特性导致模型计算十分困难，尽管可以利用光滑技术，对非可微分的拟合项或正则项进行光滑逼近，但是，逼近技术的参数调节往往比较复杂，造成逼近解的有效性不太理想。此外，优化算法的收敛特性往往依赖逼近参数，逼近参数的调节对收敛速度产生重要影响 [3,4]。为解决此类问题，在第 5 章中，研究非可微分函数与迫近算子的关系，利用 Bregman 距离、ADMM 将原始能量泛函正则化模型分裂为多个子问题，子问题交替迭代形成高效、快速分裂迭代算法。例如，根据拟合项的可微分特性和正则项的非可微分特性，构造原始能量泛函正则化模型的逼近模型，将逼近模型分裂为“拟合项”牛顿迭代子问题和“正则项”迫近迭代子问题。

国内外众多学者研究发现，在原始空间中无法解决的问题，利用对偶变换，例如，在电工原理中，常将研究电流问题转化为研究电压问题，将研究电感问题转化为研究电容问题，将机械问题转化为具有电容、电感和电阻构成的闭合电路问题，抛开具体的电路参数，它们对应的都是常微分方程或偏微分方程，利用拉普拉斯变换，很容易将转化模型变成简单的代数模型，非常容易求解。在图像处理、压缩感知等问题中，常将非光滑能量泛函正则化模型转化为对偶模型，利用对偶模型具有较好的特性（如光滑性）进行优化算法设计。此外，获得的对偶模型一般为有约束条件的最优化问题，有约束条件最优化问题可以转化为拉格朗日乘子问题或增广拉格朗日乘子问题 [5]，而这类模型非常容易求解。大量研究表明，利用对偶模型获得的解优于原始模型获得的解。在第 6 章，分析常用函数的 Fenchel 变换的特性，利用 Fenchel 变换，将原始能量泛函正则化模型转化为对偶模型，利用迫近算子，设计高效、快速分裂迭代算法 [6]。Chambolle 等首先将对偶模型应用于图像处理领域 [7]，开创对偶模型在图像处理中应用的里程碑。

近年来，在图像处理、最优控制、军事反导等领域，涌现出同时基于原始模型和对偶模型的 Primal-Dual 混合优化算法，由于其可并行实现，引起学术界和工程界的广泛关注 [8,9]。从算法利用模型的一阶导数（或次微分）或二阶导数来分，主要有一阶 Primal-Dual 混合梯度优化算法 [10] 和二阶 Primal-Dual 混合牛顿优化算法 [11]。这类优化算法的特点是，利用 Fenchel 变化、范数上确界的定义 [12]，将原始模型中的非可微分部分转化为对偶模型，或者将原始模型转化为有约束条件的最优化问题，然后引入拉格朗日乘子，获得无约束条件的最优化模型，即极小值–极大值问题，常称为鞍点问题 [13]。目前，极小值–极大值模型在图像修补 [14]、图像分割、图像解卷积和图像恢复 [15] 中得到广泛应用。而且大量实验表明，在获得解的准确性方面，利用原始–对偶模型明显优于对偶模型。在本章，将研究原始–对偶模型的特点，引出极小值–极大值问题。然后研究拟合项或正则项的经典导数不存在，借助于次微分，利用追近算子和原始、对偶变量可分离特性，研究极小值–极大值模型的分裂原理 [16]，形成一阶 Primal-Dual 混合梯度迭代算法，这类算法可以并行实现，可以应用于大数据处理 [17]。为加快算法的收敛速度，利用光滑函数使拟合项、正则项可微分，设计二阶 Primal-Dual 牛顿迭代算法，并证明算法的收敛特性。

7.1 原始模型转化为原始–对偶模型

在图像处理中，有时建立的能量泛函正则化模型是无约束条件的最优化问题，利用 Fenchel 变换，将原始模型转化成原始–对偶模型，这种转换是最常用的基本形式；有时能量泛函正则化模型中的正则项或拟合项是非光滑的，经典导数不存在，或者是复合函数，如有界变差函数，由于正则化模型的非可微分及复合特性，导致很难对目标函数进行优化，为解决此问题，通过引入辅助变量，将原始模型转化为具有等式约束的最优化模型，借助于拉格朗日乘子，获得原始–对偶模型；有时给定的能量泛函正则化模型具有分散结构，无法直接进行处理，需要借助矩阵，将模型转化为紧缩的形式，获得等式约束条件下的最优化模型，利用增广拉格朗日乘子，获得原始–对偶模型。

7.1.1 利用 Fenchel 变换将原始模型转化为原始–对偶模型

假定 $\boldsymbol{X}$、$\boldsymbol{Y}$ 都是有限维赋范空间，存在连续线性算子 $\boldsymbol{A}:\boldsymbol{X}\to\boldsymbol{Y}$，其诱导范数可以表示为

$$\|\boldsymbol{A}\|=\sup_{\boldsymbol{u}}\{\|\boldsymbol{A}\boldsymbol{u}\|\,|\boldsymbol{u}\in\boldsymbol{X},\|\boldsymbol{u}\|\leqslant 1\} \tag{7.1}$$

若 $\boldsymbol{E}:\boldsymbol{X}\to[0,+\infty)$，$\boldsymbol{R}:\boldsymbol{X}\to[0,+\infty)$ 是真、凸、下半连续函数。函数 $\boldsymbol{E}(\boldsymbol{u})$ 的 Fenchel 共轭表达式为

$$\boldsymbol{E}^*(\boldsymbol{v})=\sup_{\boldsymbol{u}\in\boldsymbol{X}}\{\langle\boldsymbol{v},\boldsymbol{u}\rangle-\boldsymbol{E}(\boldsymbol{u})\} \tag{7.2}$$

在图像处理中，能量泛函最小化模型的原始表达式可以表示为

$$\boldsymbol{u}=\inf_{\boldsymbol{u}}\{\boldsymbol{E}(\boldsymbol{A}\boldsymbol{u})+\boldsymbol{F}(\boldsymbol{u})\} \tag{7.3}$$

由于 $\boldsymbol{E}(\boldsymbol{u})$ 是真、凸、下半连续函数，则 $\boldsymbol{E}(\boldsymbol{u})$ 共轭的共轭函数 $(\boldsymbol{E}^*)^*(\boldsymbol{u})$ 是 $\boldsymbol{E}(\boldsymbol{u})$ 本身，表达式为

$$\boldsymbol{E}(\boldsymbol{u})=(\boldsymbol{E}^*)^*(\boldsymbol{u})=\sup_{\boldsymbol{v}\in\boldsymbol{Y}}\{\langle\boldsymbol{v},\boldsymbol{u}\rangle-\boldsymbol{E}^*(\boldsymbol{v})\} \tag{7.4}$$

则 $\boldsymbol{E}(\boldsymbol{A}\boldsymbol{u})$ 的共轭表达式为

$$\boldsymbol{E}(\boldsymbol{A}\boldsymbol{u})=\sup_{\boldsymbol{v}\in\boldsymbol{Y}}\{\langle\boldsymbol{v},\boldsymbol{A}\boldsymbol{u}\rangle-\boldsymbol{E}^*(\boldsymbol{v})\} \tag{7.5}$$

将式（7.5）代入式（7.3）中，则得到原始能量泛函正则化模型对应的原始–对偶模型，即极小值–极大值问题 [18]，表达式为

$$(\boldsymbol{u},\boldsymbol{v})\ \inf_{\boldsymbol{u}\in\boldsymbol{X}}\sup_{\boldsymbol{v}\in\boldsymbol{Y}}\{\boldsymbol{L}(\boldsymbol{u},\boldsymbol{v})\} \tag{7.6}$$

式中，$\boldsymbol{L}(\boldsymbol{u},\boldsymbol{v})=\langle\boldsymbol{v},\boldsymbol{A}\boldsymbol{u}\rangle+\boldsymbol{F}(\boldsymbol{u})-\boldsymbol{E}^*(\boldsymbol{v})$。

定义7.1（极小值–极大值问题（也称鞍点问题））　若 $(\hat{\boldsymbol{u}},\hat{\boldsymbol{v}})$ 满足下列表达式:

$$\sup_{\boldsymbol{v}}\{\boldsymbol{L}(\hat{\boldsymbol{u}},\boldsymbol{v})\}\leqslant\boldsymbol{L}(\hat{\boldsymbol{u}},\hat{\boldsymbol{v}})\leqslant\inf_{\boldsymbol{u}}\{\boldsymbol{L}(\boldsymbol{u},\hat{\boldsymbol{v}})\} \tag{7.7}$$

则称 $(\hat{\boldsymbol{u}},\hat{\boldsymbol{v}})$ 是式（7.6）的鞍点。

如果 $(\hat{\boldsymbol{u}},\hat{\boldsymbol{v}})$ 是原始–对偶问题式（7.6）的鞍点，那么如果 $\hat{\boldsymbol{u}}$ 是原始问题式（7.3）的最小值，$\hat{\boldsymbol{v}}$ 是对偶问题的最大值。

定理 7.1　若 $(\hat{\boldsymbol{u}},\hat{\boldsymbol{v}})$ 是式（7.6）的鞍点，当且仅当

$$\boldsymbol{L}(\hat{\boldsymbol{u}},\hat{\boldsymbol{v}})=\inf_{\boldsymbol{u}\in\boldsymbol{X}}\sup_{\boldsymbol{v}\in\boldsymbol{Y}}\{\boldsymbol{L}(\boldsymbol{u},\boldsymbol{v})\}=\sup_{\boldsymbol{u}\in\boldsymbol{Y}}\inf_{\boldsymbol{v}\in\boldsymbol{X}}\{\boldsymbol{L}(\boldsymbol{u},\boldsymbol{v})\} \tag{7.8}$$

证明　($\Leftarrow$)，若式（7.8）成立，那么

$$\sup_{\boldsymbol{v}\in\boldsymbol{Y}}\{\boldsymbol{L}(\hat{\boldsymbol{u}},\boldsymbol{v})\}=\inf_{\boldsymbol{u}\in\boldsymbol{X}}\{\boldsymbol{L}(\boldsymbol{u},\hat{\boldsymbol{v}})\} \tag{7.9}$$

$$\boldsymbol{L}(\hat{\boldsymbol{u}},\hat{\boldsymbol{v}})\leqslant\sup_{\boldsymbol{v}\in\boldsymbol{Y}}\{\boldsymbol{L}(\hat{\boldsymbol{u}},\boldsymbol{v})\}=\inf_{\boldsymbol{u}\in\boldsymbol{X}}\{\boldsymbol{L}(\boldsymbol{u},\hat{\boldsymbol{v}})\}\leqslant\boldsymbol{L}(\hat{\boldsymbol{u}},\hat{\boldsymbol{v}}) \tag{7.10}$$

由逼近准则，有

$$\sup_{\boldsymbol{v}\in\boldsymbol{Y}}\{\boldsymbol{L}(\hat{\boldsymbol{u}},\boldsymbol{v})\}=\boldsymbol{L}(\hat{\boldsymbol{u}},\hat{\boldsymbol{v}})=\inf_{\boldsymbol{u}\in\boldsymbol{X}}\{\boldsymbol{L}(\boldsymbol{u},\hat{\boldsymbol{v}})\} \tag{7.11}$$

因此，$(\hat{\boldsymbol{u}},\hat{\boldsymbol{v}})$ 是式（7.6）的鞍点。

(⇒)，若 $(\hat{\boldsymbol{u}},\hat{\boldsymbol{v}})$ 是式（7.6）的鞍点，则有

$$\sup_{\boldsymbol{v}\in\boldsymbol{Y}}\{\boldsymbol{L}(\hat{\boldsymbol{u}},\hat{\boldsymbol{v}})\}=\boldsymbol{L}(\hat{\boldsymbol{u}},\hat{\boldsymbol{v}})=\inf_{\boldsymbol{u}\in\boldsymbol{X}}\{\boldsymbol{L}(\boldsymbol{u},\hat{\boldsymbol{v}})\} \tag{7.12}$$

对于任意的 $\hat{\boldsymbol{u}},\hat{\boldsymbol{v}}$，则有

$$\inf_{\boldsymbol{u}\in\boldsymbol{X}}\{\boldsymbol{L}(\boldsymbol{u},\hat{\boldsymbol{v}})\}\leqslant\boldsymbol{L}(\hat{\boldsymbol{u}},\hat{\boldsymbol{v}}) \tag{7.13}$$

因此，有

$$\sup_{\boldsymbol{v}\in\boldsymbol{Y}}\inf_{\boldsymbol{u}\in\boldsymbol{X}}\{\boldsymbol{L}(\boldsymbol{u},\boldsymbol{v})\}\leqslant\sup_{\boldsymbol{v}\in\boldsymbol{Y}}\boldsymbol{L}(\hat{\boldsymbol{u}},\boldsymbol{v}) \tag{7.14}$$

$$\sup_{\boldsymbol{v}\in\boldsymbol{Y}}\inf_{\boldsymbol{u}\in\boldsymbol{X}}\{\boldsymbol{L}(\boldsymbol{u},\boldsymbol{v})\}\leqslant\inf_{\boldsymbol{u}\in\boldsymbol{X}}\sup_{\boldsymbol{v}\in\boldsymbol{Y}}\boldsymbol{L}(\boldsymbol{u},\boldsymbol{v}) \tag{7.15}$$

对式（7.12）应用式（7.14）和式（7.15），则有

$$\begin{aligned}\boldsymbol{L}(\hat{\boldsymbol{u}},\hat{\boldsymbol{v}})&=\inf_{\boldsymbol{u}\in\boldsymbol{X}}\{\boldsymbol{L}(\boldsymbol{u},\hat{\boldsymbol{v}})\}\leqslant\sup_{\boldsymbol{v}\in\boldsymbol{Y}}\inf_{\boldsymbol{u}\in\boldsymbol{X}}\{\boldsymbol{L}(\boldsymbol{u},\boldsymbol{v})\}\leqslant\inf_{\boldsymbol{u}\in\boldsymbol{X}}\sup_{\boldsymbol{v}\in\boldsymbol{Y}}\{\boldsymbol{L}(\boldsymbol{u},\boldsymbol{v})\}\\&\leqslant\sup_{\boldsymbol{v}\in\boldsymbol{Y}}\{\boldsymbol{L}(\hat{\boldsymbol{u}},\boldsymbol{v})\}=\boldsymbol{L}(\hat{\boldsymbol{u}},\hat{\boldsymbol{v}})\end{aligned} \tag{7.16}$$

故有

$$\boldsymbol{L}(\hat{\boldsymbol{u}},\hat{\boldsymbol{v}})=\sup_{\boldsymbol{v}\in\boldsymbol{Y}}\inf_{\boldsymbol{u}\in\boldsymbol{X}}\{\boldsymbol{L}(\boldsymbol{u},\boldsymbol{v})\}=\inf_{\boldsymbol{u}\in\boldsymbol{X}}\sup_{\boldsymbol{v}\in\boldsymbol{Y}}\{\boldsymbol{L}(\boldsymbol{u},\boldsymbol{v})\} \tag{7.17}$$

证毕。

若 $\boldsymbol{F}(\boldsymbol{u})$、$\boldsymbol{E}^*(\boldsymbol{v})$ 的次微分 $\partial\boldsymbol{F}(\boldsymbol{u})$、$\partial\boldsymbol{E}^*(\boldsymbol{v})$ 存在，且原始–对偶模型式（7.6）至少存在解 $(\hat{\boldsymbol{u}},\hat{\boldsymbol{v}})\in(\boldsymbol{X},\boldsymbol{Y})$，式（7.6）的一阶 KKT 条件表达式为

$$0\in\boldsymbol{A}^{\mathrm{T}}\hat{\boldsymbol{v}}+\partial\boldsymbol{F}(\hat{\boldsymbol{u}})\Leftrightarrow-\left(\boldsymbol{A}^{\mathrm{T}}\hat{\boldsymbol{v}}\right)\in\partial\boldsymbol{F}(\hat{\boldsymbol{u}}) \tag{7.18}$$

$$0\in\boldsymbol{A}\hat{\boldsymbol{u}}-\partial\boldsymbol{E}^*(\hat{\boldsymbol{v}})\Leftrightarrow\boldsymbol{A}\hat{\boldsymbol{u}}\in\partial\boldsymbol{E}^*(\hat{\boldsymbol{v}}) \tag{7.19}$$

将式（7.18）和式（7.19）表示成矩阵的形式，则有

$$\boldsymbol{0}\in(\boldsymbol{B}+\boldsymbol{G})\boldsymbol{z} \tag{7.20}$$

式中，$\boldsymbol{B}=\begin{bmatrix}\partial\boldsymbol{F} & \boldsymbol{0}\\ \boldsymbol{0} & \partial\boldsymbol{E}^*\end{bmatrix}$，$\boldsymbol{z}=\begin{bmatrix}\hat{\boldsymbol{u}} & \hat{\boldsymbol{v}}\end{bmatrix}$，$\boldsymbol{G}=\begin{bmatrix}\boldsymbol{0} & \boldsymbol{A}\\ -\boldsymbol{A}^{\mathrm{T}} & \boldsymbol{0}\end{bmatrix}$。从极小值–极大值问题式（7.6）获得最优解条件式（7.20）可知，$\boldsymbol{B}$ 是最大单调算子，$\boldsymbol{G}$ 是反对称线性、连续最大单调算子，而且这两个算子可由 $\boldsymbol{B}+\boldsymbol{G}$ 分裂而来，因此，借助于辅助变量和算子分裂原理，利用 Douglas-Rachford 分裂迭代算法、ADMM 分裂迭代算法和分裂 Bregman 迭代算法对式（7.6）进行算法设计 [19,20]。

7.1.2 利用拉格朗日乘子获得原始–对偶模型

在优化理论中，拉格朗日乘子将有约束条件的最优化问题转化为无条件约束的最优化问题，对于目标函数式（7.3），通过引入辅助变量 $\boldsymbol{v}=\boldsymbol{A}\boldsymbol{u}$，将最优化问题转化为有约束条件的最优化问题，利用拉格朗日乘子，则式（7.19）的极小值–极大值表达式为

$$(\boldsymbol{u},\boldsymbol{v})=\inf_{\boldsymbol{u},\boldsymbol{v}}\sup_{\boldsymbol{\lambda}}\left\{\boldsymbol{L}\left(\boldsymbol{u},\boldsymbol{v},\boldsymbol{\lambda}\right)\right\} \tag{7.21}$$

式中，$\boldsymbol{L}\left(\boldsymbol{u},\boldsymbol{v},\boldsymbol{\lambda}\right)=\boldsymbol{E}\left(\boldsymbol{v}\right)+\boldsymbol{F}\left(\boldsymbol{u}\right)+\langle\boldsymbol{\lambda},\boldsymbol{A}\boldsymbol{u}-\boldsymbol{v}\rangle$，$\boldsymbol{\lambda}$ 是拉格朗日乘子，也称为对偶变量。若 $(\hat{\boldsymbol{u}},\hat{\boldsymbol{v}},\hat{\boldsymbol{\lambda}})$ 是式（7.21）的最优解，那么 $(\hat{\boldsymbol{u}},\hat{\boldsymbol{v}})$ 是式（7.6）的鞍点。这表明由 Fenchel 变换将式（7.3）转化为鞍点问题与利用拉格朗日乘子将式（7.3）转化为鞍点问题的解相同，那么式（7.21）极大值部分，即式（7.3）的对偶表达式为

$$\begin{aligned}\boldsymbol{L}\left(\boldsymbol{\lambda}\right)&=\inf_{\boldsymbol{u}}\left\{\boldsymbol{L}\left(\boldsymbol{u},\boldsymbol{\lambda}\right)\right\}=\inf_{\boldsymbol{u}}\left\{\boldsymbol{E}\left(\boldsymbol{v}\right)+\boldsymbol{F}\left(\boldsymbol{u}\right)+\langle\boldsymbol{\lambda},\boldsymbol{A}\boldsymbol{u}\rangle-\langle\boldsymbol{\lambda},\boldsymbol{v}\rangle\right\}\\&=\inf_{\boldsymbol{u}}\left\{\langle\boldsymbol{\lambda},\boldsymbol{A}\boldsymbol{u}\rangle+\boldsymbol{F}\left(\boldsymbol{u}\right)-\boldsymbol{E}^{*}\left(\boldsymbol{\lambda}\right)\right\}=-\boldsymbol{F}^{*}\left(-\boldsymbol{A}^{\mathrm{T}}\boldsymbol{\lambda}\right)-\boldsymbol{E}^{*}\left(\boldsymbol{\lambda}\right)\end{aligned} \tag{7.22}$$

通过引入辅助变量 $\boldsymbol{u}=-\boldsymbol{A}^{\mathrm{T}}\boldsymbol{\lambda}$，则式（7.22）对应的拉格朗日表达式为

$$(\boldsymbol{u},\boldsymbol{\lambda},\boldsymbol{v})=\inf_{\boldsymbol{u},\boldsymbol{\lambda}}\sup_{\boldsymbol{v}}\left\{-\boldsymbol{F}^{*}\left(\boldsymbol{u}\right)-\boldsymbol{E}^{*}\left(\boldsymbol{\lambda}\right)+\left\langle\boldsymbol{v},-\boldsymbol{A}^{\mathrm{T}}\boldsymbol{\lambda}-\boldsymbol{u}\right\rangle\right\} \tag{7.23}$$

借助原始能量泛函式（7.3），通过引入辅助变量 $\boldsymbol{v}=\boldsymbol{A}\boldsymbol{u}$，获得由原始能量泛函转化的极小值–极大值表达式（7.21）；借助于原始能量泛函的对偶表达式（7.22），引入对偶变量的辅助变量 $\boldsymbol{u}=-\boldsymbol{A}^{\mathrm{T}}\boldsymbol{\lambda}$，获得利用对偶能量泛函转化的极小值–极大值表达式（7.23）。

7.1.3 利用增广拉格朗日乘子将原始模型转化为原始–对偶模型

在给定等式约束的条件下，假定最优化能量泛函正则化模型的表达式为

$$\boldsymbol{u}=\inf_{\substack{\boldsymbol{u}\\ \boldsymbol{K}\boldsymbol{u}=\boldsymbol{f}}}\left\{\sum_{i=1}^{n}\boldsymbol{E}_i\left(\boldsymbol{A}_i\boldsymbol{u}+\boldsymbol{b}_i\right)+\boldsymbol{F}\left(\boldsymbol{u}\right)\right\} \tag{7.24}$$

式中，$\boldsymbol{E}_i$、$\boldsymbol{F}$ 都是真、凸、下半连续函数；$\boldsymbol{A}_i$ 是 $n_i\times m$ 矩阵；$\boldsymbol{b}_i$ 是 $n_i\times 1$ 矩阵；$\boldsymbol{K}$ 是 $s\times m$ 矩阵；$\boldsymbol{f}$ 是 $s\times 1$ 矩阵，为对函数 $\boldsymbol{E}_i$ 进行解耦，引入辅助变量 $\boldsymbol{v}_i=\boldsymbol{A}_i\boldsymbol{u}+\boldsymbol{b}_i$，则式（7.24）表示成紧缩形式，表达式为

$$(\boldsymbol{u},\boldsymbol{v})=\inf_{\substack{\boldsymbol{u},\boldsymbol{v}\\ \boldsymbol{B}\boldsymbol{v}+\boldsymbol{A}\boldsymbol{u}=\boldsymbol{b}}}\left\{\boldsymbol{E}\left(\boldsymbol{v}\right)+\boldsymbol{F}\left(\boldsymbol{u}\right)\right\} \tag{7.25}$$

式中，$\boldsymbol{E}(\boldsymbol{v})=\sum_{i=1}^{n}\boldsymbol{E}_i(\boldsymbol{v}_i)$，$\boldsymbol{v}=\begin{bmatrix}\boldsymbol{v}_1 & \boldsymbol{v}_2 & \cdots & \boldsymbol{v}_n\end{bmatrix}^{\mathrm{T}}$，$\boldsymbol{B}=\begin{bmatrix}-\boldsymbol{I} & \boldsymbol{0}\end{bmatrix}^{\mathrm{T}}$，$\boldsymbol{A}=\begin{bmatrix}\boldsymbol{A}_1 & \cdots & \boldsymbol{A}_n & \boldsymbol{K}\end{bmatrix}^{\mathrm{T}}$，$\boldsymbol{b}=\begin{bmatrix}-\boldsymbol{b}_1 & \cdots & -\boldsymbol{b}_n & \boldsymbol{f}\end{bmatrix}^{\mathrm{T}}$。

利用增广拉格朗日乘子 [21]，式（7.25）转化为原始–对偶模型表达式为

$$(\boldsymbol{u},\boldsymbol{v},\boldsymbol{\lambda})=\inf_{\boldsymbol{u},\boldsymbol{v}}\sup_{\boldsymbol{\lambda}}\{\boldsymbol{L}_\gamma(\boldsymbol{u},\boldsymbol{v},\boldsymbol{\lambda})\} \tag{7.26}$$

式中，$\boldsymbol{L}_\gamma(\boldsymbol{u},\boldsymbol{v},\boldsymbol{\lambda})=\boldsymbol{E}(\boldsymbol{v})+\boldsymbol{F}(\boldsymbol{u})+\langle\boldsymbol{\lambda},\boldsymbol{b}-\boldsymbol{B}\boldsymbol{v}-\boldsymbol{A}\boldsymbol{u}\rangle+\dfrac{\gamma}{2}\|\boldsymbol{b}-\boldsymbol{B}\boldsymbol{v}-\boldsymbol{A}\boldsymbol{u}\|_{L_2}^2$。

7.2 原始–对偶模型的一阶 Primal-Dual 混合梯度迭代算法

7.2.1 一阶 Primal-Dual 混合梯度迭代算法

在用上述方法将原始模型转化为原始对偶模型后，需要对模型进行优化算法设计。由于大多数情况下，原始–对偶模型的经典导数不存在，但其次微分存在，利用一阶 KKT 条件，分别对原始–对偶模型计算关于原始变量、对偶变量的次微分，利用追近算子进行算法设计。最早由 Popov 提出 Arrow-Hurwicz 分裂迭代算法，解决经济领域原始–对偶模型优化问题，但由于在算法迭代过程中，要求较小的步长才能保证算法收敛，应用于许多实际问题无法获得满意的收敛速度，这对于大数据处理来说是致命的。但 Arrow-Hurwicz 分裂迭代算法的简单结构非常具有吸引力，国内外学者对该算法进行大量改进研究。Zhu 等最早在图像恢复技术报告中提出 Primal-Dual 混合梯度迭代算法，取得了较好的图像恢复效果。Chambolle 和 Pock 在此基础上，提出 Chambolle-Pock 分裂迭代算法，将其应用于图像成像处理，获得了非常令人满意的成像效果。He 等 [22,23] 对有界变差函数作为原始能量泛函的正则项进行了大量研究，使得 Primal-Dual 混合梯度迭代算法中的步长可以扩展到较大范围，并且证明该算法具有较快的收敛速度。对于鞍点问题式（7.6），一阶 Primal-Dual 混合梯度迭代算法步骤如下。

初始化 设置鞍点值 $\boldsymbol{u}_0$、$\boldsymbol{v}_0$，步长 σ_k、τ_k，$\theta\in[0]$，迭代残差 ε。

步骤 1 计算关于原始变量 $\boldsymbol{u}$ 的梯度下降步:

$$\hat{\boldsymbol{u}}_{k+1}=\boldsymbol{u}_k-\tau_k\boldsymbol{A}^{\mathrm{T}}\boldsymbol{v}_k,\quad \boldsymbol{u}_{k+1}=\operatorname*{argmin}_{\boldsymbol{u}}\left\{\boldsymbol{F}(\boldsymbol{u})+\frac{1}{2\tau_k}\|\boldsymbol{u}-\hat{\boldsymbol{u}}_{k+1}\|^2\right\} \tag{7.27}$$

步骤 2 原始变量预测步:

$$\bar{\boldsymbol{u}}_{k+1}=\boldsymbol{u}_{k+1}+\theta(\boldsymbol{u}_{k+1}-\boldsymbol{u}_k) \tag{7.28}$$

步骤 3 计算关于对偶变量 v 的梯度上升步:

$$\hat{\boldsymbol{v}}_{k+1} = \boldsymbol{v}_k - \sigma_k \boldsymbol{A}\bar{\boldsymbol{u}}_k, \quad \boldsymbol{v}_{k+1} = \underset{\boldsymbol{v}}{\operatorname{argmin}} \left\{ \boldsymbol{E}^*(\boldsymbol{v}) + \frac{1}{2\sigma_k} \|\boldsymbol{v} - \hat{\boldsymbol{v}}_{k+1}\|^2 \right\} \tag{7.29}$$

步骤 4 满足下列条件，迭代终止:

$$(\langle \hat{\boldsymbol{v}}, \boldsymbol{A}\boldsymbol{u} \rangle + \boldsymbol{F}(\boldsymbol{u}) - \boldsymbol{E}^*(\hat{\boldsymbol{v}})) - (\langle \boldsymbol{v}, \boldsymbol{A}\hat{\boldsymbol{u}} \rangle + \boldsymbol{F}(\hat{\boldsymbol{u}}) - \boldsymbol{E}^*(\hat{\boldsymbol{v}})) \leqslant \varepsilon \tag{7.30}$$

若函数 $\boldsymbol{F}$、$\boldsymbol{E}^*$ 的次微分存在，式（7.27）和式（7.29）最小化表达式中的迫近算子存在且容易计算，综合式（7.27）~式（7.29），则 Primal-Dual 混合梯度迭代算法表达式为

$$\begin{cases} \boldsymbol{u}_{k+1} = (\boldsymbol{I} + \tau_k \partial \boldsymbol{F})^{-1} \left(\boldsymbol{u}_k - \tau_k \boldsymbol{A}^{\mathrm{T}} \boldsymbol{v}_k \right) \\ \boldsymbol{v}_{k+1} = (\boldsymbol{I} + \sigma_k \partial \boldsymbol{E}^*)^{-1} (\boldsymbol{v}_k + \sigma_k \boldsymbol{A}\bar{\boldsymbol{u}}_k) \\ \bar{\boldsymbol{u}}_{k+1} = \boldsymbol{u}_{k+1} + \theta (\boldsymbol{u}_{k+1} - \boldsymbol{u}_k) \end{cases} \tag{7.31}$$

当 $\theta = 1$ 时，式（7.31）称为 Chambolle-Pock 分裂迭代算法；当 $\theta = 0$ 时，式（7.31）称为 Arrow-Hurwicz 分裂迭代算法。下面举几个能量泛函正则化模型的实例，首先将其转化为原始–对偶模型，然后设计一阶 Primal-Dual 混合梯度迭代算法。

例 7.1 若图像受椒盐噪声的影响而降质，能量泛函正则化模型的表达式为

$$u = \inf_{\boldsymbol{u}} \left\{ \lambda \|\boldsymbol{u} - \boldsymbol{f}\|_{L_1} + |\boldsymbol{u}|_{\mathrm{TV}} \right\} \tag{7.32}$$

设计一阶 Primal-Dual 混合梯度迭代算法。

解 首先将式（7.32）转化为式（7.3）的标准形式，令 $\boldsymbol{F}(\boldsymbol{u}) = \lambda \|\boldsymbol{u} - \boldsymbol{f}\|_{L_1}$，$\boldsymbol{E}(\boldsymbol{A}\boldsymbol{u}) = |\boldsymbol{u}|_{\mathrm{TV}} = \|\boldsymbol{\nabla}\boldsymbol{u}\|_{L_1}$，$\boldsymbol{A} = \boldsymbol{\nabla}$，$\boldsymbol{E}(\boldsymbol{u}) = \|\boldsymbol{u}\|_{L_1}$，由第 6 章的例 6.1 中式（6.3）可知，$\boldsymbol{E}^*(\boldsymbol{v}) = \delta_{\|\bullet\|_\infty}(\boldsymbol{v})$，当 $\|\boldsymbol{v}\|_\infty \leqslant 1$ 时，$\delta_{\|\bullet\|_\infty \leqslant 1}(\boldsymbol{v}) = 0$；当 $\|\boldsymbol{v}\|_\infty > 1$ 时，$\delta_{\|\bullet\|_\infty > 1}(\boldsymbol{v}) = \infty$。由 Fenchel 变换，有 $\boldsymbol{E}(\boldsymbol{A}\boldsymbol{u}) = \sup\limits_{\boldsymbol{v}} \{\langle \boldsymbol{\nabla}, \boldsymbol{u}, \boldsymbol{v} \rangle - \boldsymbol{E}^*(\boldsymbol{v})\}$，则式（7.32）转化为原始–对偶模型为

$$\begin{aligned} &\inf_{\boldsymbol{u}} \sup_{\boldsymbol{v}} \left\{ \lambda \|\boldsymbol{u} - \boldsymbol{f}\|_{L_1} + \langle \boldsymbol{\nabla}\boldsymbol{u}\boldsymbol{v} \rangle - \boldsymbol{E}^*(\boldsymbol{v}) \right\} \\ =& \inf_{\boldsymbol{u}} \sup_{\boldsymbol{v}} \left\{ \lambda \|\boldsymbol{u} - \boldsymbol{f}\|_{L_1} - \langle \boldsymbol{u}, \operatorname{div}, \boldsymbol{v} \rangle - \delta_{\|\bullet\|_\infty \leqslant 1}(\boldsymbol{v}) \right\} \end{aligned} \tag{7.33}$$

由式（7.27），则

$$(\boldsymbol{I} + \sigma_k \partial \boldsymbol{E}^*)^{-1}(\hat{\boldsymbol{v}}) = \frac{\hat{\boldsymbol{v}}}{\max(1, |\hat{\boldsymbol{v}}|)}, \quad \boldsymbol{v}_{k+1} = (\boldsymbol{I} + \sigma_k \partial \boldsymbol{E}^*)^{-1} (\boldsymbol{v}_k + \sigma_k \boldsymbol{\nabla}\bar{\boldsymbol{u}}_k) \tag{7.34}$$

由第 5 章的例 5.7 中的式（5.39），则

$$\begin{aligned}&(\boldsymbol{I}+\tau_k\partial\boldsymbol{F})^{-1}(\hat{\boldsymbol{u}})=\max(|\hat{\boldsymbol{u}}-\boldsymbol{f}|-\lambda,0)\cdot\operatorname{sgn}(\hat{\boldsymbol{u}}-\boldsymbol{f})\\&\boldsymbol{u}_{k+1}=(\boldsymbol{I}+\tau_k\partial\boldsymbol{F})^{-1}(\boldsymbol{u}_k-\tau_k\operatorname{div}\boldsymbol{v}_k)\end{aligned}\tag{7.35}$$

综合式（7.34）、式（7.35）和式（7.28），获得式（7.32）的一阶 Primal-Dual 混合梯度迭代算法。

例 7.2　在成像系统中，若图像受高斯噪声和点扩散函数 K 的影响而降质，则图像恢复能量泛函正则化模型的表达式为

$$\boldsymbol{u}=\inf_{\boldsymbol{u}}\left\{\frac{1}{2}\|\boldsymbol{K}\boldsymbol{u}-\boldsymbol{f}\|_{L_2}^2+\lambda|\boldsymbol{u}|_{\mathrm{TV}}+\delta_{\boldsymbol{K}\boldsymbol{u}\geqslant C,\boldsymbol{K}\boldsymbol{u}\in\Omega_0}(\boldsymbol{u})\right\}\tag{7.36}$$

设计一阶 Primal-Dual 混合梯度迭代算法。

解　令 $\boldsymbol{F}(\boldsymbol{u})=0$，$\boldsymbol{A}=\begin{bmatrix}\boldsymbol{K} & \boldsymbol{\nabla}\end{bmatrix}^{\mathrm{T}}$，$\boldsymbol{x}=\boldsymbol{K}\boldsymbol{u}$，$\boldsymbol{y}=\boldsymbol{\nabla}\boldsymbol{u}$，那么式（7.36）转化为

$$\boldsymbol{u}=\inf_{\boldsymbol{u}}\left\{\frac{1}{2}\|\boldsymbol{x}-\boldsymbol{f}\|_{L_2}^2+\lambda\|\boldsymbol{y}\|_{L_1}+\delta_{\boldsymbol{x}\geqslant C,\boldsymbol{x}\in\Omega_0}(\boldsymbol{x})\right\}\tag{7.37}$$

那么 $\boldsymbol{E}(\boldsymbol{x},\boldsymbol{y})=\boldsymbol{E}_1(\boldsymbol{x})+\boldsymbol{E}_2(\boldsymbol{y})$，$\boldsymbol{E}_1(\boldsymbol{x})=\dfrac{1}{2}\|\boldsymbol{x}-\boldsymbol{f}\|_{L_2}^2+\delta_{\boldsymbol{x}\geqslant\boldsymbol{C},\boldsymbol{x}\in\Omega_0}(\boldsymbol{x})$，$\boldsymbol{E}_2(\boldsymbol{y})=\lambda\|\boldsymbol{y}\|_{L_1}$，由第 6 章例 6.10 式（6.17）可知，$\boldsymbol{e}_1(\boldsymbol{x})=\dfrac{1}{2}\|\boldsymbol{x}-\boldsymbol{f}\|_{L_2}^2$ 的共轭变换 $\boldsymbol{e}_1^*(\boldsymbol{v})=\dfrac{1}{2}\|\boldsymbol{v}\|^2+\langle\boldsymbol{v},\boldsymbol{f}\rangle$，$\boldsymbol{e}_2(\boldsymbol{x})=\delta_{\boldsymbol{x}\geqslant C,\boldsymbol{x}\in\Omega_0}(\boldsymbol{x})$ 的共轭变换为 $\boldsymbol{e}_2^*(\boldsymbol{v})=\boldsymbol{v}C$，则 $\boldsymbol{E}_1(\boldsymbol{x})$ 的预解算子表达式为

$$(\boldsymbol{I}+\sigma\partial\boldsymbol{E}_1^*)^{-1}(\hat{\boldsymbol{v}})=\begin{cases}\dfrac{\hat{\boldsymbol{v}}-\sigma\boldsymbol{f}}{1+\sigma}, & \hat{\boldsymbol{v}}\in\Omega|\Omega_0\\ \min\{\hat{\boldsymbol{v}}-C,0\}, & \hat{\boldsymbol{v}}\in\Omega_0\end{cases}\tag{7.38}$$

式中，$\hat{\boldsymbol{v}}=\boldsymbol{v}_k+\sigma_k\boldsymbol{K}\bar{\boldsymbol{u}}_k$。$\boldsymbol{E}_2(\boldsymbol{y})=\lambda\|\boldsymbol{y}\|_{L_1}$ 对应的预解算子表达式为

$$(\boldsymbol{I}+\sigma\partial\boldsymbol{E}_2^*)^{-1}(\hat{\omega})=\frac{\hat{\boldsymbol{\omega}}}{\max\left(1,\dfrac{|\hat{\boldsymbol{\omega}}|}{\lambda}\right)}\tag{7.39}$$

式中，$\hat{\boldsymbol{\omega}}=\boldsymbol{\omega}_k+\sigma_k\boldsymbol{\nabla}\bar{\boldsymbol{u}}_k$。

$$\boldsymbol{u}_{k+1}=\boldsymbol{u}_k+\sigma_k\operatorname{div}\hat{\boldsymbol{\omega}}-\sigma_k\boldsymbol{K}^*\hat{\boldsymbol{v}}\tag{7.40}$$

综合式（7.38）~式（7.40）和式（7.28），获得式（7.36）的一阶 Primal-Dual 混合梯度迭代算法。

例 7.3 若图像 $\boldsymbol{u}$ 受高斯噪声影响而降质，图像自身可以看成一个向量 $\boldsymbol{v}$，恢复图像与理想图像的向量场保持一致，为此建立图像恢复能量泛函正则化模型的表达式为

$$(\boldsymbol{u},\boldsymbol{v})=\inf_{\boldsymbol{u},\boldsymbol{v}}\left\{\frac{\lambda}{2}\|\boldsymbol{u}-\boldsymbol{f}\|_{L_2}^2+\lambda_1 g(x)\|\boldsymbol{\nabla}\boldsymbol{u}-\boldsymbol{v}\|_{L_1}+\lambda_2|\boldsymbol{v}|_{\mathrm{TV}}\right\} \tag{7.41}$$

设计一阶 Primal-Dual 混合梯度迭代算法。

解 令 $\boldsymbol{p}_1=\boldsymbol{\nabla}\boldsymbol{u}-\boldsymbol{v}$，$\boldsymbol{p}_2=\boldsymbol{\nabla}\boldsymbol{v}$，那么 $\boldsymbol{E}_1(\boldsymbol{p}_1)=\lambda_1 g(x)\|\boldsymbol{\nabla}\boldsymbol{u}-\boldsymbol{v}\|_{L_1}=\lambda_1 g(x)\|\boldsymbol{p}_1\|_{L_1}$，$\boldsymbol{E}_2(\boldsymbol{p}_2)=\lambda_2|\boldsymbol{v}|_{\mathrm{TV}}=\lambda_2\|\boldsymbol{p}_2\|$，$\boldsymbol{E}(\boldsymbol{p})=\boldsymbol{E}_1(\boldsymbol{p}_1)+\boldsymbol{E}_2(\boldsymbol{p}_2)$，若 $\boldsymbol{E}_1^*(\boldsymbol{q}_1)$ 和 $\boldsymbol{E}_2^*(\boldsymbol{q}_2)$ 分别为 $\boldsymbol{E}_1(\boldsymbol{p}_1)$ 和 $\boldsymbol{E}_2(\boldsymbol{p}_2)$ 的共轭变换，由 Fenchel 的定义，则有

$$\begin{aligned}\boldsymbol{E}_1(\boldsymbol{p}_1)&=\sup_{\boldsymbol{q}_1}\left\{\langle\boldsymbol{\nabla}\boldsymbol{u}-\boldsymbol{v},\boldsymbol{q}_1\rangle-\boldsymbol{E}_1^*(\boldsymbol{q}_1)\right\}\\ \boldsymbol{E}_2(\boldsymbol{p}_2)&=\sup_{\boldsymbol{q}_2}\left\{\langle\boldsymbol{\nabla}\boldsymbol{v},\boldsymbol{q}_2\rangle-\boldsymbol{E}_2^*(\boldsymbol{q}_2)\right\}\end{aligned} \tag{7.42}$$

将式 (7.42) 代入式 (7.41)，则原始–对偶模型表达式为

$$\begin{aligned}(\boldsymbol{u},\boldsymbol{v},\boldsymbol{q}_1,\boldsymbol{q}_2)=\inf_{\boldsymbol{u}\boldsymbol{v}}\sup_{\boldsymbol{q}_1\boldsymbol{q}_2}&\left\{\frac{\lambda}{2}\|\boldsymbol{u}-\boldsymbol{f}\|_{L_2}^2+\langle\boldsymbol{\nabla}\boldsymbol{u}-\boldsymbol{v},\boldsymbol{q}_1\rangle\right.\\ &\left.-\boldsymbol{E}_1^*(\boldsymbol{q}_1)+\langle\boldsymbol{\nabla}\boldsymbol{v},\boldsymbol{q}_2\rangle-\boldsymbol{E}_2^*(\boldsymbol{q}_2)\right\}\end{aligned} \tag{7.43}$$

由式 (7.27)，计算式 (7.43) 关于原始变量 $\boldsymbol{u}$、$\boldsymbol{v}$ 的梯度下降步，表达式分别为

$$\hat{\boldsymbol{u}}_{k+1}=\boldsymbol{u}_k+\tau_k\left(\mathrm{div}\boldsymbol{q}_1^{k+1}+\lambda\boldsymbol{f}\right),\quad \boldsymbol{u}_{k+1}=\frac{\hat{\boldsymbol{u}}_{k+1}}{1+\tau_k\lambda} \tag{7.44}$$

$$\boldsymbol{v}_{k+1}=\boldsymbol{v}_k+\tau_k\left(\boldsymbol{q}_1^k+\mathrm{div}\boldsymbol{q}_2^{k+1}\right) \tag{7.45}$$

由式 (7.28)，式 (7.43) 关于原始变量预测步表达式为

$$\bar{\boldsymbol{u}}_{k+1}=\boldsymbol{u}_{k+1}+\theta(\boldsymbol{u}_{k+1}-\boldsymbol{u}_k),\quad \bar{\boldsymbol{v}}_{k+1}=\boldsymbol{v}_{k+1}+\theta(\boldsymbol{v}_{k+1}-\boldsymbol{v}_k) \tag{7.46}$$

由式 (7.29)，计算式 (7.43) 关于对偶变量 $\boldsymbol{q}_1$、$\boldsymbol{q}_2$ 的梯度上升步，表达式分别为

$$\hat{\boldsymbol{q}}_1^{k+1}=\hat{\boldsymbol{q}}_1^k+\sigma_k(\boldsymbol{\nabla}\bar{\boldsymbol{u}}_k-\bar{\boldsymbol{v}}_k),\quad \boldsymbol{q}_1^{k+1}=\underset{\boldsymbol{q}_1}{\mathrm{argmin}}\left\{\boldsymbol{E}_1^*(\boldsymbol{q}_1)+\frac{1}{2\sigma_k}\left\|\boldsymbol{q}_1-\hat{\boldsymbol{q}}_1^{k+1}\right\|^2\right\} \tag{7.47}$$

$$\hat{\boldsymbol{q}}_2^{k+1}=\hat{\boldsymbol{q}}_2^k+\sigma_k\bar{\boldsymbol{v}}_k,\quad \boldsymbol{q}_2^{k+1}=\underset{\boldsymbol{q}_2}{\mathrm{argmin}}\left\{\boldsymbol{E}_2^*(\boldsymbol{q}_2)+\frac{1}{2\sigma_k}\left\|\boldsymbol{q}_2-\hat{\boldsymbol{q}}_2^{k+1}\right\|^2\right\} \tag{7.48}$$

综合式 (7.44) ~式 (7.48)，获得式 (7.43) 的一阶 Primal-Dual 混合梯度迭代算法。

7.2.2　一阶 Primal-Dual 混合梯度迭代算法的收敛特性

从式(7.6)可知，原始能量泛函正则化模型转化为极小值–极大值问题后，目标函数的解是原始变量和对偶变量。从式（7.27）~式（7.31）可知，一阶 Primal-Dual 混合梯度迭代算法中原始变量的梯度下降步、对偶变量的梯度上升步都需要更新步长，从目前已有的文献可知，步长的大小对算法的收敛速度产生十分重要的影响。在 Primal-Dual 混合梯度迭代算法发展的早期阶段，步长的选取是固定的，且数值非常小，导致算法收敛速度极其缓慢，如 Arrow-Hurwicz 分裂迭代算法，从而制约 Primal-Dual 混合梯度迭代算法在大数据处理中的应用。为提高算法的收敛速度，Goldstein 等 [9] 在 Arrow-Hurwicz 算法的基础上，对步长采取类似 Armijo 线性回溯搜索策略，使得原始、对偶变量的步长更新具有自适应性，应用于计算具有稀疏解的鞍点问题，Primal-Dual 混合梯度迭代算法具有较快的收敛速度。He 等 [22] 从压缩的观点研究 Primal-Dual 混合梯度迭代算法的收敛特性，如果适当调整校正步，原始、对偶变量的步长可以显著地增大。为了定量地研究原始、对偶变量步长的更新原则，Bonettini 等 [10] 对图像恢复鞍点模型进行研究，分别给出受泊松噪声降质、高斯噪声降质的图像恢复能量泛函正则化模型的步长更新的具体表达式，使得步长更新具有定量标准，但该类算法无法直接应用牛顿迭代算法 [24]。

定理 7.2　若 $\boldsymbol{A}$ 是连续线性算子，$\|\boldsymbol{A}\| = C$，式（7.6）的最优鞍点为 $(\hat{\boldsymbol{u}}, \hat{\boldsymbol{v}})$，原始、对偶步的步长更新满足 $\tau\sigma C^2 < 1$，$\theta = 1$，由 Primal-Dual 混合梯度迭代算法式（7.31）产生的解为 $(\boldsymbol{u}_{k+1}, \boldsymbol{v}_{k+1})$，那么 $\lim\limits_{k\to\infty}(\boldsymbol{u}_{k+1}, \boldsymbol{v}_{k+1}) \to (\hat{\boldsymbol{u}}, \hat{\boldsymbol{v}})$。

为加快原始–对偶模型的收敛，获得模型最优解，有必要设计牛顿迭代算法，使 Primal-Dual 模型的优化算法具有二次收敛速度。

7.3　原始–对偶模型的二阶 Primal-Dual 牛顿迭代算法

7.3.1　原始 L_2+凸光滑型能量泛函正则化模型

理想图像 $\boldsymbol{x}$ 同时受模糊矩阵 $\boldsymbol{A}$（也称点扩散函数）和噪声 ε 影响而降质，表达式为

$$\boldsymbol{g} = \boldsymbol{A}\boldsymbol{x} + \varepsilon \tag{7.49}$$

式中，$\boldsymbol{g}$ 是降质图像。由于 $\boldsymbol{A}$ 是紧线性算子，矩阵的条件数较大，无法利用 $\boldsymbol{g}$ 准确获得 $\boldsymbol{x}$。若 ε 是高斯噪声，为获得理想图像的逼近解，最好的办法是最小化下列能量泛函正则化模型，表达式为

$$\boldsymbol{x}_* = \operatorname*{argmin}_{\boldsymbol{x}} E(\boldsymbol{x}) \tag{7.50}$$

式中，$\boldsymbol{E}(\boldsymbol{x}) = \frac{1}{2}\|\boldsymbol{Ax}-\boldsymbol{g}\|_{L_2(\Omega)}^2 + \lambda\Phi(\boldsymbol{Dx})$，$\|\boldsymbol{Ax}-\boldsymbol{g}\|_{L_2(\Omega)}^2$ 为保真项，正则项 $\Phi(\boldsymbol{Dx})$ 可微，λ 是正则项的权重，$\boldsymbol{D}$ 是线性算子，$\Phi(\cdot)$ 为势函数。若 $\boldsymbol{A}=\boldsymbol{I}$，则式（7.50）变为降噪问题，若 $\boldsymbol{A}\neq\boldsymbol{I}$，式（7.50）为去模糊问题。

若矩阵 $\boldsymbol{A}^{\mathrm{T}}\boldsymbol{A}$ 是可逆的，算子 $\boldsymbol{A}$ 和 $\boldsymbol{D}$ 满足条件:

$$\ker\left(\boldsymbol{A}^{\mathrm{T}}\boldsymbol{A}\right)\cap\ker\left(\boldsymbol{D}^{\mathrm{T}}\boldsymbol{D}\right)=\{0\} \tag{7.51}$$

式中，$\ker(\cdot)$ 为核空间。由于 $\boldsymbol{x}$ 和 $\boldsymbol{g}$ 是有限的，保真项是二阶可微的凸函数，满足 Lipschitz 连续条件。若 $\Phi(\boldsymbol{x})$ 是严格凸非递减的函数，$\lim\limits_{\boldsymbol{x}\to+\infty}\Phi(\boldsymbol{x})=+\infty$，满足线性增长条件，由直接变分原理，则式（7.50）的解存在且唯一。$\Phi(\boldsymbol{x})$ 不仅决定恢复图像特征，而且对式（7.50）算法设计产生决定性影响。若正则项为有界变差函数，即 $\Phi(\boldsymbol{x})=|\boldsymbol{x}|_{\mathrm{TV}}$，其能准确体现图像的奇异特性，但由于其非可微特性，使得牛顿迭代算法无法直接应用，而且容易在平稳区域产生阶梯效应。若采用一阶可微的势函数，如 Huber 函数，算法仅具有线性收敛速度。

7.3.2 正则项伪 Huber 函数的特性

为使正则项既体现图像的奇异特征，又使得算法具有较快的收敛速度，如牛顿迭代算法，选取二阶可微的伪 Huber 函数作为势函数，表达式为

$$\Phi(\boldsymbol{x})=\beta\int_{\mathbf{R}^2}\left(\sqrt{1+\frac{\boldsymbol{x}_i^2}{\beta^2}}-1\right)\mathrm{d}\mu \tag{7.52}$$

式中，β 是大于 0 的常数；$\mathrm{d}\mu$ 是 Lebesgue 测度；$\boldsymbol{x}_i$ 表示 $\boldsymbol{x}$ 中的元素，$i=1,2,\cdots,m$。图 7.1 中的实线表示有界变差函数，点画线、虚线和星线分别表示 $\beta=0.05$、$\beta=0.2$ 和 $\beta=0.5$ 的伪 Huber 函数，随着 $\beta\to0$，式（7.52）逼近有界变差函数。

为应用牛顿迭代算法，下面分析伪 Huber 函数的梯度和海森矩阵的特性。

定理 7.3 伪 Huber 函数的梯度是有界的，表示为

$$-1\leqslant[\boldsymbol{\nabla}\Phi(\boldsymbol{x})]_i\leqslant1 \tag{7.53}$$

式中，$i=1,2,\cdots,m$，$\boldsymbol{\nabla}$ 表示梯度。

证明 对式（7.52）求偏导有

$$\boldsymbol{\nabla}\Phi(\boldsymbol{x})=\operatorname{diag}\left[\frac{x_1}{\sqrt{x_1^2+\beta^2}},\cdots,\frac{x_m}{\sqrt{x_m^2+\beta^2}}\right] \tag{7.54}$$

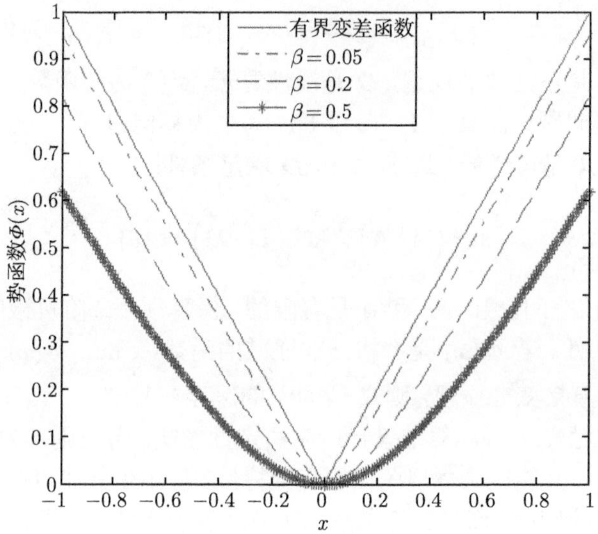

图 7.1　不同 β 参数的伪 Huber 函数逼近有界变差函数

$[\boldsymbol{\nabla}\Phi(\boldsymbol{x})]_i = \dfrac{x_i}{\sqrt{x_i^2+\beta^2}}$, $[\boldsymbol{\nabla}\Phi(\boldsymbol{x})]_i$ 是递增的奇函数，因为 $\lim\limits_{x_i\to-\infty}[\boldsymbol{\nabla}\Phi(\boldsymbol{x})]_i = -1$，$\lim\limits_{x_i\to+\infty}[\boldsymbol{\nabla}\Phi(\boldsymbol{x})]_i = 1$，所以 $-1 \leqslant [\boldsymbol{\nabla}\Phi(\boldsymbol{x})]_i \leqslant 1$。证毕。

定理 7.4　伪 Huber 函数的海森矩阵是有界的，表达式为

$$0 < \left[\boldsymbol{\nabla}^2\Phi(\boldsymbol{x})\right]_{ii} \leqslant 1/\beta \tag{7.55}$$

且式（7.55）是 Lipschitz 连续的，表达式为

$$\left\|\boldsymbol{\nabla}^2\Phi(\boldsymbol{x}) - \boldsymbol{\nabla}^2\Phi(\boldsymbol{y})\right\| \leqslant L\left\|\boldsymbol{x}-\boldsymbol{y}\right\| \tag{7.56}$$

式中，$L>0$ 的常数。

证明　对式（7.54）求偏导有

$$\boldsymbol{\nabla}^2\Phi(\boldsymbol{x}) = \operatorname{diag}\left[\frac{\beta^2}{[x_1^2+\beta^2]^{\frac{3}{2}}}, \cdots, \frac{\beta^2}{[x_m^2+\beta^2]^{\frac{3}{2}}}\right] \tag{7.57}$$

$\left[\boldsymbol{\nabla}^2\Phi(\boldsymbol{x})\right]_{ii} = \dfrac{\beta^2}{[x_i^2+\beta^2]^{\frac{3}{2}}}$，因为 $\left[\boldsymbol{\nabla}^2\Phi(\boldsymbol{x})\right]_{ii}$ 是偶函数，$\lim\limits_{x_i\to\infty}\left[\boldsymbol{\nabla}^2\Phi(\boldsymbol{x})\right]_{ii} = 0$，$\lim\limits_{x_i\to 0}\left[\boldsymbol{\nabla}^2\Phi(\boldsymbol{x})\right]_{ii} = 1/\beta$，所以式（7.55）成立。

$$\left\|\boldsymbol{\nabla}^2\Phi(\boldsymbol{x})-\boldsymbol{\nabla}^2\Phi(\boldsymbol{y})\right\|=\left\|\int_{B_1(0)}\frac{\mathrm{d}\boldsymbol{\nabla}^2\Phi(s\boldsymbol{y}+(\boldsymbol{1}-s)\boldsymbol{x})}{\mathrm{d}\boldsymbol{s}}\mathrm{d}\boldsymbol{s}\right\|$$

$$\leqslant\int_{B_1(0)}\left\|\frac{\mathrm{d}\boldsymbol{\nabla}^2\Phi(\boldsymbol{x}+\boldsymbol{s}(\boldsymbol{y}-\boldsymbol{x}))}{\mathrm{d}\boldsymbol{s}}\right\|\mathrm{d}\boldsymbol{s} \tag{7.58}$$

式中，$B_1(0)$ 表示以 0 为圆心、半径为 1 的超球体，$\dfrac{\mathrm{d}\boldsymbol{\nabla}^2\Phi(\boldsymbol{x}+\boldsymbol{s}(\boldsymbol{y}-\boldsymbol{x}))}{\mathrm{d}\boldsymbol{s}}$ 是对角矩阵，元素为

$$\left[\frac{\mathrm{d}\boldsymbol{\nabla}^2\Phi(\boldsymbol{x}+\boldsymbol{s}(\boldsymbol{y}-\boldsymbol{x}))}{\mathrm{d}\boldsymbol{s}}\right]_{ii}=(x_i-y_i)\,p_i \tag{7.59}$$

式中，$p_i=\dfrac{-3(sx_i+(1-s)y_i)}{\beta^3\left(1+\dfrac{(sx_i+(1-s)y_i)^2}{\beta^2}\right)^{\frac{5}{2}}}$。对式（7.59）两边取绝对值，则有

$$\left|\left[\frac{\mathrm{d}\boldsymbol{\nabla}^2\Phi(\boldsymbol{x}+\boldsymbol{s}(\boldsymbol{y}-\boldsymbol{x}))}{\mathrm{d}\boldsymbol{s}}\right]_{ii}\right|=|x_i-y_i|\,|p_i| \tag{7.60}$$

式（7.60）中 $|p_i|$ 在 $(\beta-2y_i)/[2(x_i-y_i)]$ 处具有最大值，经不等式放大则有

$$|p_i|<1/\beta^2 \tag{7.61}$$

取 $L=1/\beta^2$，将式（7.61）代入式（7.60），则有

$$\left|\left[\frac{\mathrm{d}\boldsymbol{\nabla}^2\Phi(\boldsymbol{x}+\boldsymbol{s}(\boldsymbol{y}-\boldsymbol{x}))}{\mathrm{d}\boldsymbol{s}}\right]_{ii}\right|\leqslant L\,|x_i-y_i| \tag{7.62}$$

将式（7.62）代入式（7.58），则有式（7.56）。证毕。

7.3.3 L_2＋伪 Huber 正则化模型转化为原始–对偶模型

由 Fenchel 变换的定义，$\Phi(\boldsymbol{D}\boldsymbol{x})$ 的共轭函数为

$$\Phi^*(\boldsymbol{y})=\sup_{\boldsymbol{x}\in C}\left\{(\boldsymbol{D}\boldsymbol{x})^{\mathrm{T}}\boldsymbol{y}-\Phi(\boldsymbol{D}\boldsymbol{x})\right\} \tag{7.63}$$

式中，C 是原始变量 $\boldsymbol{x}$ 在凸集 $C\subset\mathbf{R}^d$ 上的定义域；$\boldsymbol{D}\boldsymbol{x}=(\boldsymbol{D}_x\boldsymbol{x},\boldsymbol{D}_y\boldsymbol{x})$。由命题 6.3，式（7.63）表示为

$$\Phi(\boldsymbol{D}\boldsymbol{x})=(\boldsymbol{D}\boldsymbol{x})^{\mathrm{T}}\boldsymbol{y}+\Phi^*(\boldsymbol{y}) \tag{7.64}$$

令 $\boldsymbol{y}=(\boldsymbol{u},\boldsymbol{v})$ 为对偶变量，将正则项 $\Phi(\boldsymbol{D}\boldsymbol{x})$ 表示成原始–对偶的形式，表达式为

$$\phi(\boldsymbol{x},\boldsymbol{y})=\sup_{(\boldsymbol{u},\boldsymbol{v})\in C^*}\left\{\left\langle \boldsymbol{x},\boldsymbol{D}_x^*\boldsymbol{u}+\boldsymbol{D}_y^*\boldsymbol{v}\right\rangle-\left\langle \Phi^*(\boldsymbol{u},\boldsymbol{v}),\boldsymbol{1}\right\rangle\right\} \tag{7.65}$$

式中，$\langle\cdot,\cdot\rangle$ 表示内积；$\boldsymbol{D}_x^*$ 和 $\boldsymbol{D}_y^*$ 分别是 $\boldsymbol{D}_x$ 和 $\boldsymbol{D}_y$ 的伴随算子。将式（7.65）代入式（7.50），原始能量泛函最小化问题转化为如下原始–对偶模型，表达式为

$$(\boldsymbol{u}_*,\boldsymbol{v}_*,\boldsymbol{x}_*)=\min_{\boldsymbol{x}}\max_{\boldsymbol{u},\boldsymbol{v}}\boldsymbol{E}(\boldsymbol{u},\boldsymbol{v},\boldsymbol{x}) \tag{7.66}$$

式中，$\boldsymbol{E}(\boldsymbol{u},\boldsymbol{v},\boldsymbol{x})=\dfrac{1}{2}\|\boldsymbol{A}\boldsymbol{x}-\boldsymbol{g}\|_{L_2(\Omega)}^2+\lambda\phi(\boldsymbol{x},\boldsymbol{y})$，式（7.66）也称鞍点问题 [25]，最优解满足下列不等式：

$$\boldsymbol{E}(\boldsymbol{u},\boldsymbol{v},\boldsymbol{x}_*)\leqslant\boldsymbol{E}(\boldsymbol{u}_*,\boldsymbol{v}_*,\boldsymbol{x}_*)\leqslant\boldsymbol{E}(\boldsymbol{u}_*,\boldsymbol{v}_*,\boldsymbol{x}) \tag{7.67}$$

7.3.4　原始对偶模型的一阶、二阶 KKT 条件

由于式（7.67）是真、下半连续函数，根据一阶 KKT 条件，式（7.67）获得最优解的必要条件是关于对偶变量 $\boldsymbol{y}$ 和原始变量 $\boldsymbol{x}$ 的一阶导数为零，表达式分别为

$$\frac{\partial}{\partial\boldsymbol{y}}E(\boldsymbol{u},\boldsymbol{v},\boldsymbol{x})=\begin{bmatrix}\boldsymbol{D}_x\boldsymbol{x}\\ \boldsymbol{D}_y\boldsymbol{x}\end{bmatrix}-\frac{[\boldsymbol{u},\boldsymbol{v}]^{\mathrm{T}}}{\phi'\left((\boldsymbol{D}_x\boldsymbol{x})^2+(\boldsymbol{D}_y\boldsymbol{x})^2\right)} \tag{7.68}$$

$$\frac{\partial}{\partial\boldsymbol{x}}E(\boldsymbol{u},\boldsymbol{v},\boldsymbol{x})=\boldsymbol{A}^{\mathrm{T}}(\boldsymbol{A}\boldsymbol{x}-\boldsymbol{g})+\lambda\left(\boldsymbol{D}_x^*\boldsymbol{u}+\boldsymbol{D}_y^*\boldsymbol{v}\right) \tag{7.69}$$

根据式（7.68）和式（7.69），式（7.66）的梯度表示为

$$\boldsymbol{G}(\boldsymbol{y},\boldsymbol{x})=\begin{bmatrix}\boldsymbol{g}_1\\ \boldsymbol{g}_2\\ \boldsymbol{g}_3\end{bmatrix}=\begin{bmatrix}\boldsymbol{\Gamma}(\boldsymbol{x})\boldsymbol{u}-\boldsymbol{D}_x\boldsymbol{x}\\ \boldsymbol{\Gamma}(\boldsymbol{x})\boldsymbol{v}-\boldsymbol{D}_y\boldsymbol{x}\\ \boldsymbol{A}^{\mathrm{T}}(\boldsymbol{A}\boldsymbol{x}-\boldsymbol{g})+\lambda\left(\boldsymbol{D}_x^*\boldsymbol{u}+\boldsymbol{D}_y^*\boldsymbol{v}\right)\end{bmatrix} \tag{7.70}$$

式中，$\boldsymbol{G}(\boldsymbol{y},\boldsymbol{x})=\begin{bmatrix}\dfrac{\partial E(\boldsymbol{u},\boldsymbol{v},\boldsymbol{x})}{\partial\boldsymbol{y}}\\ \dfrac{\partial E(\boldsymbol{u},\boldsymbol{v},\boldsymbol{x})}{\partial\boldsymbol{x}}\end{bmatrix}$；$\boldsymbol{\Gamma}(\boldsymbol{x})=\dfrac{1}{\phi'\left((\boldsymbol{D}_x\boldsymbol{x})^2+(\boldsymbol{D}_y\boldsymbol{x})^2\right)}$。

由于式（7.66）二阶可微，根据二阶 KKT 条件，求式（7.70）关于 $(\boldsymbol{y},\boldsymbol{x})$ 的偏导数，获得式（7.66）的海森矩阵，表达式为

$$
\boldsymbol{H}(\boldsymbol{y},\boldsymbol{x})=\begin{bmatrix}\boldsymbol{\Gamma}(\boldsymbol{x}) & 0 & \boldsymbol{\Gamma}'(\boldsymbol{x})\boldsymbol{u}-\boldsymbol{D}_x\\ 0 & \boldsymbol{\Gamma}(\boldsymbol{x}) & \boldsymbol{\Gamma}'(\boldsymbol{x})\boldsymbol{v}-\boldsymbol{D}_y\\ \lambda\boldsymbol{D}_x^* & \lambda\boldsymbol{D}_y^* & \boldsymbol{A}^{\mathrm{T}}\boldsymbol{A}\end{bmatrix} \tag{7.71}
$$

已知式（7.66）的梯度和海森矩阵，用牛顿法求式（7.66）最优解的增量，表达式为

$$
\boldsymbol{H}(\boldsymbol{y},\boldsymbol{x})\begin{bmatrix}\Delta\boldsymbol{y}\\ \Delta\boldsymbol{x}\end{bmatrix}=-\boldsymbol{G}(\boldsymbol{y},\boldsymbol{x}) \tag{7.72}
$$

对式（7.72）进行块化简，将 $\boldsymbol{H}(\boldsymbol{y},\boldsymbol{x})$ 矩阵转化为块上三角矩阵，式（7.72）的转化表达式为

$$
\begin{bmatrix}\boldsymbol{\Gamma}(\boldsymbol{x}) & 0 & -\boldsymbol{a}_{11}\boldsymbol{D}_x-\boldsymbol{a}_{12}\boldsymbol{D}_y\\ 0 & \boldsymbol{\Gamma}(\boldsymbol{x}) & -\boldsymbol{a}_{21}\boldsymbol{D}_x-\boldsymbol{a}_{22}\boldsymbol{D}_y\\ 0 & 0 & \boldsymbol{A}^{\mathrm{T}}\boldsymbol{A}+\lambda\psi\end{bmatrix}\begin{bmatrix}\Delta\boldsymbol{u}\\ \Delta\boldsymbol{v}\\ \Delta\boldsymbol{x}\end{bmatrix}=\begin{bmatrix}-\boldsymbol{g}_1\\ -\boldsymbol{g}_2\\ \boldsymbol{r}\end{bmatrix} \tag{7.73}
$$

式中，令 $\boldsymbol{B}_1=\dfrac{2\Phi''(\boldsymbol{x})(\boldsymbol{D}_x\boldsymbol{x})}{\Phi'(\boldsymbol{x})^2}$，$\boldsymbol{B}_2=\dfrac{2\Phi''(\boldsymbol{x})(\boldsymbol{D}_y\boldsymbol{x})}{\Phi'(\boldsymbol{x})^2}$，$\boldsymbol{a}=\begin{bmatrix}\boldsymbol{a}_{11} & \boldsymbol{a}_{12}\\ \boldsymbol{a}_{21} & \boldsymbol{a}_{22}\end{bmatrix}=$ $\begin{bmatrix}\mathrm{diag}(1+\boldsymbol{B}_1\boldsymbol{u}) & \mathrm{diag}(\boldsymbol{B}_2\boldsymbol{u})\\ \mathrm{diag}(\boldsymbol{B}_1\boldsymbol{v}) & \mathrm{diag}(1+\boldsymbol{B}_2\boldsymbol{v})\end{bmatrix}$，$\psi=\left[\boldsymbol{D}_x^*\boldsymbol{D}_y^*\right]\mathrm{diag}\left(\boldsymbol{\Gamma}^{-1}(\boldsymbol{x}),\boldsymbol{\Gamma}^{-1}(\boldsymbol{x})\right)\boldsymbol{a}\left[\boldsymbol{D}_x\ \boldsymbol{D}_y\right]^{\mathrm{T}}$，$\boldsymbol{r}=\boldsymbol{A}^{\mathrm{T}}(\boldsymbol{g}-\boldsymbol{A}\boldsymbol{x})-\left[\boldsymbol{D}_x^*,\boldsymbol{D}_y^*\right]\boldsymbol{\Gamma}^{-1}(\boldsymbol{x})\begin{bmatrix}\boldsymbol{D}_x & \boldsymbol{D}_y\end{bmatrix}^{\mathrm{T}}$。

由式（7.73）可知，矩阵 $\boldsymbol{\Gamma}(\boldsymbol{x})$、$\boldsymbol{a}_{11}$、$\boldsymbol{a}_{12}$、$\boldsymbol{a}_{21}$、$\boldsymbol{a}_{22}$ 都是对角矩阵，若 $\boldsymbol{D}$ 是一阶差分矩阵，那么 $\boldsymbol{D}_x$、$\boldsymbol{D}_y$ 都是二对角稀疏矩阵，因此 $\Delta\boldsymbol{u}$ 和 $\Delta\boldsymbol{v}$ 容易求解。困难是如何求解 $\Delta\boldsymbol{x}$，由于矩阵 ψ 是对角矩阵，因此问题的关键是矩阵 $\boldsymbol{A}^{\mathrm{T}}\boldsymbol{A}$ 是否为稀疏矩阵或者具有特殊结构。若对图像施加周期边界条件，则矩阵 $\boldsymbol{A}$ 是 Toeplitz 矩阵，可以利用快速傅里叶变换进行对角化，使得 $\Delta\boldsymbol{x}$ 容易求解。

7.3.5 原始–对偶模型牛顿迭代算法

原始–对偶模型牛顿迭代算法（PDNIA）具体步骤如下所示。

初始化：设置参数 λ，内、外循环迭代次数 $t=0$、$k=0$ 和最大迭代次数分别为 IM、EM，原始与对偶变量 $\boldsymbol{x}_0$、$\boldsymbol{y}_0$；

外循环迭代步骤如下所示。

步骤 1 根据式（7.70）和式（7.71）计算能量泛函的梯度和海森矩阵；

步骤 2 (内循环) 用共轭梯度法计算式（7.72）的解。

初始化梯度 $\boldsymbol{G}_{k,0}=\boldsymbol{H}_k\boldsymbol{d}_{k,0}+\boldsymbol{G}_k$，$\boldsymbol{p}_0=-\boldsymbol{G}_{k,0}$，$\sigma_0=\|\boldsymbol{G}_{k,0}\|^2$，$\boldsymbol{d}=(\Delta\boldsymbol{u},\Delta\boldsymbol{v},\Delta\boldsymbol{x})$，$\boldsymbol{d}$ 的下脚标分别表示外、内循环次数，$\boldsymbol{H}_k$ 和 $\boldsymbol{G}_k$ 表示外循环第 k 次时的海森矩阵与梯度。

步骤 2.1　$\boldsymbol{h}_t=\boldsymbol{H}_k\boldsymbol{p}_t$，$\delta_t=\sigma_t/\langle\boldsymbol{p}_t,\boldsymbol{h}_t\rangle$。

步骤 2.2　更新增量解与梯度，表达式为

$$\boldsymbol{d}_{k,t+1}=\boldsymbol{d}_{k,t}+\delta_t\boldsymbol{p}_t,\quad \boldsymbol{G}_{k,t+1}=\boldsymbol{G}_{k,t}+\delta_t\boldsymbol{h}_t$$

步骤 2.3　更新搜索方向，表达式为

$$\sigma_{t+1}=\left\|\boldsymbol{G}_{k,t+1}\right\|^2,\quad \beta_t=\sigma_{t+1}/\sigma_t,\quad \boldsymbol{p}_{t+1}=-\boldsymbol{G}_{k,t+1}+\beta_t\boldsymbol{p}_t$$

若 $t<\text{IM}$ 或 $\gamma_t\leqslant c\|\boldsymbol{G}_{k,t}\|$，返回步骤 2.1；否则，转步骤 3，$\gamma_t$ 是式（7.72）的残差，表达式为

$$\gamma_t=\left\|\boldsymbol{H}_k\boldsymbol{d}_{k,t+1}-\boldsymbol{G}_{k,t+1}\right\| \tag{7.74}$$

步骤 3　计算原始变量 $\boldsymbol{x}$，表达式为

$$\boldsymbol{x}_{k+1}=\boldsymbol{x}_k+\tau_k\Delta\boldsymbol{x}_k \tag{7.75}$$

式中，原始变量步长 τ_k 采用 Armijo 规则进行更新，表达式为

$$\boldsymbol{E}(\boldsymbol{x}_k+\tau_k\Delta\boldsymbol{x}_k)-\boldsymbol{E}(\boldsymbol{x}_k)\leqslant\varepsilon_0\tau_k\Delta\boldsymbol{E}(\boldsymbol{x}_k,\Delta\boldsymbol{x}_k) \tag{7.76}$$

计算对偶变量 $\boldsymbol{y}$，表达式为

$$\boldsymbol{y}_{k+1}=\boldsymbol{y}_k+\eta_k\Delta\boldsymbol{y}_k \tag{7.77}$$

式中，对偶变量步长 η_k 的更新表达式为

$$\eta_k=\min_k\left\{\max_{\eta_i}\{\eta_i|0\leqslant\boldsymbol{y}_k+\eta_i\Delta\boldsymbol{y}_k\leqslant 1,0\leqslant\eta_i\leqslant 1\}\right\} \tag{7.78}$$

步骤 4　更新能量泛函的解:

$$\begin{bmatrix}\boldsymbol{x}_{k+1}\\ \boldsymbol{y}_{k+1}\end{bmatrix}=\begin{bmatrix}\boldsymbol{x}_k\\ \boldsymbol{y}_k\end{bmatrix}+\begin{bmatrix}\tau_k\Delta\boldsymbol{x}_k\\ \eta_k\Delta\boldsymbol{y}_k\end{bmatrix} \tag{7.79}$$

步骤 5　若 $\left\|\boldsymbol{E}(\boldsymbol{x}_{k+1},\boldsymbol{y}_{k+1})-\boldsymbol{E}(\boldsymbol{x}_k,\boldsymbol{y}_k)\right\|\leqslant T$ 或 $k>\text{EM}$，转步骤 6；否则，置 $k=k+1$，返回步骤 1。

步骤 6　循环结束，输出能量泛函的解 $(\boldsymbol{x}_{k+1},\boldsymbol{y}_{k+1})$。

7.3.6 原始–对偶模型牛顿迭代算法的收敛特性

定理 7.5 设 $\boldsymbol{E}(\boldsymbol{z})$ 二阶连续可微，$\forall \boldsymbol{z} \in B_r(\boldsymbol{z}_*) \subset \Omega$，$\forall \varsigma \in \Omega$，存在常数 $\theta > 0$，使得

$$\varsigma^{\mathrm{T}} \boldsymbol{H}(\boldsymbol{z}) \varsigma \geqslant \theta \|\varsigma\|^2 \tag{7.80}$$

式中，$\boldsymbol{z} \in \boldsymbol{L}(\boldsymbol{z}_0)$，$\boldsymbol{L}(\boldsymbol{z}_0)$ 为水平集，表达式为

$$\boldsymbol{L}(\boldsymbol{z}_0) = \{\boldsymbol{z} | \boldsymbol{E}(\boldsymbol{z}) \leqslant \boldsymbol{E}(\boldsymbol{z}_0)\} \tag{7.81}$$

定理 7.6 令 $\boldsymbol{z}_k = (\boldsymbol{x}_k, \boldsymbol{y}_k)$，$k = 1,2,\cdots,\mathrm{EM}$，若 $\{\boldsymbol{z}_k\}$ 是由牛顿迭代算法产生的序列，式（7.66）存在聚点 $\boldsymbol{z}_*$，那么序列 $\{\boldsymbol{z}_k\}$ 的聚点 $\boldsymbol{z}_*$ 是式（7.66）的鞍点。

证明 下面证明式（7.76）从左边到右边成立。因为采用 Armijo 规则线性搜索步长 τ_k，所以能量泛函序列 $\{\boldsymbol{E}(\boldsymbol{x}_k)\}$ 是严格递减的，则有

$$\boldsymbol{E}(\boldsymbol{x}_k + \tau_k \Delta \boldsymbol{x}_k) - \boldsymbol{E}(\boldsymbol{x}_k) \leqslant \varepsilon_0 \tau_k \Delta \boldsymbol{E}(\boldsymbol{x}_k, \Delta \boldsymbol{x}_k) \leqslant \varepsilon_0 \tau_k \frac{\|\Delta \boldsymbol{x}_k\|^2}{M} < 0 \tag{7.82}$$

令 $\tau_k = \rho^{l_k}$，$\rho \in (0,1)$，l_k 是非负整数。由式（7.81）可知，序列 $\{\boldsymbol{E}(\boldsymbol{x}_k)\}$ 是递减的且下有界，则式（7.82）的右边趋于零。因此，若存在整数 $N > 0$，使得 $l_k < N$，对子序列 $\{1, 2, \cdots\}$ 的所有 k，使得 $\Delta \boldsymbol{x}_k \to 0$。

用反证法证明式（7.76）从右边到左边成立。假设存在子序列 $\omega \subset \{1, 2, \cdots\}$，$l_k \to \infty$，$k \in \omega$，对于足够大的 k，使得当前迭代解 $\boldsymbol{x}_k + \tau_k \Delta \boldsymbol{x}_k / \beta$ 不满足不等式（7.76），那么

$$\boldsymbol{E}(\boldsymbol{x}_k + \tau_k \Delta \boldsymbol{x}_k / \beta) - \boldsymbol{E}(\boldsymbol{x}_k) > \varepsilon_0 \tau_k \Delta \boldsymbol{E}(\boldsymbol{x}_k, \Delta \boldsymbol{x}_k) / \beta \tag{7.83}$$

因为能量泛函是凸函数，所以有

$$\boldsymbol{E}(\boldsymbol{x}_k + \tau_k \Delta \boldsymbol{x}_k / \beta) - \boldsymbol{E}(\boldsymbol{x}_k) \leqslant \tau_k \Delta \boldsymbol{E}(\boldsymbol{x}_k + \tau_k \Delta \boldsymbol{x}_k / \beta, \Delta \boldsymbol{x}_k) / \beta \tag{7.84}$$

由式（7.83）和式（7.84）可知

$$\begin{aligned}
&\varepsilon_0 \tau_k \nabla \boldsymbol{E}(\boldsymbol{x}_k, \Delta \boldsymbol{x}_k) / \beta < \tau_k \nabla \boldsymbol{E}(\boldsymbol{x}_k + \theta_k \tau_k \Delta \boldsymbol{x}_k / \beta, \Delta \boldsymbol{x}_k) / \beta \\
&\nabla \boldsymbol{E}(\boldsymbol{x}_k + \theta_k \tau_k \Delta \boldsymbol{x}_k / \beta, \Delta \boldsymbol{x}_k) - \nabla \boldsymbol{E}(\boldsymbol{x}_k, \Delta \boldsymbol{x}_k) \\
&> (\varepsilon_0 - 1) \nabla \boldsymbol{E}(\boldsymbol{x}_k, \Delta \boldsymbol{x}_k) > 0
\end{aligned} \tag{7.85}$$

由式（7.81）可知，序列 $\{\boldsymbol{E}(\boldsymbol{x}_k)\}$ 是递减的且下有界，当 $l_k \to \infty$，$k \in \omega$，$\|\theta_k \tau_k \Delta \boldsymbol{x}_k/\beta\| \to 0$，式（7.85）既大于零又小于零，矛盾。故假设式（7.83）不成立。因此采用 Armijo 规则线性搜索，原始变量的迭代解是收敛的。

由式（7.73）可知，对偶变量的表达式为

$$\Delta \boldsymbol{u} = -\boldsymbol{u} + \boldsymbol{\Gamma}^{-1}(\boldsymbol{x})(\boldsymbol{D}_x \boldsymbol{x} + \boldsymbol{a}_{11}\boldsymbol{D}_x \Delta \boldsymbol{x} + \boldsymbol{a}_{12}\boldsymbol{D}_y \Delta \boldsymbol{x}) \tag{7.86}$$

$$\Delta \boldsymbol{v} = -\boldsymbol{v} + \boldsymbol{\Gamma}^{-1}(\boldsymbol{x})(\boldsymbol{D}_y \boldsymbol{x} + \boldsymbol{a}_{21}\boldsymbol{D}_x \Delta \boldsymbol{x} + \boldsymbol{a}_{22}\boldsymbol{D}_y \Delta \boldsymbol{x}) \tag{7.87}$$

由于 $\boldsymbol{x}_k$ 收敛于最优解 $\boldsymbol{x}_*$，那么 $\Delta \boldsymbol{x} \to 0$，因此式（7.86）的等价表达式为

$$\Delta \boldsymbol{u} = -\boldsymbol{u} + \boldsymbol{\Gamma}^{-1}(\boldsymbol{x})\boldsymbol{D}_x \boldsymbol{x} \tag{7.88}$$

将式（7.88）表示成迭代解，表达式为

$$\eta_k \Delta \boldsymbol{u} = -\boldsymbol{u} + \boldsymbol{\Gamma}^{-1}(\boldsymbol{x})\boldsymbol{D}_x \boldsymbol{x} \tag{7.89}$$

因为 $\boldsymbol{\Gamma}^{-1}(\boldsymbol{x})$ 是有界的，那么

$$\lim_{k\to\infty} \left\|\boldsymbol{u} + \eta_k \Delta \boldsymbol{u} - \boldsymbol{\Gamma}^{-1}(\boldsymbol{x})\boldsymbol{D}_x \boldsymbol{x}\right\| = 0 \tag{7.90}$$

若定义 $\boldsymbol{u}_* = \boldsymbol{\Gamma}^{-1}(\boldsymbol{x})\boldsymbol{D}_x \boldsymbol{x}$，这表明对于足够大的 k，有

$$\boldsymbol{u}_{k+1} = \boldsymbol{u}_k + \eta_k \Delta \boldsymbol{u}_k = \boldsymbol{u}_* \tag{7.91}$$

同理

$$\boldsymbol{v}_{k+1} = \boldsymbol{v}_k + \eta_k \Delta \boldsymbol{v}_k = \boldsymbol{v}_* \tag{7.92}$$

式（7.91）和式（7.92）表明，式（7.78）产生的步长使得对偶变量 $\boldsymbol{u}_{k+1} \to \boldsymbol{u}_*$，$\boldsymbol{v}_{k+1} \to \boldsymbol{v}_*$ 收敛。证毕。

7.3.7　原始–对偶模型在图像恢复中的应用

1. 点扩散函数的确定

用 psfGauss(·) 函数分别生成 128×128、256×256 的模糊矩阵 $\boldsymbol{A}$，$\boldsymbol{D}$ 为一阶前向差分算子。图 7.2（a）中的实线和圈线分别为用 $\sigma = 1.5$ 和 $\sigma = 3$ 产生 $\boldsymbol{A}$ 的奇异值分解，从图可知，矩阵 $\boldsymbol{A}$ 的奇异值幅值变化较大，说明 $\boldsymbol{A}$ 是不适定的，符合式（7.49）。图 7.2（b）中的实线和圈线分别为正则化模型式（7.50）产生矩阵 $\boldsymbol{A}^{\mathrm{T}}\boldsymbol{A} + \lambda \boldsymbol{D}^{\mathrm{T}}\boldsymbol{D}$ 的奇异值分解，从图可知，矩阵的奇异特性得到明显改善。

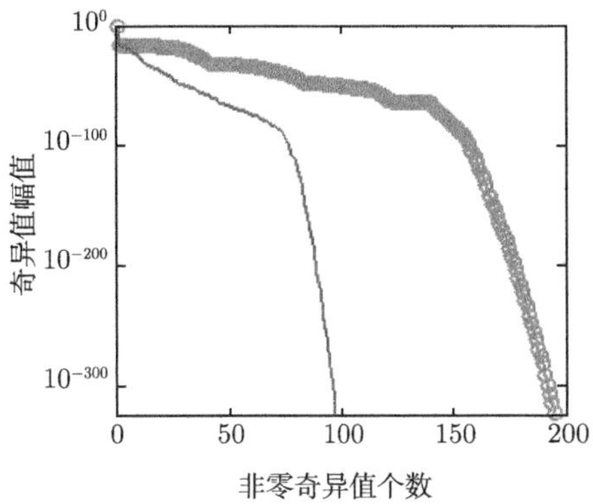

(a) 原始模型模糊矩阵的奇异值分解

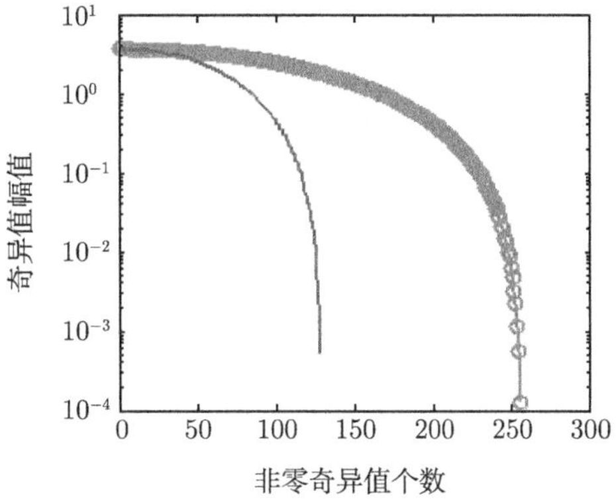

(b) 正则化模型模糊矩阵的奇异值分解

图 7.2 原始与正则化模型模糊矩阵的奇异值分解

2. 正则项参数 λ 的确定

能量泛函正则项权重对图像恢复产生至关重要的影响，若正则项参数过大，则图像恢复过于平滑；若正则项参数过小，则容易产生高频振荡现象。目前，权重的确定方法主要有 L-曲线法、无偏预测风险估计器（UPRE）法和广义交叉验证（GCV）法等。从统计意义上来说，L-曲线法是非收敛的，且欠估正则化参数；UPRE 法需预先知道噪声的方差，但在实际应用中，噪声的方差未知；GCV 法不需要知道噪声的方差，但标准的 GCV 准则，正则项 $\boldsymbol{D}=\boldsymbol{I}$，而式（7.50）中的 $\boldsymbol{D}\neq\boldsymbol{I}$。为获得通用 GCV 准则，最小化下列目标函数，表达式为

$$\lambda=\min_{\lambda}\mathrm{GCV}(\lambda)=\min_{\lambda}\left\{\frac{n\left\|\left(\boldsymbol{I}-\boldsymbol{A}\boldsymbol{A}_{\lambda}^{+}\boldsymbol{A}^{\mathrm{T}}\right)\boldsymbol{g}\right\|_{2}^{2}}{\left[\operatorname{trace}\left(\boldsymbol{I}-\boldsymbol{A}\boldsymbol{A}_{\lambda}^{+}\boldsymbol{A}^{\mathrm{T}}\right)\right]^{2}}\right\} \tag{7.93}$$

式中，$\boldsymbol{A}_{\lambda}^{+}=\left(\boldsymbol{A}^{\mathrm{T}}\boldsymbol{A}+\lambda\boldsymbol{D}^{\mathrm{T}}\boldsymbol{D}\right)^{-1}$ 表示伪逆矩阵；trace $(\cdot)$ 表示矩阵的迹。当 $\boldsymbol{D}=\boldsymbol{I}$ 时，式（7.93）为标准 GCV 准则。用式（7.93）确定参数 λ，为衡量真解 $\boldsymbol{x}_{\mathrm{true}}$ 与正则解 $\boldsymbol{x}_{\lambda}$ 的差异，定义预测误差 $P(\lambda)$、真解与正则解的误差 $e(\lambda)$，表达式分别为

$$P(\lambda)=\frac{\left\|\boldsymbol{A}\boldsymbol{x}_{\lambda}-\boldsymbol{A}\boldsymbol{x}_{\mathrm{true}}\right\|_{L_2}^{2}}{m\times n}=\frac{\left\|\left(\boldsymbol{A}_{\lambda}^{+}-\boldsymbol{I}\right)\boldsymbol{A}\boldsymbol{x}_{\mathrm{true}}+\boldsymbol{A}_{\lambda}^{+}\boldsymbol{\varepsilon}\right\|_{L_2}^{2}}{m\times n} \tag{7.94}$$

$$e(\lambda)=\left\|(\boldsymbol{x}_{\lambda}-\boldsymbol{x}_{\mathrm{true}})\right\|_{L_2}^{2}/(m\times n)^{2} \tag{7.95}$$

式中，$\boldsymbol{A}_{\lambda}^{+}$ 如式（7.93）所示。GCV (λ)、$P(\lambda)$ 和 $e(\lambda)$ 对应的最小点，是正则项参数 λ 理论上确定的最优解。对图 7.3 中的图像进行降质。

获得的峰值信噪比（PSNR）不同时，GCV (λ)、$P(\lambda)$ 和 $e(\lambda)$ 随正则项参数 λ 变化曲线如图 7.4 所示。

(a) Panda　(b) Onion　(c) Rose　(d) Haifa

图 7.3　原始图像

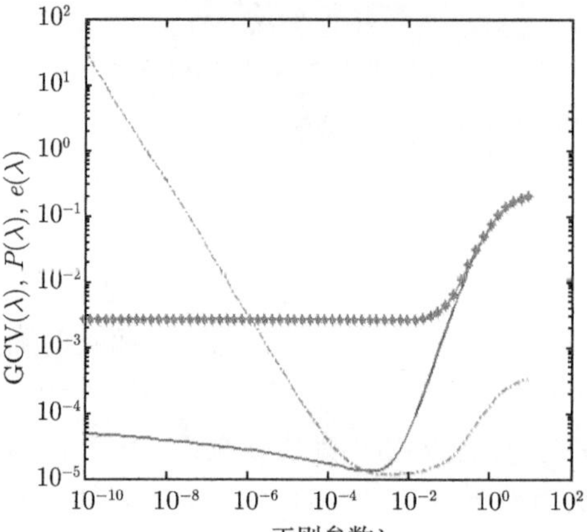

(a) Panda(PSNR = 21.9327)

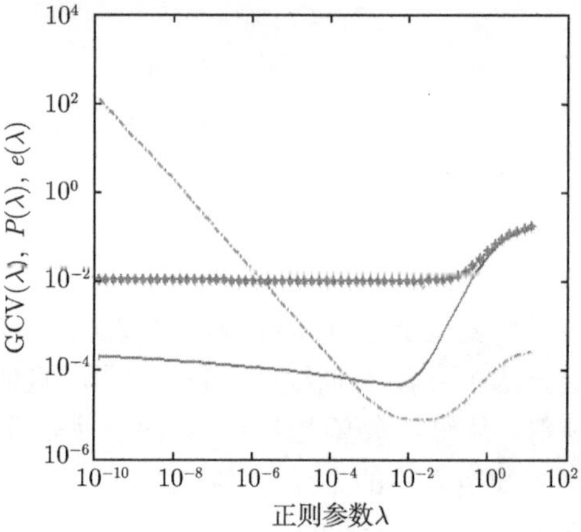

(b) Onion(PSNR =19.0690)

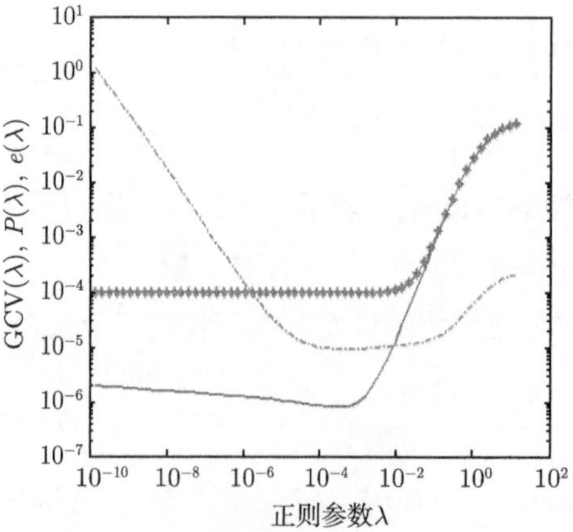

(c) Rose(PSNR = 23.9008)

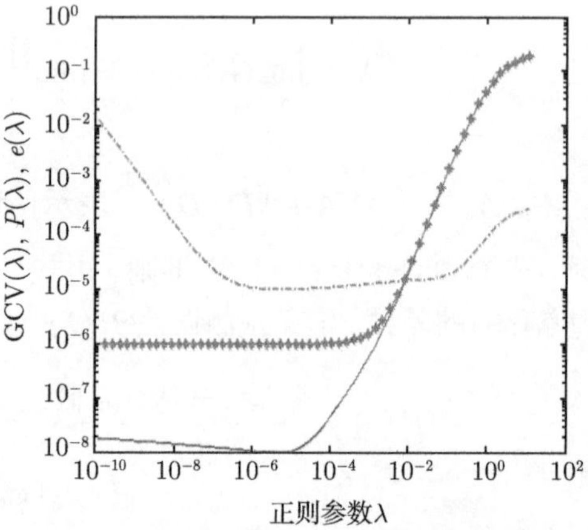

(d) Haifa(PSNR = 22.3145)

图 7.4　不同 PSNR 降质图像的 GCV (λ)、$P(\lambda)$ 和 $e(\lambda)$ 随正则项参数变化曲线

$P(\lambda)$ 是实线；GCV (λ) 是星线；$e(\lambda)$ 是点画线

3. 正则项算子 D 的形式

实验原始图像及其三维表面如图 7.5 所示。为表明算法的有效性，算子 D 分别设置为单位算子 $D = I_n$ 和二阶差分算子 $D = \begin{bmatrix} I_n \otimes D_{2,m} \\ D_{2,n} \otimes I_m \end{bmatrix}$，使用原始模型式 (7.50)，用快速傅里叶变换算法恢复模糊图像，表达式为

$$\boldsymbol{x} = \text{ifft2}\left(\hat{\boldsymbol{x}}\right) \tag{7.96}$$

(a) 原始星形图像

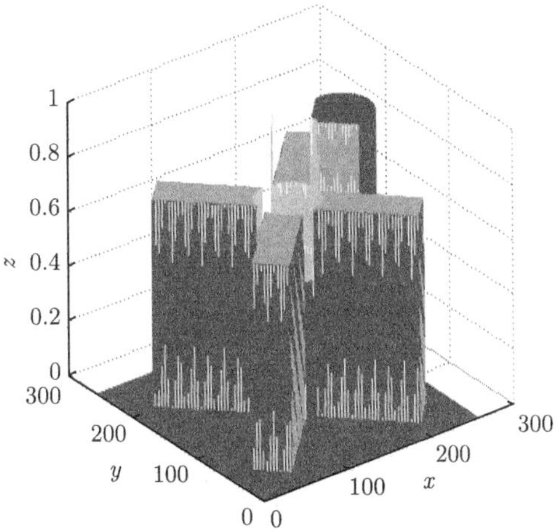

(b) 原始星形图像三维表面

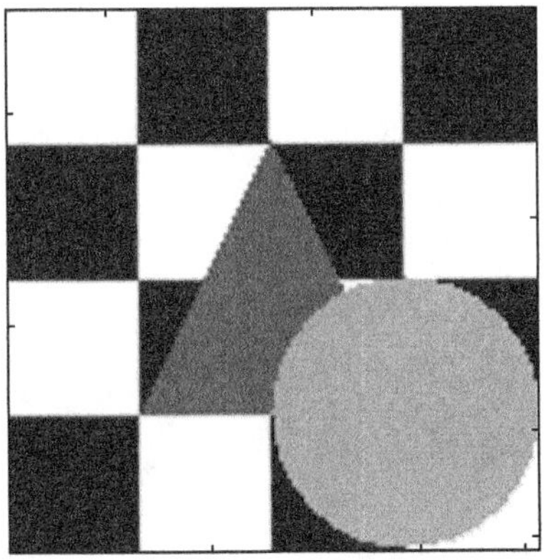

(c) 原始方格图像

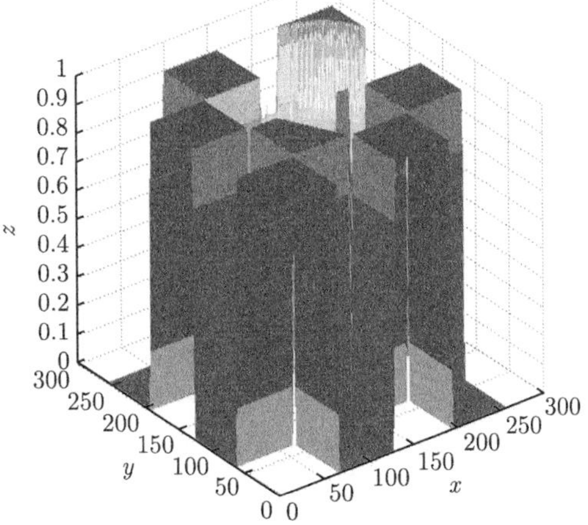

(d) 原始方格图像三维表面

图 7.5 原始图像及三维表面

式中，$\hat{\boldsymbol{x}} = \text{conj}\ (\text{fft2}\,(\boldsymbol{A})) * \text{conj}/\left\{|(\text{fft2}\,(\boldsymbol{A}))|^2 + \lambda\text{fft2}\,(\boldsymbol{D})\right\}$，conj (·) 表示共轭，fft2 (·) 表示快速傅里叶变换，ifft2 (·) 表示快速傅里叶逆变换。使用本章算法，设置正则项为一阶差分算子 $\boldsymbol{D} = \begin{bmatrix} \boldsymbol{I}_n \otimes \boldsymbol{D}_{1,m} \\ \boldsymbol{D}_{1,n} \otimes \boldsymbol{I}_m \end{bmatrix}$，⊗ 表示 Kronecker 积，$\boldsymbol{D}_{1,m}$ 和 $\boldsymbol{D}_{2,m}$ 的表达式分别为

$$\boldsymbol{D}_{1,m} = \begin{bmatrix} -1 & 1 & & & 0 \\ 0 & -1 & 1 & & \\ & \ddots & \ddots & \ddots & \\ & & 0 & -1 & 1 \\ 1 & & & 0 & -1 \end{bmatrix} \tag{7.97}$$

$$\boldsymbol{D}_{2,m} = \begin{bmatrix} -2 & 1 & & & 1 \\ 1 & -2 & 1 & & \\ & \ddots & \ddots & \ddots & \\ & & 1 & -2 & 1 \\ 1 & & & 1 & -2 \end{bmatrix} \tag{7.98}$$

4. 用原始–对偶模型对合成图像进行恢复

图 7.6 和图 7.7 为用不同形式的算子 $\boldsymbol{D}$ 恢复图像及恢复图像的三维表面，以及本章算法获得对偶变量 $\boldsymbol{u}$ 和 $\boldsymbol{v}$，式（7.74）的迭代残差和原始–对偶解的范数随迭代次数的变化如图 7.6(i)~(l) 和图 7.7(i)~(l) 所示，定量评价结果如表 7.1 和表 7.2 所示。

从图 7.6 可知，模糊图像的三维表面比较光滑，如图 7.6（e）和图 7.7（e）所示，且严重偏离原始图像的三维表面，如图 7.5（b）和图 7.5（d）所示。用单位算和二阶算子恢复图像表面不理想，这是由于正则项为单位算子，能量泛函仅满足拟合要求，没有体现解的特性，二阶算子虽然能体现能量泛函解的光滑性，但不能子准确体现图像的特征。一阶算子恢复图像获得的三维表面与原始图像最接近，如图 7.6（h）和图 7.7（h）所示，说明一阶算子能准确体现图像的特征。

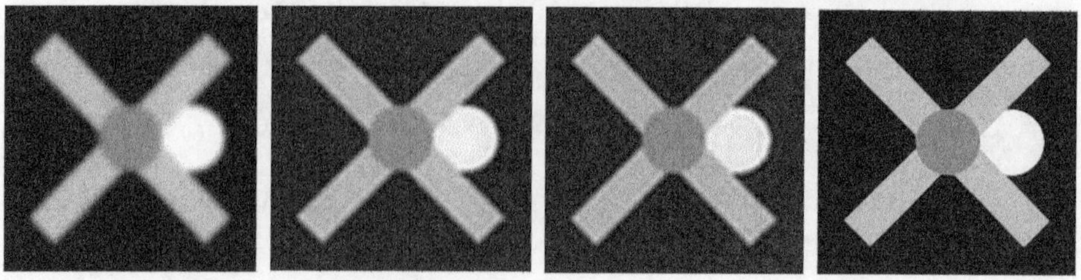

(a) 降质星形图像　(b) 单位算子恢复星形　(c) 二阶算子恢复星形　(d) 一阶算子恢复星形

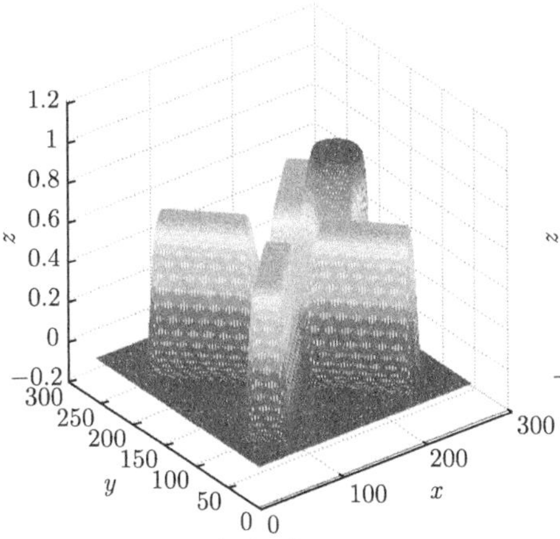

(e) 降质图像三维表面

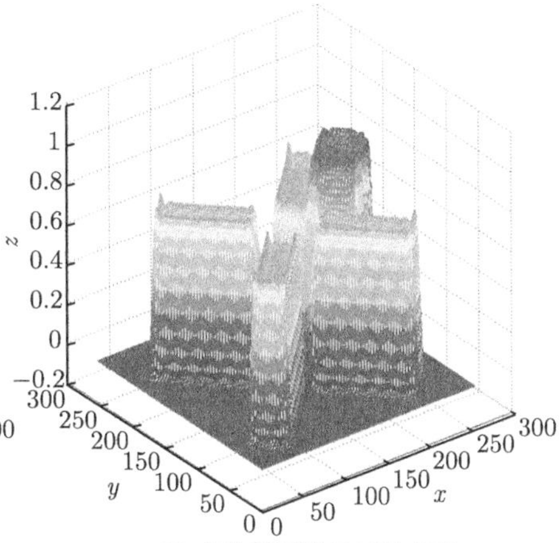

(f) 单位算子恢复三维表面

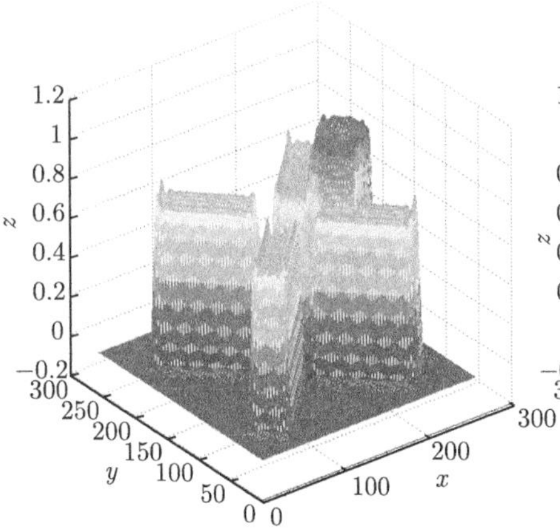

(g) 二阶算子恢复三维表面

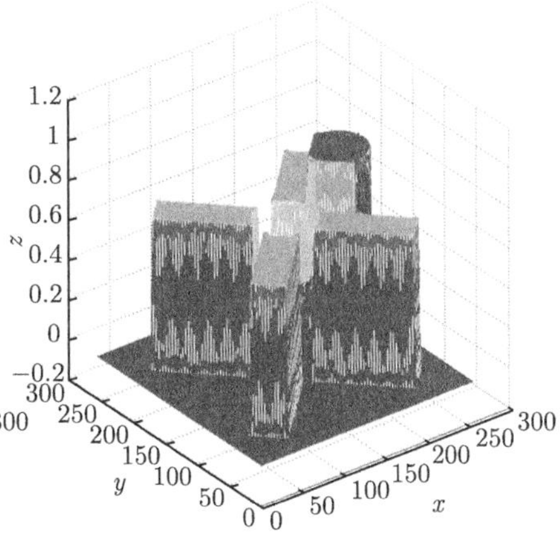

(h) 一阶算子恢复三维表面

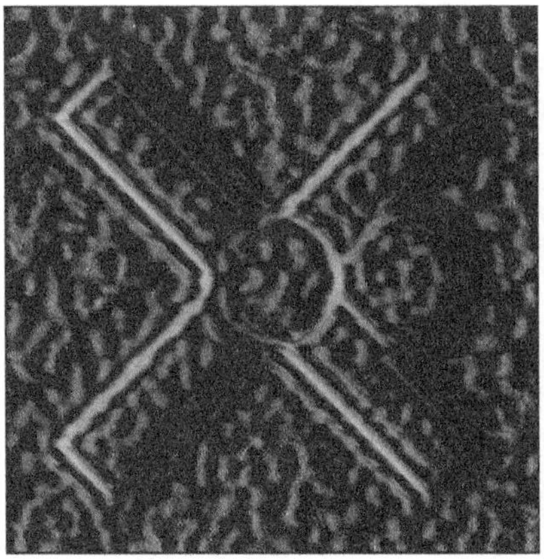

(i) 星形图像对偶变量$\boldsymbol{u}$

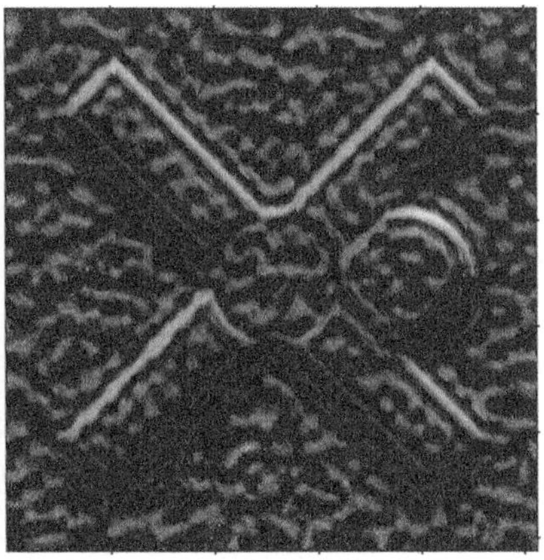

(j) 星形图像对偶变量$\boldsymbol{v}$

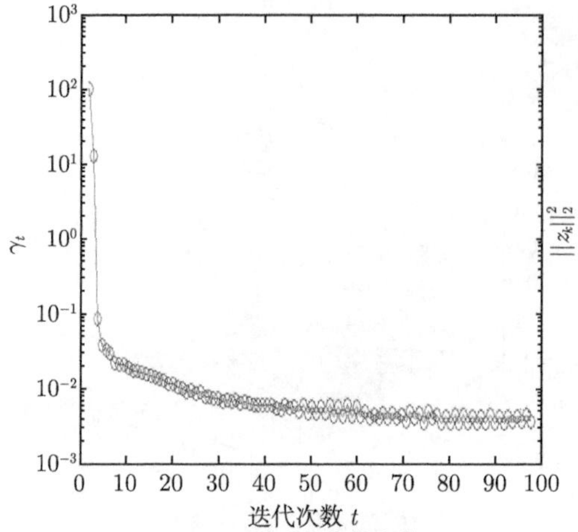

(k) γ_t随迭代次数变化

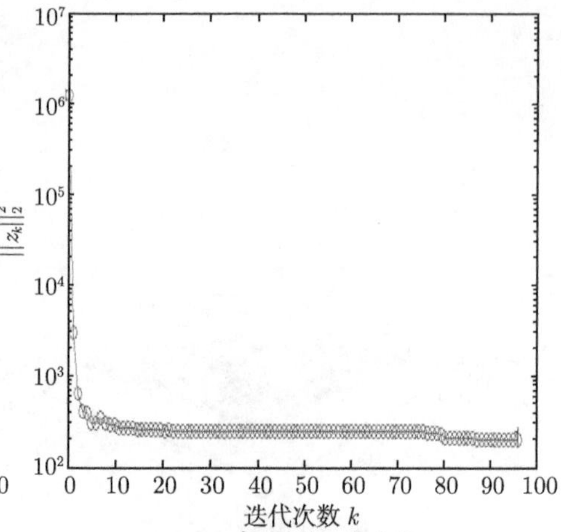

(l) $||z_k||_2^2$随迭代次数变化

图 7.6　不同形式的微分算子 $\boldsymbol{D}$ 对星形图像进行恢复及恢复图像的三维表面

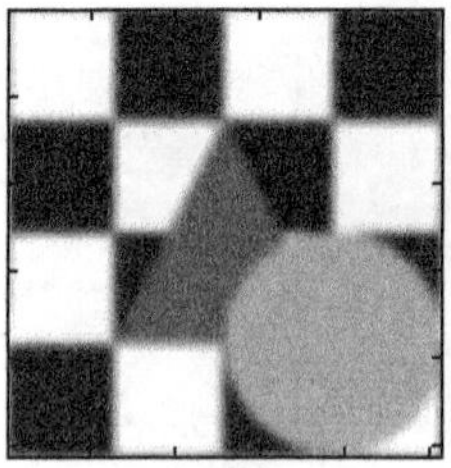

(a)降质方格图像

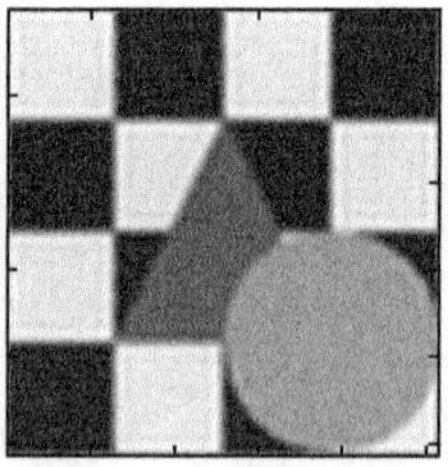

(b) 单位算子恢复方格

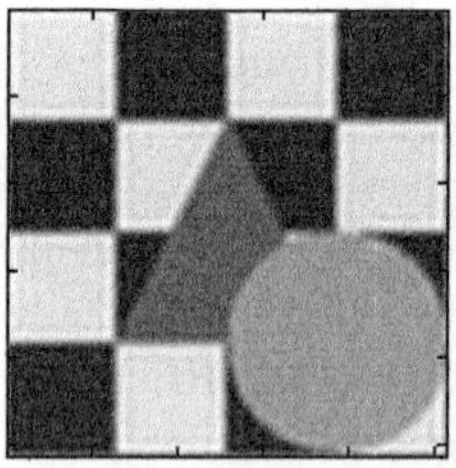

(c) 二阶算子恢复方格

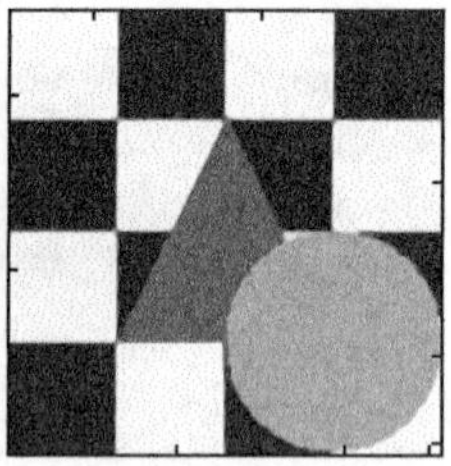

(d) 一阶算子恢复方格

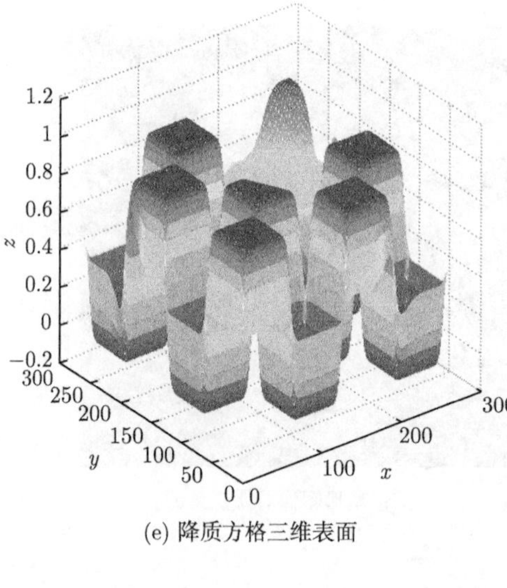

(e) 降质方格三维表面

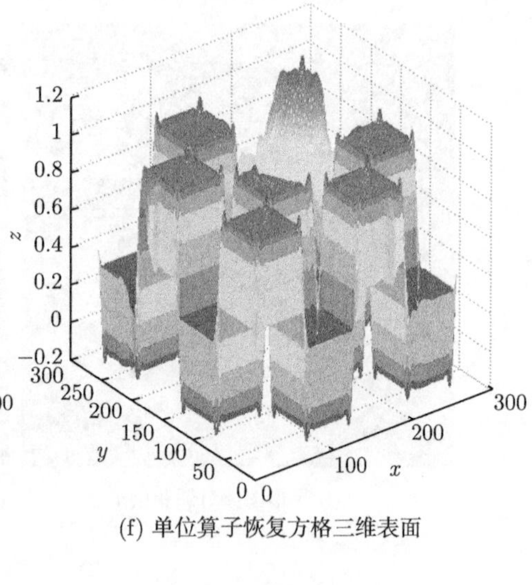

(f) 单位算子恢复方格三维表面

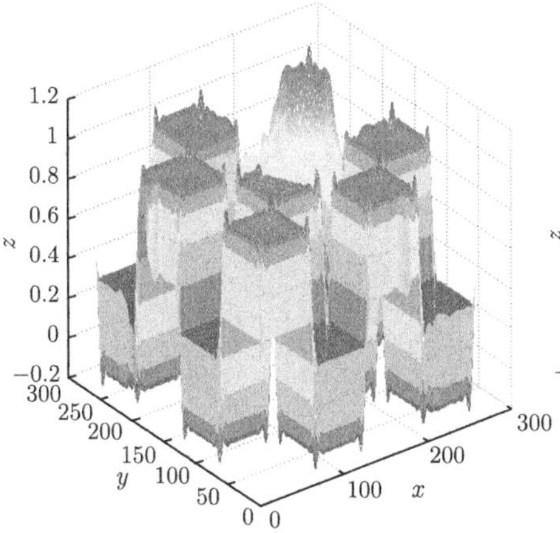

(g) 二阶算子恢复方格三维表面

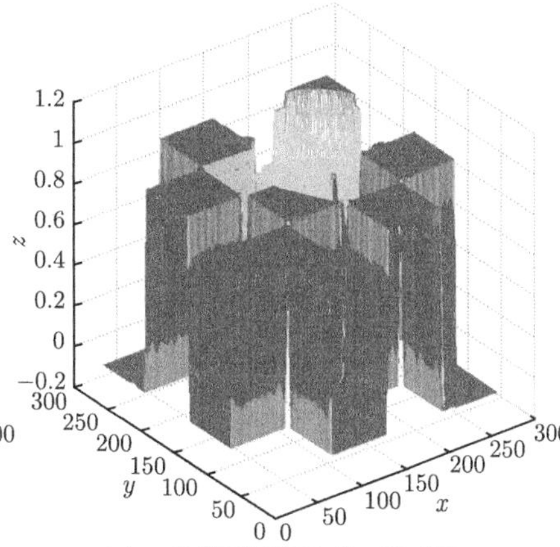

(h) 一阶算子恢复方格三维表面

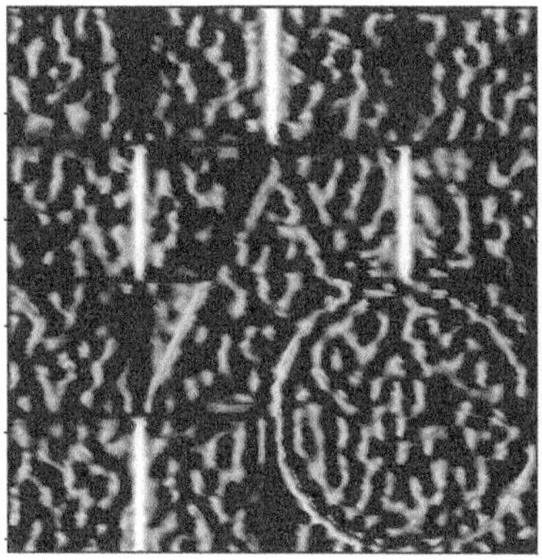

(i) 方格图像对偶变量$\boldsymbol{u}$

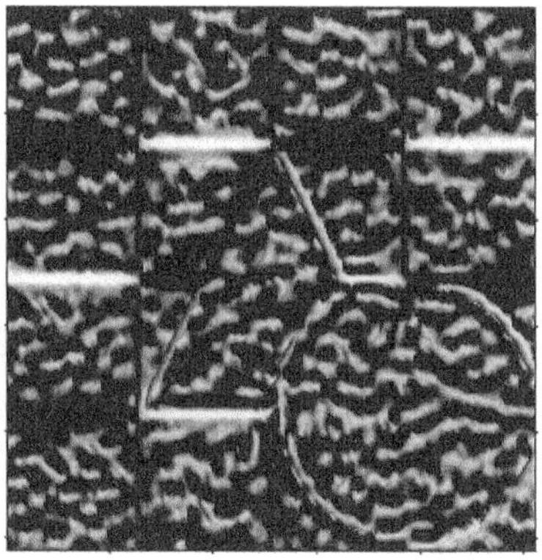

(j) 方格图像对偶变量$\boldsymbol{v}$

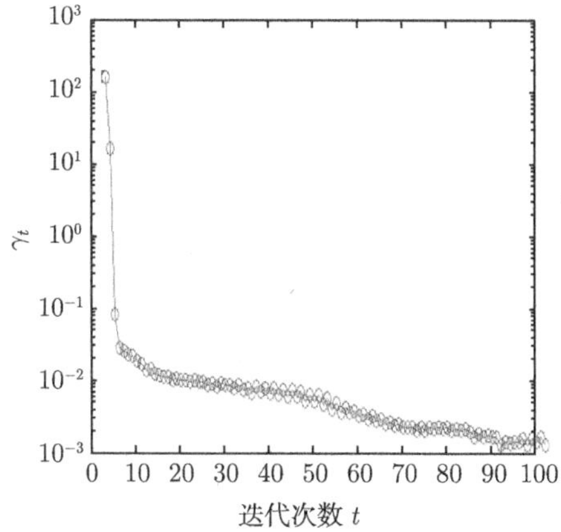

(k) γ_t随迭代次数变化

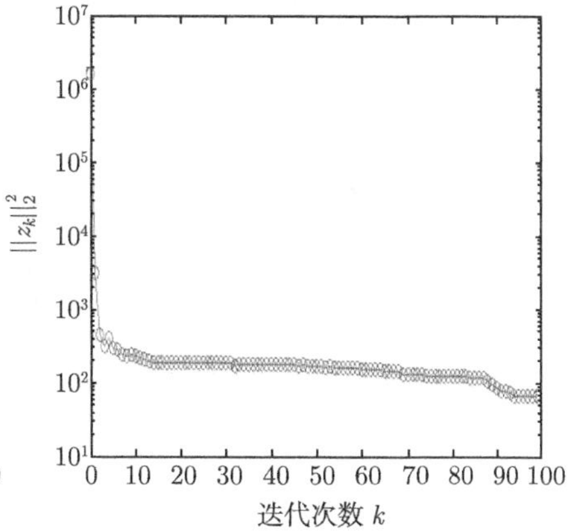

(l) $||z_k||_2^2$随迭代次数变化

图 7.7 不同形式的微分算子 $\boldsymbol{D}$ 对方格图像进行恢复及恢复图像的三维表面

5. 用原始–对偶模型对真实图像进行恢复

选用真实图像如图 7.3 所示，对应等高线和局部放大等高线如图 7.8（a）～（h）所示。

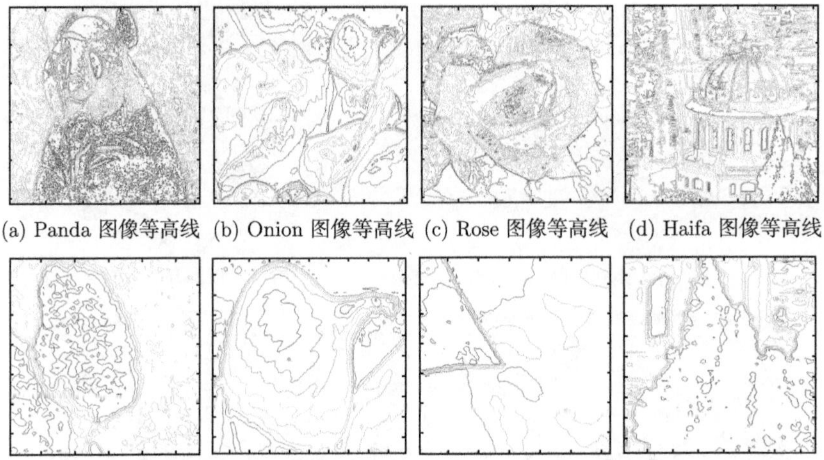

(a) Panda 图像等高线 (b) Onion 图像等高线 (c) Rose 图像等高线 (d) Haifa 图像等高线

(e) Panda 局部等高线 (f) Onion 局部等高线 (g) Rose 局部等高线 (h) Haifa 局部等高线

图 7.8　原始图像及等高线

为验证算法的有效性，使用原始模型算法 [3]、交替投影算法 [4] 和原始–对偶模型牛顿迭代算法（PDNIA）对图像进行恢复，恢复结果如图 7.9～图 7.12 所示，并且给出本章算法获得的对偶变量 $\boldsymbol{u}$ 和 $\boldsymbol{v}$ 的图像表示，以及在迭代过程中式（7.95）的偏差和解 $\boldsymbol{z}$ 的范数随迭代算法变化曲线。

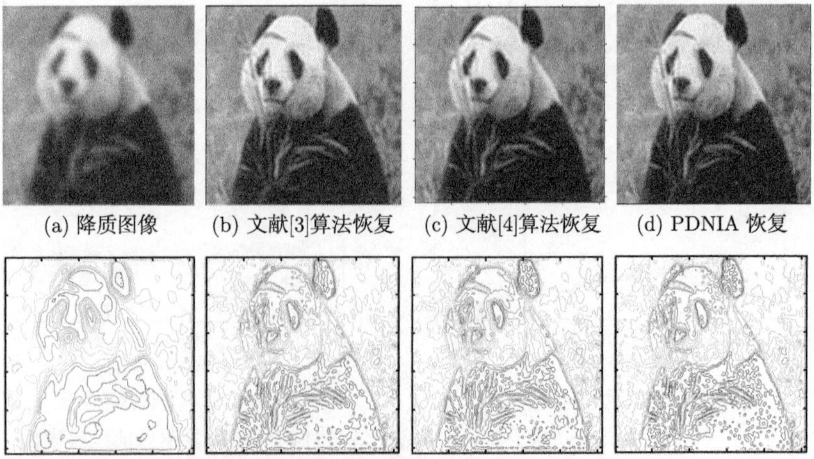

(a) 降质图像 (b) 文献[3]算法恢复 (c) 文献[4]算法恢复 (d) PDNIA 恢复

(e) 降质图像等高线 (f) 文献[3]算法等高线 (g) 文献[4]算法等高线 (h) PDNIA 等高线

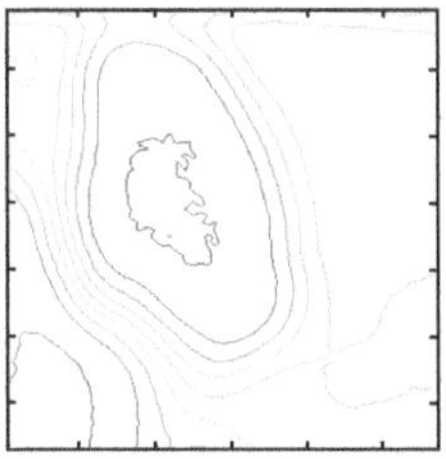

(i) 降质图像局部等高线

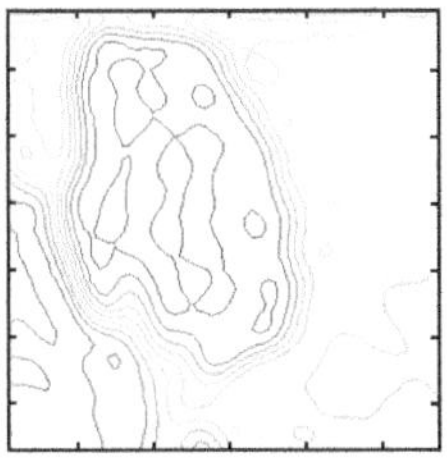

(j) 文献[3]局部等高线

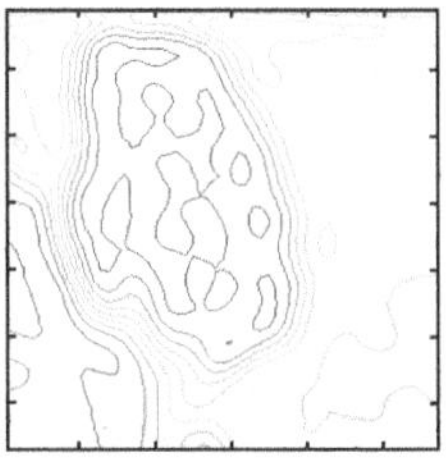

(k) 文献[4]局部等高线

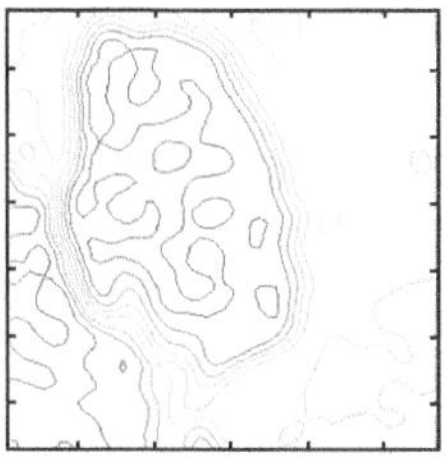

(l) PDNIA 局部等高线

(m) Panda图像对偶变量$\boldsymbol{u}$

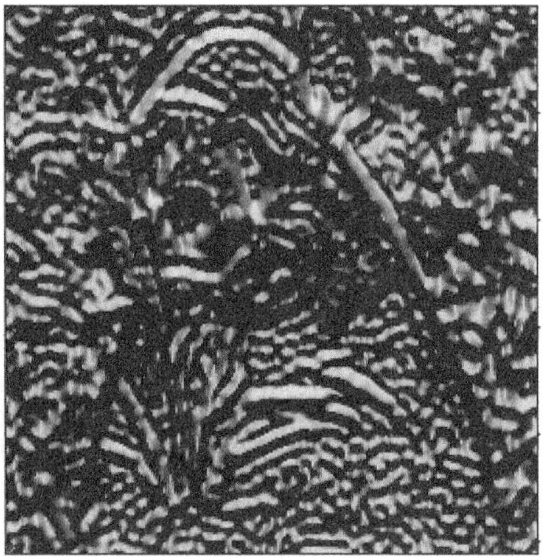

(n) Panda图像对偶变量$\boldsymbol{v}$

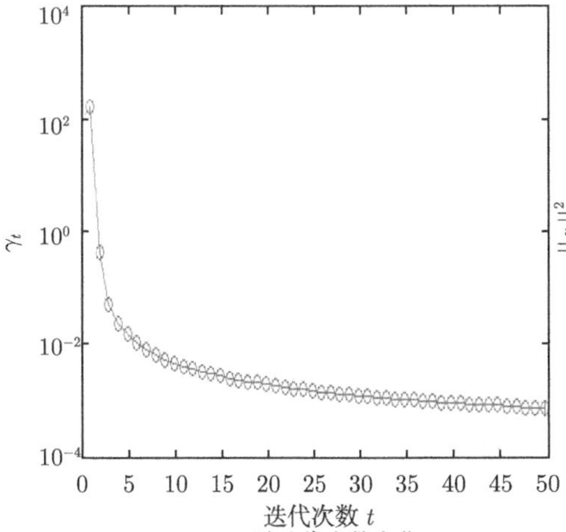

(o) γ_t随迭代次数变化

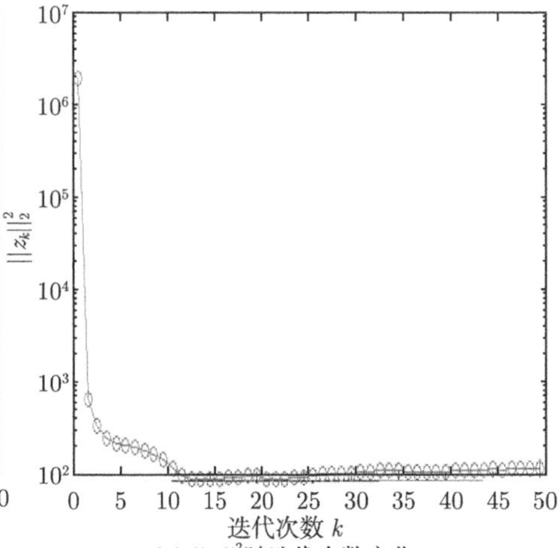

(p) $||z_k||_2^2$随迭代次数变化

图 7.9 不同算法恢复 Panda 图像（256×256）及等高线

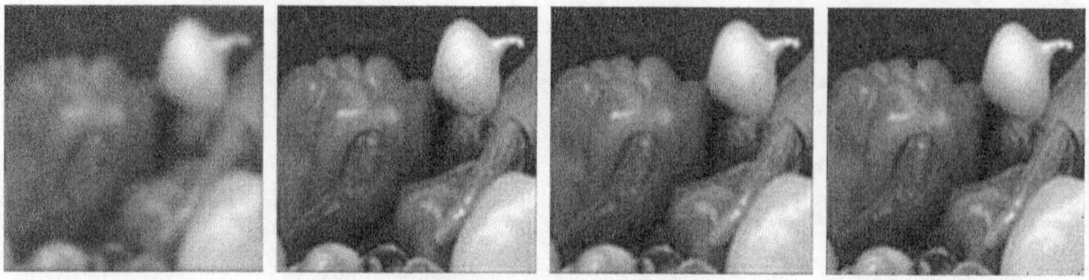

(a) 降质图像 (b) 文献[3]算法恢复 (c) 文献[4]算法恢复 (d) PDNIA 恢复

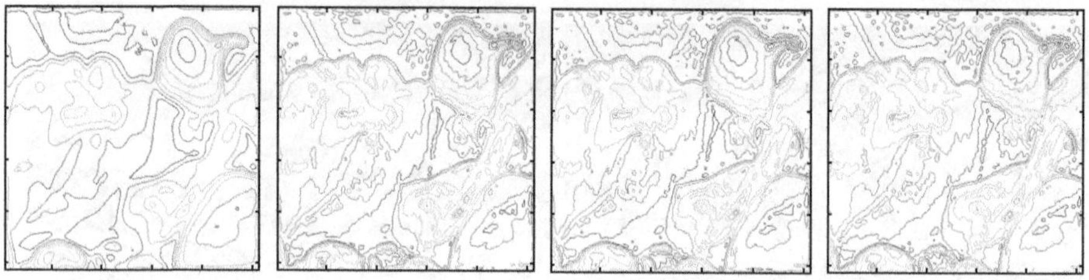

(e) 降质图像等高线 (f) 文献[3]算法等高线 (g) 文献[4]算法等高线 (h) PDNIA 等高线

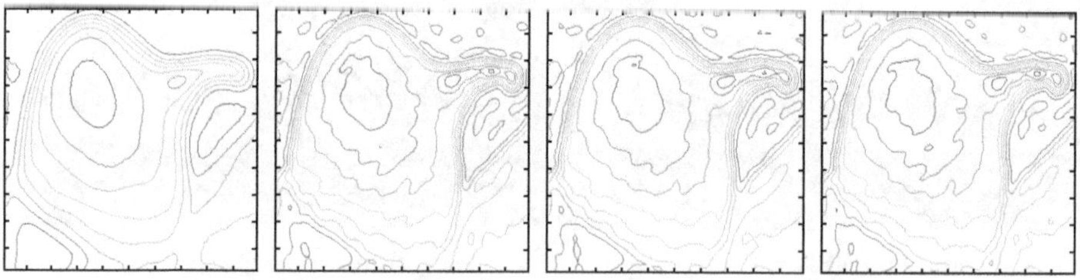

(i) 降质图像局部等高线 (j) 文献[3]局部等高线 (k) 文献[4]局部等高线 (l) PDNIA 局部等高线

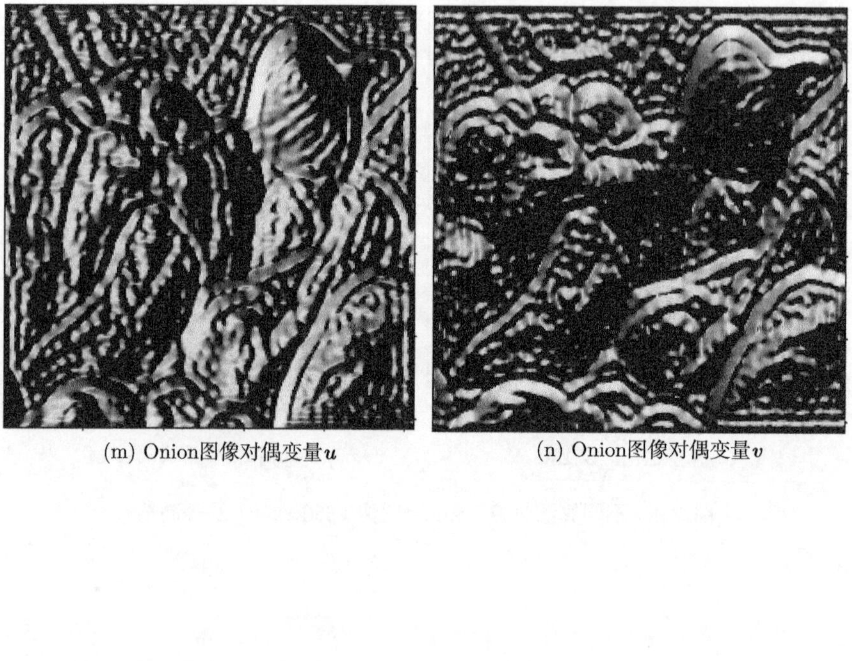

(m) Onion图像对偶变量$\boldsymbol{u}$ (n) Onion图像对偶变量$\boldsymbol{v}$

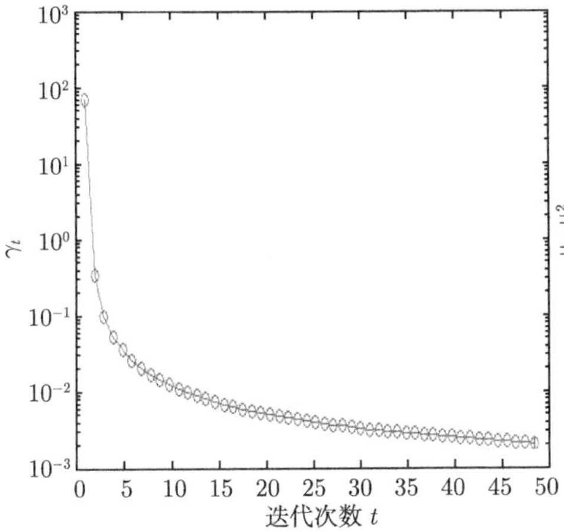

(o) γ_t随迭代次数变化

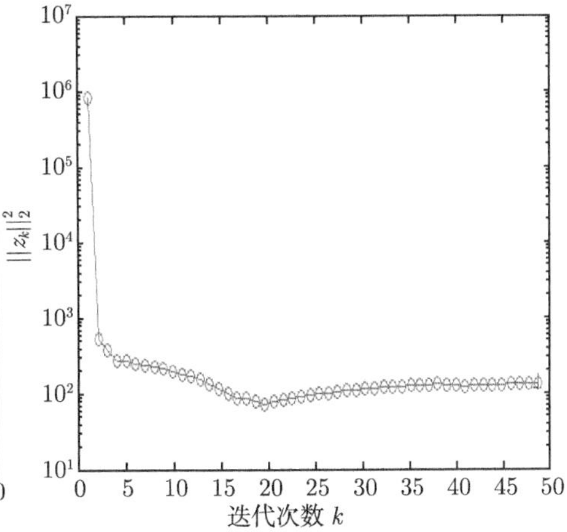

(p) $||z_k||_2^2$随迭代次数变化

图 7.10 不同算法恢复 Onion 图像（256×256）及等高线

(a) 降质图像 (b) 文献[3]算法恢复 (c) 文献[4]算法恢复 (d) PDNIA 恢复

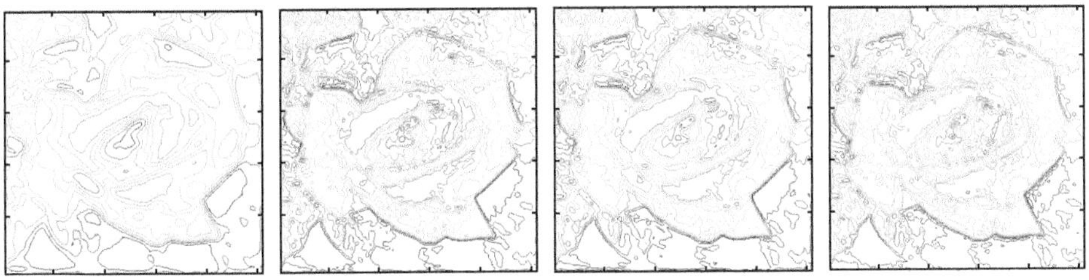

(e) 降质图像等高线 (f) 文献[3]算法等高线 (g) 文献[4]算法等高线 (h) PDNIA 等高线

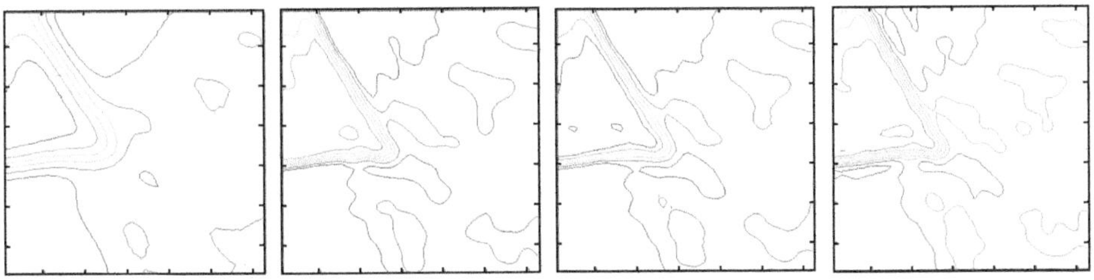

(i) 降质图像局部等高线 (j) 文献[3]局部等高线 (k) 文献[4]局部等高线 (l) PDNIA 局部等高线

(m) Rose图像对偶变量$\boldsymbol{u}$

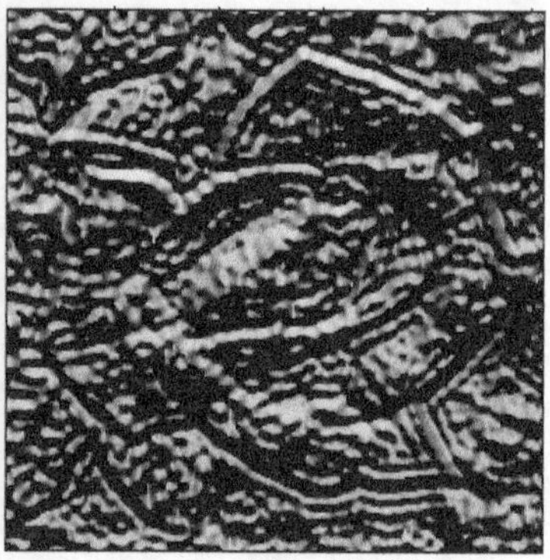

(n) Rose图像对偶变量$\boldsymbol{v}$

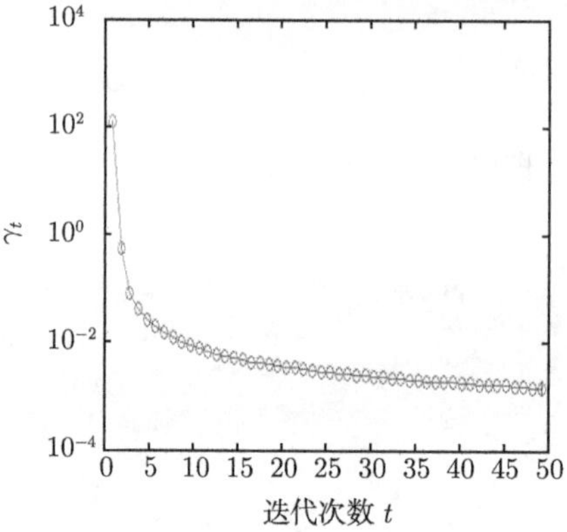

(o) γ_t随迭代次数变化

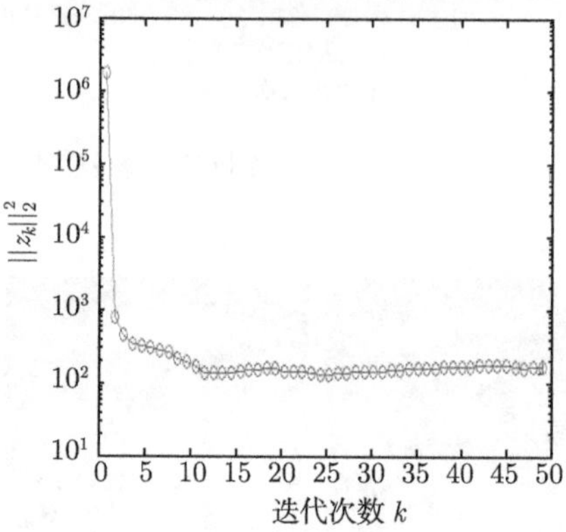

(p) $||z_k||_2^2$随迭代次数变化

图 7.11　不同算法恢复 Rose 图像（256×256）及等高线

(a) 降质图像

(b) 文献[3]算法恢复

(c) 文献[4]算法恢复

(d) PDNIA 恢复

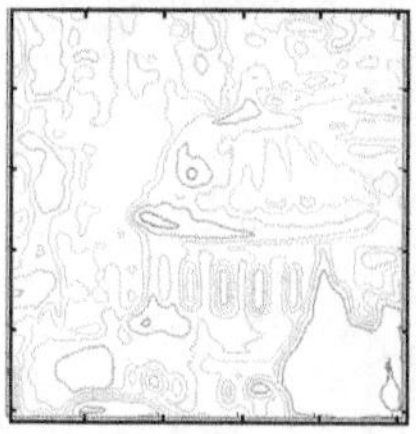

(e) 降质图像等高线

(f) 文献[3]算法等高线

(g) 文献[4]算法等高线

(h) PDNIA 等高线

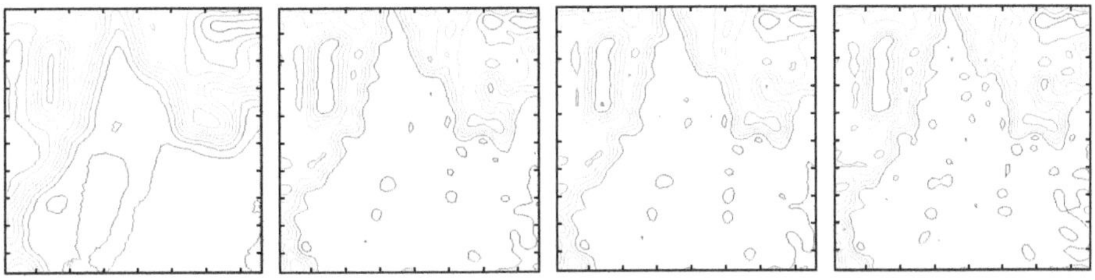

(i) 降质图像局部等高线 (j) 文献[3]局部等高线 (k) 文献[4]局部等高线 (l) PDNIA 局部等高线

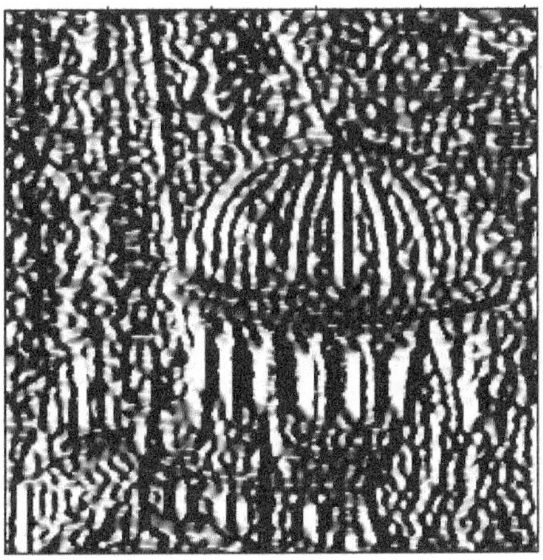

(m) Haifa图像对偶变量$\boldsymbol{u}$

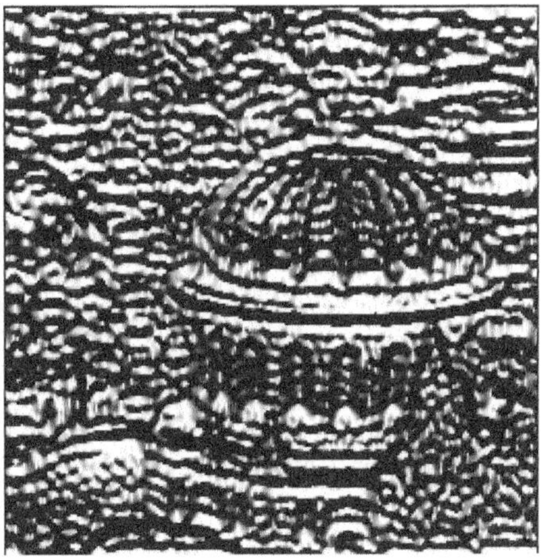

(n) Haifa图像对偶变量$\boldsymbol{v}$

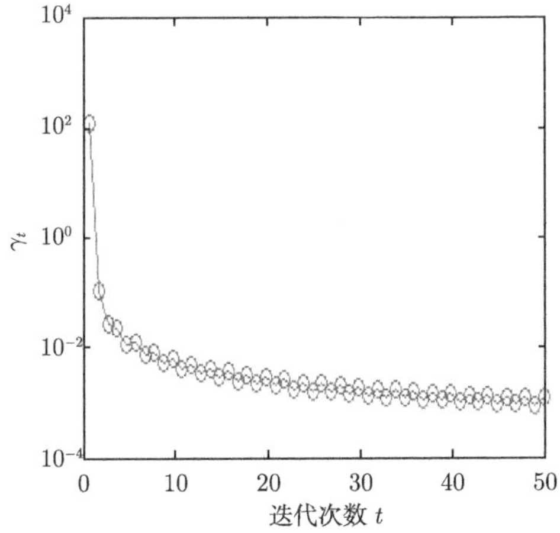

(o) γ_t随迭代次数变化

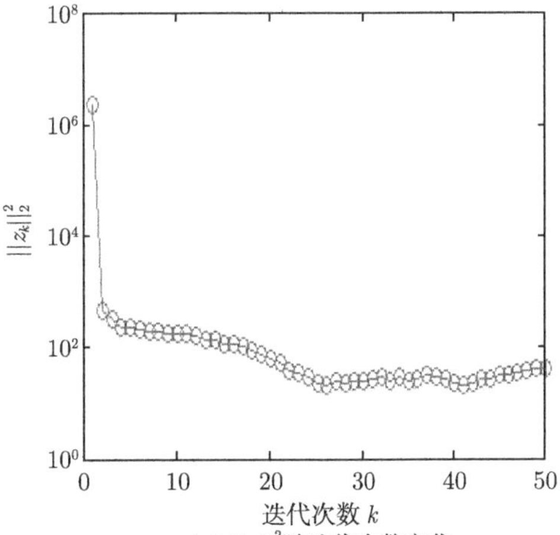

(p) $||z_k||_2^2$随迭代次数变化

图 7.12 不同算法恢复 Haifa 图像（256×256）及等高线

用 $\sigma = 3$ 对图 7.3 真实图像和对图 7.5 模拟星形、方格图像进行降质，表 7.1

和表 7.2 分别为用不同算子恢复的定量评价结果。用 imresize(·) 函数对图 7.3 真实图像和对图 7.5 模拟星形、方格图像进行处理，获得 128×128 图像，用 $\sigma = 1.5$ 对图像进行降质，表 7.3 和表 7.4 分别为用不同算法恢复的定量评价结果。表 7.5 和表 7.6 为不同算法恢复真实图像执行的时间。

表 7.1　不同微分算子性能比较（256×256）

原始图像	指标	模糊图像，图 (a)	单位算子，图 (b)	二阶算子，图 (c)	一阶算子，图 (d)
图 7.3（a）	RE	1.942457e−001	1.560212e−001	1.490970e−001	6.585295e−002
	MAE	3.028191e−002	2.527484e−002	2.397235e−002	4.873219e−003
	PSNR	2.175919e+001	2.352577e+001	2.392007e+001	3.101796e+001
	SSIM	8.087086e−001	8.195103e−001	7.996279e−001	9.831969e−001
图 7.3（c）	RE	1.677701e−001	1.244702e−001	1.160528e−001	3.309906e−002
	MAE	5.509953e−002	3.567007e−002	3.098151e−002	1.626106e+000
	PSNR	1.882898e+001	2.381046e+001	2.452644e+001	3.352682e+001
	SSIM	7.961475e−001	8.071363e−001	7.861527e−001	9.882368e−001

表 7.2　不同微分算子性能比较（128×128）

原始图像	指标	模糊图像，图 (a)	单位算子，图 (b)	二阶算子，图 (c)	一阶算子，图 (d)
图 7.3（a）	RE	1.921055e−001	1.512941e−001	1.544240e−001	5.205312e−002
	MAE	2.958704e−002	2.572049e−002	2.588215e−002	4.726924e−003
	PSNR	2.194060e+001	2.373930e+001	2.356141e+001	3.300686e+001
	SSIM	8.119931e−001	8.906077e−001	8.699076e−001	9.896195e−001
图 7.3（c）	RE	1.877968e−001	1.452616e−001	1.483374e−001	3.457673e−002
	MAE	6.037331e−002	4.076808e−002	3.911087e−002	3.383663e−003
	PSNR	1.779708e+001	2.139507e+001	2.119326e+001	3.265879e+001
	SSIM	8.102479e−001	8.788721e−001	8.541168e−001	9.922310e−001

表 7.3　不同算法恢复性能比较（256×256）

原始图像	指标	模糊图像，图 (a)	文献 [3]，图 (b)	文献 [4]，图 (c)	PDNIA，图 (d)
Panda	RE	1.231159e−001	8.194345e−002	8.610578e−002	7.422509e−002
	MAE	4.005092e−002	2.660227e−002	2.764825e−002	2.583973e−002
	PSNR	2.458062e+001	2.809938e+001	2.772963e+001	2.846279e+001
	SSIM	6.138222e−001	7.390830e−001	7.251484e−001	7.460649e−001

续表

原始图像	指标	模糊图像，图 (a)	文献 [3]，图 (b)	文献 [4]，图 (c)	PDNIA，图 (d)
Onion	RE	9.298106e−002	4.915803e−002	5.282125e−002	3.974646e−002
	MAE	2.111958e−002	1.066905e−002	1.127187e−002	1.047501e−002
	PSNR	2.879935e+001	3.534399e+001	3.484580e+001	3.566366e+001
	SSIM	8.529842e−001	9.350923e−001	9.288565e−001	9.339245e−001
Rose	RE	1.557647e−001	1.049376e−001	1.151289e−001	9.847172e−002
	MAE	4.165771e−002	2.712124e−002	2.927600e−002	2.642647e−002
	PSNR	2.412831e+001	2.753718e+001	2.674683e+001	2.793659e+001
	SSIM	6.219376e−001	7.723114e−001	7.388640e−001	7.814014e−001
Haifa	RE	1.463964e−001	9.953381e−002	1.038193e−001	9.534040e−002
	MAE	5.233059e−002	3.408786e−002	3.543142e−002	3.305613e−002
	PSNR	2.242350e+001	2.578583e+001	2.542789e+001	2.615342e+001
	SSIM	5.136145e−001	7.102268e−001	6.893855e−001	7.292102e−001

表 7.4 不同算法恢复性能比较（128×128）

原始图像	指标	模糊图像，图 (a)	文献 [3]，图 (b)	文献 [4]，图 (c)	PDNIA，图 (d)
Panda	RE	1.033490e−001	5.219895e−002	5.672054e−002	4.412096e−002
	MAE	3.127611e−002	1.658346e−002	1.745178e−002	1.487221e−002
	PSNR	2.621254e+001	3.236086e+001	3.169439e+001	3.278597e+001
	SSIM	7.872624e−001	9.236051e−001	9.180147e−001	9.350481e−001
Onion	RE	8.935824e−002	4.487766e−002	4.757041e−002	3.187969e−002
	MAE	1.933862e−002	1.110140e−002	1.117414e−002	8.912837e−003
	PSNR	2.945950e+001	3.592620e+001	3.565781e+001	3.691913e+001
	SSIM	8.747906e−001	9.495841e−001	9.509455e−001	9.642266e−001
Rose	RE	1.318840e−001	7.056237e−002	8.110805e−002	6.523421e−002
	MAE	3.527854e−002	1.972356e−002	2.185918e−002	1.796815e−002
	PSNR	2.558497e+001	3.100855e+001	2.978997e+001	3.145187e+001
	SSIM	7.559203e−001	9.176806e−001	8.983010e−001	9.240527e−001
Haifa	RE	1.227858e−001	6.458248e−002	6.983000e−002	6.145869e−002
	MAE	4.326296e−002	2.285476e−002	2.459748e−002	2.152493e−002
	PSNR	2.375376e+001	2.936156e+001	2.872585e+001	2.960994e+001
	SSIM	6.620244e−001	8.959795e−001	8.825925e−001	8.965125e−001

表 7.5　不同算法执行时间对比（256×256）　（单位: s）

原始图像	Panda	Onion	Rose	Haifa
文献 [3] 算法	51.1751	50.2584	49.2072	47.8435
文献 [4] 算法	126.4829	125.5366	123.6659	114.1055
PDNIA	29.1868	24.6106	29.3529	32.1358

表 7.6　不同算法执行时间对比（128×128）　（单位: s）

原始图像	Panda	Onion	Rose	Haifa
文献 [3] 算法	12.7167	13.1179	12.2938	13.3042
文献 [4] 算法	27.9815	28.9884	27.7891	27.4988
PDNIA	5.7040	4.7391	5.7023	5.8233

从定量结果来看，原始–对偶模型牛顿迭代算法取得 PSNR 和 SSIM 数值最高，获得 RE 和 MAE 数值最小，说明原始–对偶模型牛顿迭代算法恢复图像质量比较理想。而文献 [4] 的方法获得的 PSNR 和 SSIM 数值最低，获得 RE 和 MAE 数值最大，说明图像恢复质量不太理想。从算法执行时间来看，用文献 [4] 的算法执行时间最长，原始–对偶模型牛顿迭代算法执行时间最短，说明原始–对偶模型牛顿迭代算法具有较高的执行效率。

参 考 文 献

[1] 焦李成, 杨淑媛, 刘芳, 等. 压缩感知回顾与展望 [J]. 电子学报, 2011, 20(7): 1651-1662.

[2] Chen P, Huang J, Zhang X. A primal-dual fixed-point algorithm for minimization of the sum of three convex separable functions [J]. http://arxiv.org/abs/1512.09235v1, 2015: 1-17.

[3] Beck A, Teboulle M. A fast iterative shrinkage-thresholding for linear inverse problems [J]. SIAM Journal on Imaging Science, 2009, 2(1): 183-202.

[4] Bonettini S, Ruggiero V. An alternating extragradient method for total variation based image restoration from Poisson data[J]. Inverse Problems, 2011, 27(9):1-28.

[5] Komodakis N, Pesquet J C. Playing with duality: An overview of recent primal-dual approaches for solving large-scale optimization problems[J]. http://arxiv.org/abs/1406.5429, 2014.

[6] Amir B, Teboulle M. A fast dual proximal gradient algorithm for convex minimization and applications [J]. Operations Research Letters, 2014, 42(1): 1-6.

[7] Chambolle A, Pock T. A first-order primal-dual algorithm for convex problems with applications to imaging [J]. Journal of Mathematical Imaging and Vision, 2011, 40(1):

120-145.

[8] 李旭超. 能量泛函正则化模型在图像恢复中的应用 [M]. 北京：电子工业出版社, 2014.

[9] Goldstein T, Esser E, Baraniuk R. Adaptive primal-dual hybrid gradient methods for saddle-point problems[J]. http://arxiv.org/abs/1305.0546, 2013: 1-24.

[10] Bonettini S, Ruggiero V. On the convergence of primal-dual hybrid gradient algorithms for total variation image restoration [J]. Journal of Mathematical Imaging and Vision, 2012, 44(3): 236-253.

[11] Vogel C R. Computational Methods for Inverse Problems [M]. Philadelphia: Society for Industrial and Applied Mathematics, 2012.

[12] Aubert G, Kornprobst P. Mathematical Problems in Image Processing, Partial Differential Equations and the Calculus of Variations [M]. New York: Springer-Verlag, 2006.

[13] Zhu M, Wright S J, Chan T F. Duality-based algorithms for total variation regularized image restoration [J]. Computational Optimization and Applications, 2010, 47(3): 377-400.

[14] Wen Y, Chan R H, Yip A M. A primal-dual method for total-variation-based wavelet domain inpainting [J]. IEEE Transactions on Image Processing, 2012, 21(1):106-114.

[15] Zhang B, Zhu Z, Wang S. A simple primal-dual method for total variation image restoration [J]. Journal of Visual Communication and Image Representation, 2016, 38(1): 814-823.

[16] Combettes P L, Wajs V R. Signal recovery by proximal forward-backward splitting [J]. Multiscale Modeling and Simulation, 2005, 4(4):1168-1200.

[17] Condat L. A primal-dual splitting method for convex optimization involving lipschitizian, proximable and linear composite terms [J]. Journal of Optimization Theory and Applications, 2013, 158(2):460-479.

[18] Luenberger D G, Ye Y. Linear and Nonlinear Programming [M]. New York: Springer Science, Business Media, LLC, 2007.

[19] Sun H, Bredies K. Preconditioned Douglas-Rachford algorithms for TV- and TGV-regularized variational imaging problems [J]. Journal of Mathematical Imaging and Vision, 2015, 52(3): 317-344.

[20] Pock T, Valkonen T. Acceleration of the PDHGM on strongly convex subspaces [J]. http://arxiv.org/abs/1511.06566v1, 2015.

[21] Liu Q G, Wang S, Luo J, et al. An augmented Lagrangian approach to general dictionary learning for image denoising [J]. Journal of Visual Communication and Image Representation, 2012, 23(3):753-766.

[22] He B, Yuan X M. Convergence analysis of primal-dual algorithms for a saddle-point problem: From contraction perspective [J]. SIAM Journal on Imaging Science, 2012, 5(1): 119-149.

[23] He B, Yang H, Wang S. Alternating direction method with self-adaptive penalty parameters for monotone variational inequalities [J]. Journal of Optimization Theory and Applications, 2000, 106(2):337-356.

[24] Nagy J G, Palmer L K, Perrone L. Iterative methods for image deblurring: A matlab object-oriented approach [J]. Numerical Algorithms, 2004, 36(1):73-93.

[25] Drori Y, Sabach S, Teboulle M. A simple algorithm for a class of nonsmooth convex concave saddle-point problems [J]. Operations Research Letters, 2015, 43(2): 209-214.